o design de habitats ecológicos

keys
Chaves
Para Comunidades
Sustentáveis
Em Todo o Planeta

4k

o design de habitats ecológicos

Criando um sentido de lugar

Organizadores
E. Christopher Mare
Max O. Lindegger

Tradutores
Cristiane Orfaliais
Esther Klausner

roça nova
EDITORA

TÍTULO ORIGINAL
Designing Ecological Habitats: Creating a Sense of Place

COORDENAÇÃO EDITORIAL
Juliana Bitelli

PREPARAÇÃO DE TEXTO
Bárbara Borges

CAPA E PROJETO GRÁFICO
Alexandre Pereira

FOTOGRAFIA DE CAPA
Neil Palmer/CIAT

DIAGRAMAÇÃO
Letra e Imagem

REVISÃO
Livia Lima
Rafael Falasco

Este livro atende às normas do Novo Acordo Ortográfico em vigor desde janeiro de 2009.

DADOS INTERNACIONAIS DE CATALOGAÇÃO NA PUBLICAÇÃO (CIP)

D457
O design de habitats ecológicos: criando um sentido de lugar / organizadores E. Christopher Mare e Max O. Lindegger; tradutoras Cristiane Orfaliais e Esther Klausner – Rio de Janeiro: Roça Nova, 2021.

384 p. ; 23 cm. – (Coleção 4 keys)

Tradução de: Designing Ecological Habitats: Creating a Sense of Place.

ISBN 978-65-87796-18-5

1. Design. 2. Arquitetura. 3. Sustentabilidade. 4. Bioconstrução. 5. Ecologia. 6. Ecovilas. I. Mare, E. Christopher. II. Lindegger, Max O. III. Orfaliais, Cristiane. IV. Klausner, Esther. V. Série.

CDD 745.2

Bibliotecária Janaina Ramos – CRB-8/9166

2021

tel +55 21 997860746
contato@rocanova.com.br
www.rocanova.com.br

Sumário

Módulo 5. Design ecológico integrado

Organizadores

E. Christopher Mare, em meio a um despertar espiritual, descobriu um curso de design de permacultura em 1993 e, desde então, tornou-se estudante em tempo integral. Uma graduação com matérias escolhidas por ele foi o primeiro esforço para organizar a nova disciplina de design de ecovilas em um curso formal. Depois de dois mestrados, se prepara para sua tese de doutorado na Fielding Graduate University, em Santa Bárbara (Estados Unidos). Foi selecionado para ser coordenador do programa do curso em elaboração do Ecovillage Design Education (EDE); e posteriormente, editou o programa do Gaia Education Design for Sustainability (GEDS), oferecido pela Universitat Oberta de Catalunya (UOC), em Barcelona (Espanha). Ao longo de quatro apresentações do EDE em Wongsanit Ashram (Tailândia), introduziu o formato Design Studio como clímax do curso; durante o EDE em Albuquerque (Estados Unidos), o Design Studio foi aplicado à remodelação urbana. Um grande destaque de sua carreira foi o apoio financeiro concedido pelo Gaia Trust para participar da residência na Oxford Round Table de 2008. Em 2002, criou uma organização educacional sem fins lucrativos – a Village Design Institute (VDI) –, que um dia garantirá um espaço físico para o estabelecimento de: um local de pesquisa, treinamento e demonstração; um instituto de design de vilas; e uma comunidade de estudiosos.

Max O. Lindegger é um professor respeitado e requisitado das disciplinas de sistemas sustentáveis. Seu estilo dinâmico de ensino é resultado dos trinta anos de experiência e liderança na área de design e implementação de soluções práticas e viáveis para os desafios da sustentabilidade. Frequentemente, recebe convites para realizar palestras em simpósios internacionais e conferências sobre temas como meio ambiente, ecologia, sustentabilidade, permacultura e design de ecovilas. Ministrou cursos de design de ecovilas e permacultura em mais de 24 países. Foi criador e, por muitos anos, diretor do secretariado de Oceania/Ásia da Global Ecovillage Network (GEN). Continua a contribuir para o fluxo internacional do pensamento atual e das melhores práticas nas áreas de design e ensino de sistemas sustentáveis. Como designer, foi o principal parceiro no design e no desenvolvimento premiados da vila de Crystal Waters, em Queensland (Austrália). Projetou e foi consultor em vários desenvolvimentos comunitários, incluindo o Spiers Project e o Gqnubie Green (África do Sul), o Living & Learning Centre (Sri Lanka), a Vatukarasa Village (Fidji), o Projeto Garopaba (Brasil) e a Malt Farm (Austrália).

Prefácio

Mark Richmond[1]

A Década da Educação para o Desenvolvimento Sustentável das Nações Unidas (DESD, 2005-2014), liderada pela Organização das Nações Unidas para a Educação, a Ciência e a Cultura (Unesco), está em sua segunda metade e continua procurando integrar princípios, valores e práticas de desenvolvimento sustentável em todos os aspectos da educação e do aprendizado. Como movimento e esforço global em educação, a DESD encoraja mudanças de comportamento no mundo todo, a fim de criar um futuro mais sustentável em termos de integridade do meio ambiente, de viabilidade econômica, de diversidade cultural e de uma sociedade mais justa para as gerações atuais e futuras.

O design de habitats ecológicos: criando um sentido de lugar é uma exploração importante e eloquente dos limites do crescimento da humanidade e aborda os problemas decorrentes das mudanças climáticas, da destruição de habitats, do crescimento populacional e do esgotamento de recursos. Não é um livro de ideias teóricas, mas uma antologia de soluções, de experiências, testadas e comprovadas, de especialistas de todo o mundo. Os projetos e as práticas aqui incluídas apresentam uma visão para o futuro experimentada em ecovilas, comunidades sustentáveis e projetos em muitos países. São soluções práticas de baixa emissão de carbono que proporcionam melhorias significativas na qualidade de vida das populações.

Ao entendermos o processo de criação de designs ecológicos integrados, também esclarecemos o processo de criação de sistemas sociais e econômicos integrados. Reconectamo-nos com o verdadeiro significado da ecologia, advindo da palavra grega *oikos*, que significa "casa" ou "lugar para morar". O maior desafio da humanidade é garantir que o planeta Terra possa sustentar a vida humana

1 O presente volume foi publicado originalmente, em língua inglesa, em 2011. A edição brasileira optou por não atualizar, temporalmente, o registro deste Prefácio. O autor Mark Richmond, à época, exercia o cargo de diretor da Divisão de Educação para a Paz e o Desenvolvimento Sustentável da Unesco, instituição onde permaneceu por quase vinte anos. Atualmente, Richmond é diretor do programa conhecido como Protect Education in Insecurity and Conflict (PEIC) da fundação Education Above All. (Esta e das demais notas identificadas por N. da E. são da edição.)

nos próximos séculos, não apenas adaptando-se às mudanças climáticas como também atenuando-as. Precisamos começar a fazer isso em casa e em nossas vidas pessoais, em nossas comunidades, em nossas biorregiões, em nossas nações e, finalmente, em nosso planeta. *O design de habitats ecológicos* nos oferece soluções em escala humana para fazer exatamente esse movimento.

O secretariado da DESD na Unesco tem o prazer de ser parceiro do Gaia Education no lançamento da coleção de livros sobre sustentabilidade 4Keys – Chaves para Comunidades Sustentáveis em Todo o Planeta e, em particular, deste livro, voltado à dimensão ecológica. Os volumes que integram a coleção são referência para quem procura soluções para questões transdisciplinares complexamente interligadas que estão relacionadas à transição para sociedades de baixa emissão de carbono.

A DESD diz respeito a todos os interessados, que podem contribuir para o sucesso dela e ser agentes de mudança em seu próprio nível, em suas próprias comunidades e nações. O Gaia Education está engajado ativamente em ações de apoio à DESD em 23 países de diferentes estágios de desenvolvimento, tanto em contextos urbanos como rurais. A Unesco está comprometida em continuar mobilizando participantes em torno da Educação para o Desenvolvimento Sustentável (ESD; do inglês, Education for Sustainable Development) e em liderar o movimento global para o sucesso da DESD. A organização vê as 4Keys como uma contribuição significativa para a ampla gama de livros e publicações geradas no âmbito da DESD.

Sejam bem-vindos e bem-vindas!

E. Christopher Mare
Organizador

Sejam bem-vindos e bem-vindas à dimensão ecológica do Ecovillage Design Education (EDE). O EDE é um curso introdutório de quatro semanas sobre as complexidades do design de ecovilas oferecido a você pelo consórcio internacional de educadores do Gaia Education. O curso foi implementado em seis continentes desde sua fixação em 2005 e introduziu centenas de entusiastas, de diferentes origens culturais, a essa maneira vital de perceber e conceber o tema emergente do design de comunidades sustentáveis.

Esta dimensão, a ecológica, pode ser usada na forma de um livro didático para acompanhar o curso – ou como um recurso valioso por si só. As primeiras concepções do design de ecovilas consideravam as preocupações ecológicas como a essência primordial da comunidade sustentável. No entanto, o EDE situa a dimensão "ecológica" como apenas uma das quatro dimensões a serem consideradas, igualmente, em qualquer cenário abrangente de design de ecovilas – as demais são: a social, a econômica e a visão de mundo. Cada uma dessas outras dimensões possui um livro didático; portanto, estudantes interessados podem adquirir os quatro livros para se manterem bem informados.

A dimensão ecológica em si é um "design de sistemas completos" de um sistema organizacional, uma holarquia, que abriga compreensões necessárias para a dimensão ecológica do design de ecovilas. Possui ritmo e simetria, forma e propósito, em vários níveis de entendimento. Há uma seção introdutória, que aborda alguns dos problemas mais gerais, porém importantes, enfrentados hoje pelos designers, assim como apresenta o vocabulário básico que será usado ao longo do livro. Na sequência, encontram-se as seções com títulos correspondentes aos cinco módulos da dimensão ecológica do programa EDE: Construções sustentáveis; Comida local; Tecnologia apropriada: energia e infraestrutura; Restauração da natureza; e Design ecológico integrado – o capítulo de resumo em que todas as seções anteriores são reunidas em teorias de design integrado.

O livro está repleto de perspectivas, informações e experiências valiosas – grande parte dessas ideias está sendo apresentada pela primeira vez neste tipo de fórum. No entanto, por mais completo que seja, cada artigo que integra este volume pode ser considerado uma introdução superficial em meio a um campo de estudos vasto – de fato, cada um desses artigos pode se transformar em um livro inteiro! Tal organização cria os fractais da dimensão ecológica dentro de um fractal do programa EDE como um todo.

Quanto à extensão, todos os textos podem ser lidos confortavelmente em apenas um dia, durante o café da manhã, de modo que, ao fim de um mês e meio, você terá sido apresentado a toda a gama de considerações sobre a dimensão ecológica do design de ecovilas. Pode-se esperar, ainda, que os estudantes escolham as apresentações com as quais mais se identificam e realizem, a partir daí, um estudo mais aprofundado.

Estou extremamente contente com o conjunto de autores que foram reunidos neste volume – alguns sendo publicados pela primeira vez. Aqui, todos são professores de renome mundial, que dedicaram cuidado profissional ao material abordado. Há doutores e ativistas de base, educadores de longa data em permacultura, empreendedores de sustentabilidade, administradores de organizações não governamentais (ONGs) e pioneiros em ecovilas. O que todos eles têm em comum é uma vida inteira de entrega de coração e alma a uma visão cuja concretização ainda está por vir. Acredito que há algo neste livro para todos. Espero que gostem de lê-lo tanto quanto gostei de elaborá-lo. Obrigado a todos e a todas.

Introdução

Introdução ao design de ecovilas

A importância global do movimento de ecovilas

A Civilização 2.0

A mudança do estilo de vida como estratégia de combate às alterações climáticas

Uma visão do design ecológico

A resiliência transformadora

A ecologia contemplativa: uma história intercultural

O renomado designer de ecovilas Max O. Lindegger dá início a este livro com uma introdução bem fundamentada sobre nosso assunto favorito: design de ecovilas. Ele usa a grande quantidade de informações disponíveis para afirmar que as mudanças essenciais estão chegando, independentemente de nossa vontade. De acordo com a análise apresentada aqui, a ecovila sustentável e repleta de recursos é a solução óbvia para qualquer desafio: o cenário em que todas as práticas e tecnologias sustentáveis podem se unir em um só lugar. Uma afirmação importante é a de que todos devemos aprender a nos acostumar com menos. De acordo com as estimativas do autor, isso nos trará melhor qualidade de vida.

Introdução ao design de ecovilas

Max O. Lindegger
Crystal Waters, Austrália

Introdução

Não há, no momento, um consenso para a definição de ecovila. Para as finalidades deste artigo, a definiremos da seguinte maneira:

- em escala humana;
- assentamentos completos;
- em que as atividades humanas são integradas sem prejuízo ao mundo natural;
- de uma forma que apoie o desenvolvimento humano saudável; e
- pode ser mantida com sucesso em um futuro indeterminado.[1]

1 Gilman, Robert; Gilman, Diane (orgs.). *Ecovillages and Sustainable Communities: A Report for Gaia Trust by Context Institute*. Bainbridge Island: Context Institute, 1991.

Ted Trainer, da University of New South Wales (UNSW), na Austrália, diz:

> Seria exagero afirmar que a chegada do movimento de ecovilas é o acontecimento mais importante no século XX? Acho que não.

Temos sérios problemas para lidar com as mudanças climáticas e seus impactos; a possibilidade de escassez de energia, a perda de biodiversidade e de terras aráveis, o esgotamento de fontes de água potável, são apenas alguns dos impactos a mencionar. Nosso estilo de vida extremamente rico em recursos é considerado como garantido pela maioria no Ocidente. Restam poucas dúvidas de que durante nossas vidas teremos que fazer grandes mudanças – ou a mudança nos será imposta. O movimento de ecovilas é um reconhecimento de que a mudança precisa acontecer e que algumas dessas mudanças serão consideradas bastante radicais – o que tem sido chamado de "mudança de paradigma".[2]

Como tentei demonstrar anteriormente, algumas comunidades, incluindo a minha, a ecovila Crystal Waters, tem feito um movimento em direção à sustentabilidade. Para Ted Trainer, precisamos ter cuidado com o significado de "sustentabilidade". Em poucas linhas, as ecovilas existentes não foram longe o suficiente. Muitas vezes, as mudanças fáceis foram implementadas, enquanto as mais difíceis foram deixadas para depois. O fato é que as mais difíceis são aquelas que farão a grande e necessária diferença. Poderíamos olhar para as mudanças imprescindíveis em uma escala de fácil a difícil, ou, como Peter Harper, do Centre for Alternative Technology (CAT), no País de Gales, as chama: "verde-claro a verde-escuro".

O objetivo fácil – verde-claro:

- famílias mais autossuficientes (cultivo de vegetais, compostagem, reciclagem, reparação, água quente solar, isolamento);
- arquitetura solar passiva, conservação de energia, tecnologias de eficiência energética (luzes, refrigeração, lavagem, uso de bicicletas);
- energia renovável (sol/vento);
- construções com o uso de terra e materiais recicláveis;
- coleta de água da chuva, biorremediação do esgoto, reciclagem da água, agricultura sustentável permacultura.

2 Kuhn, Thomas. *The Structure of Scientific Revolutions*. Chicago: University of Chicago Press, 1970.

O verde-claro em nível urbano:

- esverdeamento das cidades (plantio para melhorar o ar, o clima e a estética);
- moderação de tráfego;
- corredores de vida selvagem;
- melhor transporte público;
- captação e conservação de água;
- tratamento de resíduos, triagem de lixo, centros de reciclagem, compostagem, reciclagem de água cinza e negra;
- agricultura orgânica, Agricultura Apoiada pela Comunidade (AAC);
- *layout* urbano (estreitamento de estradas, becos sem saída, ciclovias, agricultura urbana, hortas de telhados, comuns, limitação do número de acessos nas estradas).

Muitos governos estão tomando medidas nesse sentido. Precisamos encorajar essa transição pressionando o ponto mais eficaz. Quando possível, precisamos assumir a liderança. Como Margaret Mead ressaltou há muito tempo, a mudança real vem de baixo para cima – raramente de cima para baixo.

Infelizmente, mesmo essas mudanças nos deixarão aquém de onde precisamos ir. Aqui, vamos olhar a análise dos "limites ao crescimento".[3] Se tentássemos aumentar a produção de combustível e minerais até o ponto em que os 9 bilhões de pessoas previstas para habitar a terra por volta de 2040 – projeção média da Organização das Nações Unidas (ONU) – pudessem ter os padrões de vida do mundo desenvolvido, todos os combustíveis e um terço dos itens minerais estariam totalmente esgotados por volta de 2060.

Os últimos relatórios estimam que a oferta mundial de petróleo, em breve, atingirá o pico, os preços subirão acentuadamente e, a partir de então, o fornecimento será reduzido à metade do volume atual até 2025.[4] Os cientistas afir-

3 Meadows, Donella H.; Meadows, Dennis L.; Randers, Jørgen. *Beyond the Limits: Confronting Global Collapse, Envisioning a Sustainable Future*. White River Junction: Chelsea Green Publishing Company, 1992.

4 Petroconsultants. World Oil Reserves: The Problem of Reliable Data: How the Peak Oil Movement Started. *PlanetforLife*, [1995]. Disponível em: planetforlife.com/oilcrisis/oilreserves.html; Ivanhoe, Buzz. The Coming Global Oil Crisis. *Energy Crisis*, [1996]. Disponível em: energycrisis.com/Ivanhoe; Fleay, Brian. Brian Fleay on the Coming Australian Hubbert Peak. *Energy Crisis*, [1995]. Disponível em: energycrisis.com/fleay. (Estes e os demais sites e páginas online apresentados nos artigos deste vo-

mam que, se quisermos evitar que o problema do efeito estufa piore, devemos reduzir o uso de combustíveis fósseis de 60% a 80%. Se cortarmos em 60% e dividirmos igualmente a energia com os 9 bilhões de pessoas esperadas, todos terão que sobreviver apenas com 1/18 da média australiana hoje.

Muitos índices agrícolas e biológicos de produtividade ou fertilidade parecem estar chegando a um pico ou ter caído. Parece que estamos atingindo limites para a produção biológica; no entanto, estamos apenas fornecendo altos padrões de vida para cerca de 1 bilhão de pessoas e, em breve, teremos 9 bilhões.

Em nossa opinião, considerações como essa não deixam dúvidas de que, se quisermos alcançar uma ordem mundial sustentável e justa, devemos projetar e desenvolver assentamentos em que possamos viver bem em níveis de uso de recursos que são muito mais baixos do que nos países ricos hoje, possivelmente da ordem de um décimo a um vigésimo abaixo, e precisamos reduzir os impactos ambientais a zero. Assim, devemos adicionar os seguintes elementos muito mais difíceis e de maior potencial – "verde-escuro" na terminologia de Harper – à nossa lista de recursos e requisitos para alcançar o potencial de uma ecovila real, completa e totalmente sustentável.

Desenvolvimento de ecovilas altamente autossuficientes

Na severa escassez de recursos que viveremos na próxima era, especialmente a de petróleo, é essencial que sejam construídos nações, regiões, cidades, subúrbios e bairros altamente autossuficientes. O elemento essencial na nova economia deve ser a "ecovila" – autônomas em sua capacidade de fornecer bens e serviços. Precisamos usar nossa terra de maneira eficiente e sustentável. Para isso, devemos reunir nossos talentos, habilidades, trabalhos, recursos e capital. Uma das principais razões para isso é que o transporte não estará tão facilmente disponível como hoje para mover as pessoas para o trabalho, para o lazer ou para o transporte de mercadorias. A produção local terá os benefícios adicionais de melhor qualidade e frescor e redução de armazenamento e embalagem.

O efeito estufa indica que a energia proveniente de combustíveis fósseis precisa ser reduzida drasticamente. Apenas o desenvolvimento de comunida-

lume foram verificados pela edição. Nos poucos casos em que os endereços não foram encontrados, realizou-se um esforço para substituí-los de modo a não perder as informações. N. da E.)

des autossuficientes encontrará soluções duradouras para as questões como o desemprego e a deterioração das comunidades no nível social. Os pequenos processos de produção, os tanques para o armazenamento de água e o uso cuidadoso de recursos como argila, madeira e pedra podem contribuir para a autossuficiência biorregional, mas sempre existirá a necessidade de importar aqueles poucos bens essenciais que não podem ser facilmente produzidos em pequenas comunidades.

Devemos assumir o controle de nossas finanças. Há muitos exemplos que mostram que o dinheiro local pode ajudar a apoiar o desenvolvimento da região. Os impostos voluntários, o sistema comercial de trocas locais (LETS; do inglês, *local exchange trading system*) e os sistemas relacionados, além dos grupos de trabalhos voluntários – todos podem nos permitir construir nossos futuros com nosso dinheiro e energia. Devemos assumir o controle de nossa economia no nível da comunidade local.

Por fim, uma sociedade altamente sustentável deve incorporar muita autossuficiência em sua administração. Precisamos discutir, debater e decidir nossos próprios problemas. As administrações centrais não podem tomar todas as decisões. Somente quem entende as condições de cada comunidade pode tomar a decisão certa. Uma sociedade sustentável deve desenvolver uma democracia altamente participativa. As questões como amor, gênero e sexualidade farão parte das discussões, assim como o cuidado com os idosos, as crianças, os que precisam de tratamento ou aqueles que estão em sofrimento e morrendo.

Caminhos muito mais comunitários e cooperativos

Só será possível viver bem se houver cooperação. Portanto, precisamos aprender a compartilhar e distribuir os excedentes, trabalhando em direção a uma economia de oferta. Os indivíduos e os grupos precisam tomar conta das bibliotecas, dos moinhos de vento, dos pomares, dos lagos e dos bosques. O entretenimento será local, assim como o comércio e os festivais. Desenvolveremos uma cultura de uma nova vila com novas tradições.

Esses objetivos se conectam com a noção de autoconfiança na governança. A maioria das funções administrativas em uma vila deve estar nas mãos de seus moradores. Precisamos nos desacostumar com os subsídios, diminuindo assim nossa dependência. A autoridade e a responsabilidade devem estar juntas. Os cidadãos comuns devem voltar a ter consciência das necessidades da comunidade e do país. Precisamos aprender a ter responsabilidade por nossa situação e questões locais. As comunidades autônomas devem ter mecanismos para garantir que ninguém esteja desempregado, pobre ou solitário. Nessas comunidades, deve existir coesão, mas também consciência do fato de que estamos assumindo o controle de nosso destino.

Isso é tudo? Receio que não.

Precisamos viver de uma maneira mais simples para que outros possam simplesmente viver

Não há possibilidade de que a população crescente do mundo possa existir no mesmo padrão de vida atual, típico do Ocidente. Devemos estabelecer um estilo de vida simples e reduzir nossa demanda da maioria dos recursos. Isso não precisa ser uma ameaça à nossa qualidade de vida; na verdade, esse estilo de vida pode levar a muito mais prazer e conquistas.

Muitas pessoas na permacultura, nas ecovilas, na ecologia urbana, na nova economia, nos movimentos pela paz e similares não conseguem entender esse desejo pela simplicidade. Em minha opinião, o modo de vida em muitos assentamentos com designs excelentes peca na abundância.

O segredo é focar no que é necessidade. O que é suficiente para o conforto, a saúde, a higiene e uma boa qualidade de vida? A diferença entre querer e precisar é enorme. Focar o que é suficiente não prejudica a busca por riqueza social, pessoal ou espiritual. Na verdade, o acúmulo de bens pode ser um obstáculo para a saúde e a felicidade.

Necessidade de uma nova economia

Uma economia sustentável de longo prazo deve ter uma política de "crescimento zero". Os níveis atuais de produção já são insustentáveis – o crescimento acumulado só tornará as coisas piores. A sociedade de consumo tem essa obsessão pelo crescimento econômico e por obter e possuir mais produtos do que realmente precisamos.

Considere os vários níveis atuais de produção e consumo que um crescimento adicional significa. Se o mundo atingir uma média de apenas 3% ao ano, então até 2060 a produção mundial total será oito vezes maior do que é hoje. Mas nossa história recente mostra que 3% não são suficientes para tornar nossa economia "saudável".

Você percebe que, se tivéssemos um crescimento de 4%, se a população mundial subisse para os 9 bilhões esperados, e se todas essas pessoas alcançassem os "padrões de vida" atuais do Ocidente, a produção econômica mundial total seria 180 vezes maior do que é hoje! No entanto, o nível atual já é insustentável. Como se explica o fato de os políticos ou os economistas não verem problema com o entusiasmo de aumentar o Produto Nacional Bruto (PNB) como objetivo supremo e sagrado?

Atualmente, o um quinto mais rico da população do mundo está consumindo quatro quintos da produção mundial de recursos. Como resultado, bilhões de pessoas estão tão carentes que uma criança morre a cada três segundos; ainda assim, insistimos em aumentar o padrão de vida, a produção e o consumo do mundo rico, em uma trajetória linear que está rapidamente se aproximando do excesso. Em vez de aumentar a produção em termos de quantidade, devemos procurar melhorar a qualidade de bens e serviços. Ferramentas melhores, saúde de alto nível, uso mais eficiente da terra – já existem exemplos disso.

Na nova economia, o setor de caixa será bastante pequeno. A produção doméstica e comunitária será enfatizada. As trocas, os presentes, a permuta, o trabalho voluntário, os *shramadamas*[5] vão aumentar. De fato, não faltam exemplos no norte e no sul sendo praticados hoje, neste exato momento – então o que você está esperando?

Conclusão

Será esse um sonho utópico? Se a análise dos "limites ao crescimento" estiver correta, não teremos escolha a não ser mudar para esse estilo de vida; caso contrário, não conseguiremos fazer as grandes reduções necessárias em nosso atual consumo global de recursos e nos impactos ambientais resultantes. Contudo, paradoxalmente, esse estilo de vida mais simples e com os pés no chão melhora, ao mesmo tempo, a qualidade de vida de todos.

5 *Shramadama*: termo que vem da rede Sarvodaya, no Sri Lanka, e significa "trabalhar juntos para o bem comum".

Com um agradecimento especial e reconhecimento a Ted Trainer, da School of Social Work, University of New South Wales (UNSW), em Kensington (Austrália).

Para ler a biografia completa do autor, veja as páginas 9 e 10.

Referência

Cobb, Kurt. Jeffrey Brown and the Net Oil Exports Crisis. *Citizen*, 6 mar. 2009.

A presente seção desta introdução apresenta algumas das principais questões ou perspectivas globais relevantes para o projeto de ecovilas. Ted Trainer, um defensor de longa data da solução de ecovilas, oferece a justificativa para instituir seu *simpler way* – o caminho mais simples. O professor afirma que a maior parte do "esverdear" não vai longe o suficiente, que a transição para qualquer sociedade verdadeiramente "sustentável" exigirá o completo desmantelamento e a substituição das atuais economias de mercado e dos sistemas sociais baseados na ganância desmedida de alguns. Ted Trainer é incisivo em sua crítica direcionada a esses sistemas desgastados; ainda assim, fica evidente que sua motivação é fundamentada na compaixão. O artigo termina com um pedido: o de que os projetistas de ecovilas apliquem seu "ofício" em escalas mais amplas das sociedades e dos sistemas políticos.

A importância global do movimento de ecovilas

Ted Trainer

University of New South Wales (UNSW), Austrália

Introdução

O ponto fundamental deste artigo está no fato de que, quando a natureza da situação global é entendida, fica óbvio que os graves problemas que ameaçam destruir a civilização só poderão ser resolvidos se caminharmos em direção a ideias e práticas demonstradas nos movimentos globais de ecovila e permacultura. Portanto, seria difícil exagerar a importância desses movimentos e o papel que eles vêm desempenhando nas últimas décadas na transição para um mundo justo e sustentável.

Minha justificativa será que os sérios problemas globais que enfrentamos não podem ser resolvidos em uma sociedade que é obcecada pelo estilo de vida dos consumidores ricos, por uma produção para o lucro em vez da necessidade, que deixam as forças do mercado definirem a sociedade, e por uma economia de crescimento infinito. Não podemos resolver os grandes problemas até que aceitemos a necessidade de uma transição ampla e radical para alguns sistemas, formas e valores muito diferentes. Minha esperança é de que este artigo convencerá os designers de permacultura e ecovilas de que essa é a perspectiva com base na qual agir e de que o trabalho deles é de importância muito maior do que geralmente se percebe. Uma atividade que não se restringe ao design de jardins, casas, fazendas e vilas, mas de sociedades totalmente satisfatórias. A sustentabilidade e a justiça em uma escala global não podem ser alcançadas a menos que construamos economias, sistemas políticos, geografias e, de fato, culturas bem diferentes. Espero que este artigo encoraje futuros designers a trabalhar com essa importante visão em mente.

Situação global

As observações anteriores revelam uma perspectiva bastante radical de nossa situação, que vai muito além do que a maioria das pessoas interessadas em sustentabilidade está disposta a ir; assim, aqui estão algumas evidências das razões pelas quais acho que essa perspectiva é válida. Há duas falhas principais incorporadas nas fundações de nossa sociedade: uma tem a ver com "sustentabilidade"; a outra, com "justiça".

Falha 1: sustentabilidade

O modo de vida nos países ricos é *extremamente* insustentável. Não existe possibilidade de o padrão de vida de todos os povos na Terra se elevar ao nível *per capita* do consumo de energia, minerais, madeira, água, alimento, fósforo etc. desses países. Essas taxas de consumo são a causa de muitos problemas globais sérios que ameaçam nossa sobrevivência. Contudo, a maioria das pessoas não tem ideia do valor ultrapassado, de como estamos acima de um nível sustentável no uso de recursos e do impacto ambiental. Já existem sinais preocupantes de escassez de alimentos, água, peixes, vários minerais, florestas e, especialmente, petróleo. Se todos os 9 bilhões de pessoas estimadas para viver na Terra após 2050 consumirem recursos na mesma taxa *per capita* atual dos países ricos, a produção anual de recursos teria que ser cerca de oito vezes maior do que é agora.

A "análise da pegada" indica que a quantidade de terra produtiva necessária para sustentar uma pessoa na Austrália com alimento, água, energia e moradia é de, aproximadamente, oito hectares. Nos Estados Unidos, perto de doze hectares. Se 9 bilhões de pessoas vivessem como os australianos agora, mais de 70 bilhões de hectares de terra produtiva seriam necessários. Entretanto, a quantidade total disponível no planeta é somente em torno de 8 bilhões de hectares. Ou seja, *nossa pegada* per capita *de mundo rico é cerca de dez vezes maior* do que seria possível para todas as pessoas.

O problema do efeito estufa fornece, provavelmente, o argumento mais claro. É cada vez mais evidente que devemos eliminar completamente todas as emissões de dióxido de carbono por volta de 2050 se quisermos manter o aumento da temperatura global abaixo de dois graus.[1]

Tais considerações tornam factual a impossibilidade de todas as pessoas manterem o "padrão de vida" que consideramos como o padrão garantido em países ricos como a Austrália. Não estamos apenas um pouco além dos níveis sustentáveis de demanda de recursos e impacto ecológico – estamos *muito* além deles. No entanto, poucas pessoas parecem entender a magnitude do que foi ultrapassado. Precisamos enfrentar reduções drásticas em nossos níveis *per capita* atuais de produção e consumo, e isso não pode ser alcançado sem abandonarmos a busca por um "padrão de vida" abastado e enfrentarmos enormes mudanças na dinâmica institucional e do sistema.

Agora adicione o compromisso absurdo com o crescimento econômico

A preocupação principal não são os níveis atuais de uso de recursos e impacto ecológico, mas sim *o nível a que vamos subir, dada a obsessão com volumes de produção em constante crescimento.* O objetivo prioritário em todos os países é aumentar a renda, o "padrão de vida" e o Produto Interno Bruto (PIB) tanto quanto possível, constantemente, sem qualquer noção de limites; isto é, o objetivo social mais importante é o crescimento econômico.

Se considerarmos a) um crescimento econômico de 3% ao ano, b) uma população de 9 bilhões de pessoas, c) todas as pessoas do mundo subindo para o "padrão de vida" que teríamos no mundo rico em 2070, com crescimento de 3%,

1 Meinshausen, Malte *et al.* Greenhouse-Gas Emission Targets for Limiting Global Warming to 2 Degrees C. *Nature*, n. 458, pp. 1158-62, 30 abr. 2009.

então o volume total da produção econômica mundial seria 60 vezes maior do que é hoje. Assim, embora os *atuais* níveis de produção e consumo sejam brutalmente insustentáveis, a determinação de aumentar continuamente a renda e a produção econômica vai multiplicá-los para níveis absurdamente impossíveis nas próximas décadas.

Essa perspectiva de "limites ao crescimento" é essencial se quisermos entender os problemas globais mais sérios que enfrentamos:

1. O problema ambiental: basicamente devido ao fato de que temos excesso de produção e consumo, utilizando muitos recursos da natureza e despejando muitos resíduos nela. Isso não pode ser resolvido em uma economia voltada a fornecer produção, consumo, "padrão de vida" e PIB cada vez maiores.
2. A pobreza e o subdesenvolvimento do Terceiro Mundo são inevitáveis se algumas pessoas que vivem em países ricos insistirem em tirar muito mais recursos do mundo do que sua parte. O Terceiro Mundo nunca pode se desenvolver na direção do mundo rico, porque há poucos recursos para isso.[2]
3. Os conflitos e as guerras são inevitáveis se todos aspiram às mesmas taxas de consumo do mundo rico e se insistem em um crescimento sem fim em um planeta com recursos limitados.[3]

Falha 2: uma sociedade brutalmente injusta

Nos países ricos, não estaríamos nem perto de nosso "padrão de vida" atual se não estivéssemos tirando muito mais do que nossa parcela justa de recursos mundiais. Nosso consumo *per capita* de itens como petróleo é cerca de dezessete vezes maior do que o consumo da metade mais pobre da população do mundo. Um quinto da população rica mundial consome cerca de três quartos dos recursos produzidos. Muitas pessoas ficam com tão pouco que 850 milhões estão com fome, e um número maior do que esse tem apenas água suja para beber. Três bilhões de pessoas vivem com dois dólares ou menos por dia. As condições para os mais pobres do mundo estão se deteriorando.

2 Para mais informações, consulte: The Third World: Documents (O terceiro mundo: documentos). Disponível em: thesimplerway.info/DocsTHIRDWORLD.html.

3 Para mais informações, consulte: Global Peace and Conflict (Paz mundial e conflito). Disponível em: thesimplerway.info/PEACE.htm.

Essa injustiça grotesca deve-se, principalmente, ao fato de que a economia global opera com princípios de mercado. Em um mercado, a necessidade é totalmente irrelevante e ignorada – as coisas vão sobretudo para os mais ricos, porque eles podem pagar mais por elas. Assim, ficamos com quase todo o petróleo escasso e outros recursos comercializados, enquanto bilhões de pessoas em situação de extrema necessidade recebem pouco ou nenhum. Isso explica por que um terço dos grãos do mundo alimenta os animais nos países ricos, enquanto dezenas de milhares de crianças morrem todos os dias porque não têm comida e água potável suficientes.

Ainda é mais importante ressaltar que o sistema de mercado explica por que o desenvolvimento do Terceiro Mundo é tão *inadequado* às necessidades de seus habitantes. O que é desenvolvido não é o que é necessário; é sempre o que trará mais lucro para as poucas pessoas com capital para investir. Desse modo, há o desenvolvimento de plantações para exportação e fábricas de cosméticos, e não o desenvolvimento de fazendas e empresas nas quais as pessoas pobres podem produzir para si as coisas de que precisam usando a terra, a água, o talento e o trabalho que têm a seu redor.[4]

Essas são as razões pelas quais o desenvolvimento convencional pode ser considerado *uma forma de pilhagem*. O Terceiro Mundo foi desenvolvido de modo que suas terras e mão de obra beneficiassem os ricos, e não seus habitantes. O "padrão de vida" do mundo rico não seria tão alto quanto é se a economia global fosse justa. Os governos desses países não permitirão que os países pobres adotem outra abordagem para o desenvolvimento além daquela que permita ao mercado determinar o desenvolvimento e, portanto, direcionar as economias dos países pobres para seus próprios interesses.

Deveria ficar claro, com isso, que um mundo justo e pacífico não pode ser alcançado, a menos que nos países ricos adotemos um estilo de vida e um sistema econômico que nos permita viver bem com uma pequena fração de nosso consumo atual de recursos, permitindo que o Terceiro Mundo tenha sua parte justa.

4 Sobre o conceito de desenvolvimento *adequado*, consulte o link disponível na nota 2.

Conclusões sobre nossa situação

Essas considerações sobre sustentabilidade e justiça econômica global mostram que os grandes problemas mundiais *não podem ser resolvidos numa sociedade capitalista de consumo.* Essa sociedade não pode ser consertada. Os problemas são causados por algumas de suas estruturas e de seus processos fundamentais. Assim, qualquer reforma é descartada; ao contrário, os sistemas e as estruturas defeituosos devem ser substituídos.

Grande parte das pessoas boas e interessadas na sustentabilidade não entendem esse ponto crucial. Um exemplo: a sustentabilidade não é possível a menos que tenhamos uma economia sem crescimento, e você não pode reformar uma economia em crescimento para permanecer estável enquanto ela continua a crescer. Da mesma forma, o desenvolvimento do Terceiro Mundo não pode ser alcançado enquanto o desenvolvimento for entendido em termos de ascensão ao "padrão de vida" que os países ricos têm. As necessidades, os direitos, a justiça, o meio ambiente e as gerações futuras não podem ser cuidados se você permitir que as forças do mercado determinem os resultados, porque eles atendem apenas àqueles que podem pagar mais. As reformas de um sistema de mercado não podem moldá-lo de uma forma que ele atenda às necessidades etc., enquanto ele permanecer um sistema de mercado; isso é logicamente impossível, porque um mercado é algo que, por definição, não atende às necessidades.

A alternativa necessária: *the simpler way* – o caminho mais simples

Se a análise anterior de nossa situação é válida, teremos muitos impactos radicais com relação à forma que uma sociedade sustentável e justa deve assumir. Devemos mudar para maneiras que nos permitam viver com uma pequena fração do consumo atual de recursos e do impacto ambiental. Os princípios básicos para resolver os grandes problemas globais, funcionar de forma eficiente, além de ser atraente e agradável, devem ser os seguintes:[5]

5 Para mais informações, consulte: The Alternative, Sustainable Society (Sociedade sustentável alternativa). Disponível em: thesimplerway.info/THEALTSOCLong.htm.

1. A adoção de um modo de vida mais simples.
2. A autossuficiência maior de casas, nações e, em especial, vizinhanças e cidades, com uma quantidade relativamente pequena de viagens, transporte e comércio. Deve existir uma pequena *economia local* em que a maioria das coisas de que precisamos seja produzida com trabalho e recursos locais.
3. Sistemas cooperativos e participativos, nos quais os cidadãos locais se governam.
4. Um sistema econômico bem diferente, que não fosse conduzido por forças de mercado e lucro, em que há muito menos trabalho, produção e consumo, e um grande setor sem dinheiro, incluindo muitos produtos gratuitos de comuns locais. Nesse sistema, deve haver um PIB muito menor do que o atual e nenhum crescimento econômico.
5. E o mais problemático: *uma cultura completamente diferente,* na qual o individualismo competitivo e de aquisição é substituído pelo coletivismo simples e autossuficiente.

O argumento aqui é que esses elementos não são opcionais; se nossa situação é mais ou menos a que foi mostrada, temos que mudar para esses tipos de práticas, quer gostemos, quer não gostemos delas. Mas isso não precisa ser uma questão de fazer algo contra a vontade porque a sobrevivência exige. Os defensores do *caminho mais simples* acreditam que muitos de seus benefícios e fontes de satisfação proporcionam uma qualidade de vida muito mais alta do que a maioria das pessoas experimenta na sociedade de consumo.[6]

A meu ver, os princípios e designs que coloquei em termos de um *caminho mais simples* correspondem aos preconizados pelos movimentos de ecovila e permacultura. Se houver alguma diferença significativa, provavelmente ela está apenas no foco. Preocupo-me muito em questionar o sistema como um todo; por exemplo, pela necessidade de nos livrarmos de uma economia em crescimento, de irmos além dos sistemas e da produção de mercado (sistemas de mercado e produção) para obter lucro, de assumirmos o controle das economias locais e de irmos além de uma cultura competitiva e de aquisição. Mas, quando se trata do design e do funcionamento de cidades, bairros e residências, deve ser óbvio que os movimentos de ecovila e permacultura são pioneiros nos caminhos essenciais.

6 Para mais informações, consulte Benefits (Benefícios). Disponível em: thesimplerway.info/TSWbenefits.2p.htm.

Problemas da transição: como chegaremos lá?

A transição não pode ser conduzida ou imposta às pessoas pelo governo. As novas sociedades locais só podem ser construídas e funcionar a partir do esforço voluntário de locais que entendem por que o *caminho mais simples* é necessário e querem viver dessa maneira por considerarem gratificante. Somente a população conhece as condições locais e as situações sociais, de modo que somente ela pode desenvolver os sistemas, as redes, a confiança, o clima cooperativo etc. que mais lhe convier e gerar contribuições motivadas e estimulantes.

Assim, a tarefa mais importante para aqueles preocupados com o destino do planeta é ajudar as pessoas comuns, onde vivem, a entender a necessidade de transição da sociedade de consumo, a fim de que aceitem a mudança de forma contente e voluntária e sigam em direção às formas alternativas. De longe, a melhor maneira de as pessoas engajadas ajudarem é mergulhar na criação efetiva de novos caminhos que possamos começar onde vivemos; assim, fica clara a valiosa contribuição do movimento de ecovilas no fornecimento de exemplos ao longo dos últimos 30 anos.

Mas há um ponto extremamente importante aqui que receio não ser compreendido de forma clara pelas pessoas inseridas nesses movimentos. *Simplesmente construir aqui e agora mais práticas que queremos na nova sociedade não é suficiente*; se isso é tudo que fazemos, não resultará em uma sociedade sustentável e justa. Os resultados alcançados não serão duradouros a menos que produzamos uma enorme mudança na conscientização geral da necessidade de fazer a transição da sociedade de consumo para algum tipo de *caminho mais simples*. Essa é a tarefa mais importante para qualquer pessoa preocupada com o destino do planeta. Construir novos jardins de permacultura e até ecovilas inteiras não é tão importante quanto construir uma visão compartilhada coletivamente. Se pudermos fazer isso, as pessoas começarão, felizes, a refazer seus assentamentos e economias em pouco tempo![7]

Acho que é inquestionável que, se conseguirmos passar para um mundo sustentável e justo nos próximos 50 anos, essa transição será liderada pelas iniciativas de ecovila e permacultura. A meu ver, os designers de ecovilas e

7 Para reflexões mais detalhadas sobre o processo de transição, consulte: thesimplerway.info/TRANSITIONShorter.html.

permacultura têm uma oportunidade e uma responsabilidade especiais neste ponto da história. Minha esperança é que eles definam sua tarefa de maneira ampla e radical, ultrapassando ações como a de projetar hortas, fazendas e vilas para abraçar o design de sistemas completos sustentáveis e justos, nos níveis social, econômico e político.

Ted Trainer é professor na School of Social Work da University of New South Wales (UNSW). Escreveu diversos livros e artigos sobre problemas globais, tópicos de sustentabilidade, formas sociais alternativas e a transição para elas, incluindo *The Conserver Society: Alternatives for Sustainability* (Londres: Zed, 1995) e *Renewable Energy Cannot Sustain a Consumer Society* (Dordrecht: Springer, 2007). Desenvolveu o Pigface Point, espaço de ensino sobre estilos de vida alternativos perto de Sydney (Austrália), e o *site* para uso de educadores críticos globais: thesimplerway.info.

Albert Bates, fundador do Ecovillage Training Center, localizada na ecovila The Farm, demonstra toda a sua bagagem de conhecimento neste artigo confiante e otimista. Confiante e otimista porque o autor conheceu sistemas sustentáveis de cultivo de alimentos que funcionam como parte de uma estratégia maior de restauração de ecossistemas. Além disso, existem precedentes históricos para sua escolha. Pela maneira como escreve, pode-se dizer que Albert se orgulha de ser um "permaculturista". Esse grupo de ecopioneiros já possui todas as ferramentas e os conhecimentos necessários para fazer a transição para a "sustentabilidade". O que falta, na opinião do autor, é a vontade de passar da Civilização 1.0 (globalização) para a Civilização 2.0 ("glocalização").

A Civilização 2.0

Albert Bates
The Farm, Tennessee, Estados Unidos

O problema

Imagine que, de repente, acordássemos para a ameaça existencial representada por nosso vício em crescimento exponencial como pré-requisito econômico. Que mudanças em nossos planos podem, mesmo em cima da hora, oferecer alguma esperança de sobrevivência? Parece completamente óbvio que isso envolveria alguma combinação de biorregionalismo, permacultura e design de ecovilas. Francamente, não consigo imaginar nenhuma alternativa excluindo as estratégias que se manteriam viáveis por muito tempo.

A sorte tem sido nossa companheira constante. Aproveitamos da rara condição de ter água em seus três estados físicos, e em muita quantidade. Foi necessária a forma líquida da água para permitir a evolução de nossos organismos multicelulares. Vários eventos importantes de extinção ocorreram antes da explosão cambriana, do impacto em Chicxulub, da extinção dos dinossauros e da ascensão dos mamíferos. Somente durante longos períodos de estabilidade geológica e climática poderíamos ter desenvolvido nosso metabolismo elaborado, nossa longa gestação no útero, uma infância que durasse mais do que 25% da média de vida e um cérebro holográfico. Beneficiamo-nos de um clima estável e uma densa biodiversidade. Essa biodiversidade deu às nossas limitações de pensamento linear um refúgio seguro dentro de uma teia de vida não linear que toma conta da loja quando estamos na hora do almoço.

Essa estabilidade é algo que em breve teremos muito menos, e nos ajustar à súbita mudança de circunstâncias se tornará provavelmente nosso maior desafio. De modo geral, a escala da emergência ainda não é reconhecida. Gaia está doente, precisa de tempo para se recuperar e melhoraria com mais rapidez com algumas terapias. Se continuarmos drenando suas essências vitais enquanto lentamente percebemos a situação, corremos o risco de perdê-la.

O potencial

Como Jared Diamond nos faz lembrar, o Crescente Fértil nem sempre foi um deserto:

> Nos tempos antigos, grande parte do Crescente Fértil e da região do Mediterrâneo oriental, incluindo a Grécia, era coberta de florestas [...] derrubadas para agricultura, cortadas para obter madeira de construção, queimadas como lenha, ou para a fabricação de gesso. Por causa das poucas chuvas e, portanto, da baixa produtividade primária [...] o crescimento da vegetação não conseguiu acompanhar essa destruição, principalmente na presença de sobrepastoreio pela grande quantidade de cabras. Com a remoção da cobertura proporcionada pelas árvores e pela grama, a erosão prosseguiu e os vales assorearam, enquanto a agricultura de irrigação na baixa pluviosidade levou ao acúmulo de sal. Esses processos, que começaram na Era Neolítica, continuam nos tempos atuais.[1]

O mesmo poderia ser dito para as areias do deserto de Mu Us na Mongólia ou do Sahel. E, assim como os agricultores ajudaram a disseminar muitos de-

1 Diamond, Jared. *Collapse: How Societies Choose to Fail or Succeed*. Nova York: Penguin, 2005.

sertos da Ásia, do norte da África e do sul da Europa, os agricultores da América do Norte, incentivados por subsídios para cultivar grãos para a Primeira Guerra Mundial, araram terras e pastagens de pouco valor e dobraram a área de cultivo das planícies do sul entre 1910 e 1920. Quando chegaram os anos de seca, como aconteceu na década de 1930, a poeira transformou, ao meio-dia, o Capitólio, no rio Potomac, em noite e esses agricultores em refugiados ambientais, implorando por pão no boulevard Capitol Mall.

Em Santa Catarina, no Brasil, a antropóloga Lilian Rebellato descobriu um monte de conchas de ostras coberto por uma faixa escura de *terra preta*, as "terras escuras" da Amazônia. Esse foi o momento Eureka! Abaixo das ostras havia uma série mais irregular de estratos, mostrando o desenvolvimento aleatório dos solos. Acima das conchas de ostras estava a produção metódica de terra preta para a agricultura. Foi nesse ponto que a agricultura nas Américas se tornou sustentável, em contraste com os tipos de agricultura decorrentes do Crescente Fértil, na Ásia e na África, cuja característica comum é a eventual produção de desertos.

O trabalho arqueológico em Açutuba, ribanceira sobre o rio Negro, nos diz que a receita para a terra preta já era bem entendida quando a expedição de Orellana passou abaixo daquela vila em 1542. É provável que os açutubanos tivessem um forno que eles construíram e operavam para fazer o carvão, e que devam ter usado os pedaços maiores em fogões sem fumaça dentro de suas casas, enquanto empilhavam os pós mais finos em suas pilhas de compostagem. Ao fazer esse simples exercício, asseguraram que *a terra deixada a seus sucessores fosse sempre mais rica do que aquela que seus ancestrais lhes haviam deixado*. Ao cultivar alimentos com maior facilidade e abundância, sequestraram carbono, alterando o tempo de ciclo para a atmosfera de quatorze anos em média (por carbono lábil) a mil anos ou mais (para carbono recalcitrante, agora denominado biocarvão).

Quando os colonos dos séculos XVIII e XIX chegaram à Amazônia e ao Mississippi, nos locais onde os exploradores dos séculos XV e XVI haviam visto grandes megalópoles, trepadeiras e musgos cobriam as ruínas. As árvores quebraram as pedras das calçadas nas praças do mercado e envolveram palácios e templos, encobrindo todas as ornamentações de tapeçarias e os jogos de jantar dourados. A chuva apodrecera as madeiras do telhado e os insetos comeram os pergaminhos científicos e literários, deixando apenas vestígios. Os estoques de sementes que haviam sido hibridizados e melhorados durante 5 mil anos tinham desaparecido e seus últimos grãos tinham sido consumidos por roedores.

A eclosão de vegetação sobre os campos e as muralhas foi tão grande que o carbono extraído do ar para alimentar essa química atmosférica verde e desequilibrada foi praticamente igual às alterações que aconteceram com as florestas, quando as cidades foram construídas e revestidas com cal e murais de cores vivas. O reflorestamento da região após o colapso tirou tanto carbono da atmosfera, tão rápido, que a Europa literalmente congelou.[2]

E isso é uma coisa boa.

O aprendizado não foi que Luís XIV teve que colocar pisos de parquete no Palácio de Versalhes para manter os pés quentes, mas sim, para os observadores climáticos que agora analisam nosso futuro assustador, que os humanos podem alterar a atmosfera para nos levar de volta aos níveis de carbono pré-industriais, sem artimanhas arriscadas de geoengenharia, breves e dispendiosas, como espelhos espaciais, aerossóis de enxofre e flores de plâncton que sufocam peixes. Tudo que precisamos fazer é plantar árvores, construir solos de *terra preta* e armazenar organicamente carbono na *terrasfera* do planeta, e não em sua atmosfera.

O método

Suponha que todos no mundo plantassem uma árvore todos os dias. Quanto tempo levaria para restaurar o equilíbrio de carbono? Eu e meus colegas no Global Village Institute for Appropriate Technology[3] fizemos esse cálculo de várias maneiras diferentes. A resposta é que, se todos no mundo plantassem uma árvore por dia, até o final do segundo ano, o carbono sequestrado excederia as atuais emissões industriais globais. As concentrações atmosféricas começariam a diminuir e voltar ao normal. O principal obstáculo não é a falta de mão de obra, mas sim a disponibilidade de terra. Sete bilhões de plantadores poderiam plantar o equivalente às emissões globais de dióxido de carbono em dois anos, mas usariam toda a terra arável do mundo.

Para onde enviaremos esses plantadores de árvores depois que toda a terra arável não utilizada estiver plantada? Os desertos cobrem um terço da superfície da Terra. As mudanças climáticas estão fazendo com que eles se expandam

2 Dull, Robert A. *et al.* The Columbian Encounter and the Little Ice Age: Abrupt Land Use Change, Fire, and Greenhouse Forcing. *Annals of the Association of American Geographers*, v. 100, n. 4, pp. 755-71, 2010; Ruddiman, W. F. *Plows, Plagues, and Petroleum: How Humans Took Control of Climate*. Princeton: Princeton University Press, 2005.

3 Global Village Institute for Appropriate Technology. Disponível em: i4at.org.

em um ritmo acelerado; e, no entanto, o que é verdade sobre a desertificação afetar o clima também é verdadeiro sobre como combatê-la. Ao esverdear terras áridas, o ciclo hidrológico é restaurado, os ecossistemas são revigorados e o carbono é constantemente removido da atmosfera.

"Aqui é onde precisamos pensar profundamente", diz Wes Jackson, agricultor do Kansas.

> A agricultura teve seu início 10 mil anos atrás. Como eram os ecossistemas há 10 mil anos, após o derretimento do gelo? Esses ecossistemas apresentavam reciclagem de materiais e funcionavam com a luz solar atual. Os humanos ainda não construíram sociedades assim. É possível que, incorporadas à economia da natureza, existam sugestões para uma economia humana em que a conservação seja uma consequência da produção?[4]

Porém, Jackson estava enganado. Os seres humanos já *construíram* sociedades nas quais a conservação é uma consequência da produção. Ronald Nigh descobriu uma delas quando foi para Petén (Guatemala) para estudar as milpas do povo Lacandón.[5] Lá, a agrossilvicultura combina as árvores e os arbustos com as colheitas anuais e o gado, de maneira a ampliar e integrar os rendimentos e os benefícios além do que cada componente oferece separadamente. Como outros métodos de agricultura sustentável, baseia-se na observação de ecossistemas naturais produtivos e na imitação de processos e relacionamentos que os tornam mais resilientes e regenerativos.

Nigh observou que, sob a administração do povo Lacandón, o fechamento do dossel é alcançado em um período de dois a três anos, pela propagação de árvores pioneiras de rápido crescimento, em vez de até dez, conforme descrito pelos ecologistas. Morcegos e pássaros são atraídos por essas espécies pioneiras e trazem as sementes de árvores mais tolerantes à sombra. Embora a maioria dos agricultores do povo Lacandón prefira prolongar o estágio de crescimento da floresta por mais alguns anos, o campo está pronto para ser reconvertido à milpa em cerca de doze a quinze anos.

4 Jensen, Robert. An Interview with Wes Jackson. *Counterpunch*, 10 jul. 2003; Cox, Thoma S. *et al.* Prospects for Developing Perennial Grain Crops. *BioScience*, v. 56, n. 8, pp. 649-59, ago. 2006.

5 Nigh, Ronald. Trees, Fire and Farmers: Making Woods and Soil in the Maya Forest. *Journal of Ethnobiology*, v. 28, n. 2, pp. 241-43, 2008.

Mas por que os agricultores do povo Lacandón preferem prolongar o estágio de crescimento da floresta? Porque essa é a parte mais produtiva do ciclo quando se trata de alimentos, fibras e produtos de origem animal. O milho e o feijão são necessários, porém, comparados aos rendimentos provenientes de árvores maduras, essas plantações de milho são muito mais úteis. O retorno sobre o investimento em energia (ERoI; do inglês, *energy return on investment*) pode ser de apenas 1,2:1 a 1,4:1, não o suficiente para criar uma arquitetura monumental e artes e ciências públicas sofisticadas.

Algumas partes da prática tradicional da milpa são técnicas que aumentam a fertilidade do solo. Os pequenos incêndios de pilhas de ervas daninhas úmidas acumulam carvão no solo e evitam incêndios florestais mais quentes que deixariam apenas cinzas. Além de plantar leguminosas, que contribuem com nitrogênio e nematódeos benéficos, o povo Lacandón gosta da árvore pau-de-balsa, que produz um amontoado de folhas que são beneficiadas por microrganismos do solo e cujas flores aromáticas em forma de estrela atraem pássaros, abelhas e morcegos. Esses polinizadores transportam as sementes das árvores frutíferas. A queima seletiva é uma ferramenta do kit de sustentabilidade alimentar que os últimos 800 agricultores florestais maias do povo Lacandón restantes em Petén salvaram da extinção cultural.

Perto da cidade de San Pedro Columbia, no sul de Belize, Christopher Nesbitt cultiva alimentos à moda antiga em sua Maya Mountain Research Farm há mais de vinte anos. Ele mistura algumas espécies de árvores nativas de rápido crescimento, algumas colheitas anuais e algumas de médio e de longo prazo para preparar o solo e produzir colheitas contínuas. Algumas de suas árvores são leguminosas e retêm nitrogênio pela atração microbiana de suas raízes. Algumas atraem polinizadores, como abelhas e beija-flores, para transferir o pólen fértil de importantes plantas alimentares. Árvores baixas, como as de café, cacau, mandioca, pimenta-da-jamaica, noni, gengibre, nim e mamão, se beneficiam da intercalação com árvores de copa alta, como de fruta-pão, açaí, coco, castanha-de-caju e manga. Culturas de alto rendimento, como abacate, frutas cítricas, banana, bambu, inhame, baunilha e abóboras, fornecem renda para a fazenda enquanto se aguarda o amadurecimento mais lento de sândalo, cedro, teca, castanha e mogno.[6]

6 Bates, Albert. Going Deep in Belize. *The Permaculture Activist*, n. 71, 2009.

O World Agroforestry Centre informa que métodos agrícolas como o de Nesbitt podem duplicar ou triplicar a produção de alimentos por acre, reduzindo a necessidade de fertilizantes comerciais. Se as melhores práticas de gerenciamento fossem amplamente utilizadas, até 2030, seis gigatoneladas de dióxido de carbono equivalente poderiam ser sequestradas a cada ano usando agrossilvicultura, uma quantidade igual às emissões atuais da agricultura global como um todo.[7]

Geoff Lawton teve a chance de tentar isso em 2001, quando o governo da Jordânia aprovou uma proposta para uma fazenda de teste em um dos lugares menos hospitaleiros da Terra para agricultura. Na área de Kafrin, no vale do Jordão, a dez quilômetros do mar Morto, onde o deserto quase plano recebe apenas duas ou três chuvas leves no inverno. O lodo de grão fino é salgado, e até os poços da área são salinos demais para serem usados na irrigação. Lawton e sua equipe de permaculturistas montaram uma pequena fazenda de cinco hectares e começaram a cavar canaletas – montes de dois metros de largura e trincheiras rasas que atravessavam a fazenda em linhas onduladas. Eles plantaram árvores leguminosas nos montes para fixar nitrogênio e fazer forragem de folhas. Cada árvore recebeu um nó de gotejamento de uma linha de irrigação proveniente de uma barragem de água construída para capturar o escoamento do percurso; a água atrás da barragem era abastecida com tilápias e gansos, que contribuíam com fertilizantes orgânicos para as árvores.

Nos fossos úmidos, plantaram azeitona, figo, goiaba, tâmara, romã, uva, cítricos, alfarroba, amora, cacto e uma grande variedade de vegetais. A cevada e a alfafa foram plantadas entre as valas como leguminosas e forragem para animais da fazenda. As plantações de árvores e vegetais foram cobertas com jornais velhos e trapos de algodão, e adubo animal foi adicionado antes e depois do plantio. As galinhas, os pombos, os perus, os gansos, os patos, os coelhos, as ovelhas e uma vaca leiteira contribuíam com excrementos. Eles foram alimentados pela fazenda, uma vez que havia árvores e plantas suficientes para colher regularmente, sem sobrecarregar o sistema.

7 World Agroforestry Centre Communications Unit. *Trees on Farms Key to Climate and Food Security*. Nairóbi, 24 jul. 2009 (*release* de imprensa); Trumper, Kate *et al*. *Natural Fix? The Role of Ecosystems in Climate Mitigation: A UNEP Rapid Response Assessment*. Cambridge (RU): United Nations Environment Programme (UNEP), World Conservation Monitoring Centre (WCMC), 2009.

No primeiro ano, o solo e a água do poço começaram a mostrar um acentuado declínio da salinidade e as hortas tiveram aumentos significativos no crescimento. As pragas eram poucas e amplamente controladas pelos animais da fazenda. A combinação de plantas e animais trouxe a integração de insumos e produtos agrícolas em um ecossistema gerenciado de produção contínua, conservação de água e melhoria do solo. Em menos de uma década, foi alcançado um equilíbrio na permacultura, com a diminuição de insumos e a melhoria dos produtos.

Chris Nesbitt e Geoff Lawton são permaculturistas. Estão preocupados com o destino da Terra e estão tentando fazer algo a respeito. O maior desafio para eles, no entanto, não é cultivar alimentos. Essa é a parte fácil.

O desafio

Geoff Lawton gosta de dizer que todos os problemas do mundo podem ser resolvidos no jardim. Seu obstáculo não é a jardinagem, tampouco mudar a agricultura de larga escala "convencional" (que usa sais químicos, herbicidas, pesticidas e máquinas para obter o maior lucro em dólares) para a orgânica (que classifica os "lucros" não em dólares, mas na saúde e produtividade contínua da cadeia alimentar do solo). O maior desafio está em mudar o paradigma de crescimento da Civilização 1.0 (Globalização Industrial de Combustível Fóssil) para a Civilização 2.0 ("glocalização"), uma economia em estado estacionário caracterizada por um tamanho estável (e no curto prazo em rápido declínio) da população.

A notável descoberta do coronel Edwin Drake de uma maneira de bombear petróleo na nação Seneca permitiu ao *homo* acelerar dramaticamente a Civilização 1.0 por causa do repentino suprimento barato de energia e produtos químicos industriais. Essa inovação chegou exatamente quando a fumaça do carvão e o esterco de cavalo impunham severas restrições ao tamanho da cidade e à mecanização da guerra. Com um ERoI de 30:1 a 100:1, o petróleo permitiu que a expansão do econicho humano assumisse uma trajetória exponencial. Caramba, sonhamos muito alto.

Mathis Wackernagel, Donella Meadows e outros calcularam que a Terra tem um gasto ecológico deficitário desde 1989-1990, aumentando o estresse e diminuindo a resiliência a cada ano que passa, de modo que, em 2050, nas taxas atuais, estaremos com uma dívida de 34 anos planetários, como mostra o gráfico a seguir.

O déficit anual se torna uma dívida ecológica

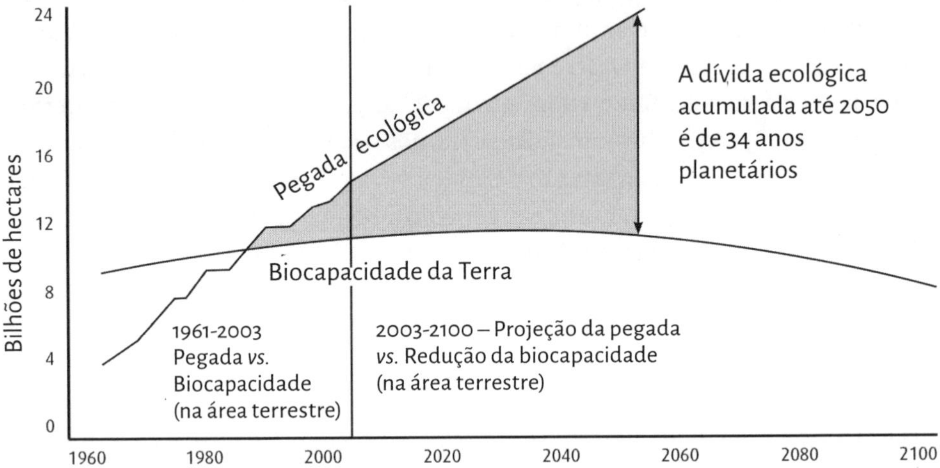

Olhando para a curva de declínio do exponencial econômico, podemos ver que uma taxa de declínio de 7% significaria reduzir pela metade a cada dez anos. Um declínio em nossa disponibilidade de combustível líquido a uma taxa de 7% reduziria pela metade o que está disponível para automóveis até 2020; nesse caso, reduziria pela metade a produção de automóveis. Na ausência de um racionamento organizado, provavelmente reduziria pela metade a produção de tratores e fertilizantes e, com toda a probabilidade, reduziria pela metade a produção de alimentos disponíveis naquele ano. Reduziria pela metade os combustíveis para aquecimento e a energia elétrica, e provavelmente diminuiria pela metade o padrão de vida do Primeiro Mundo. Com certeza reduziria pela metade o valor de muitas moedas e economias. Se o declínio fosse de apenas 3,5%, o tempo para reduzir até a metade se estenderia para 2040, mas o esgotamento dos recursos seria exponencial, a curva se acentuaria inevitavelmente com o passar do tempo. A descida também poderia ser marcada por platôs progressivos – o que é um bom sinal –, pontuados por quedas de tirar o fôlego.

Nosso desafio coletivo não é a horticultura, o repovoamento biorregional ou a restauração do clima. Sabemos agora que tudo isso é possível. O desafio é reformar uma economia baseada no crescimento exponencial, para que funcione bem em um padrão incessante de declínio e descida, um padrão que está em desacordo com nossa experiência evolutiva e talvez até com nosso metaprograma biológico.

A conclusão

Todas as mudanças necessárias não são apenas factíveis, elas estão sendo feitas em inúmeras ecovilas em todo o mundo. Um futuro sustentável, da melhor maneira que podemos imaginar, fornece cada requisito para a sobrevivência humana – comida, abrigo, aquecimento e refrigeração, culinária, atividades diárias de comércio e atividades enobrecedoras –, mas com uma atribuição adicional de sozinhos ou em conjunto sequestrarmos mais gases de efeito estufa do que emitimos.

O conjunto de ferramentas de autoinspeção da vila, fornecidas pela Global Ecovillage Network (GEN), oferece orientações úteis e métricas de monitoramento.[8] O aquecimento urbano de uma biomassa local ou o produto residual, empregando fornos de pirólise que cogeram energia elétrica enquanto produzem biocarvão, já têm protótipos, marcando um caminho para residências comunitárias renováveis e com carbono negativo, alimentos e fontes de energia. Antecipando a mudança climática, as ecovilas nos seis continentes estão construindo e ocupando prédios com autoaquecimento e autorresfriamento, usando materiais com baixa energia incorporada que absorvem carbono da atmosfera e que, mais do que fornecer mero calor e abrigo, nutrem a alma de seus habitantes.

No caso de energia e transporte, aos trancos e barrancos mudaremos para sermos inteiramente baseados em energias renováveis, extraídas de maneiras que são negativas em termos de carbono quando o custo total do ciclo de vida é realizado e não impõe encargos financeiros e tóxicos altamente injustos a gerações de recém-nascidos, milhões de anos no futuro. Densidades de energia mais baixas e custos de distância mais altos sugerem que o repovoamento biorregional se tornará regra, e não exceção

Não sabemos exatamente como será nosso meio ambiente no futuro, mas podemos dar alguns palpites. É improvável que se pareça hoje com Tóquio, São Paulo ou Shenzhen. Provavelmente, ele se parecerá com a descrição do padre

8 Global Ecovillage Network North America (GENNA). Disponível em: ena.ecovillage.org.

Gaspar de Carvajal, escrevente de Francisco de Orellana, feita em 1542 das cidades da Amazônia sequestradoras de carbono.

> Havia muitas estradas aqui que entravam para dentro do território, estradas muito boas. No interior, a partir do rio, a uma distância de 125 quilômetros mais ou menos, podia-se ver algumas cidades muito grandes de uma brancura resplandecente; além disso, a terra é tão fértil e tão normal quanto a de nossa Espanha.[9]

Essa passagem poderia muito bem descrever a vista que se estende agora à nossa frente; o caminho que podemos seguir se assim escolhermos: ecovilas, praticando agricultura sustentável e biorregionalista, em um cenário permacultural de ecologias cultivadas, em um equilíbrio milenar com a órbita e precessão da Terra.

Este artigo apareceu pela primeira vez em uma publicação anterior, por ocasião da conferência Localizing Environmental Anthropology: Bioregionalism, Permaculture and Ecovillage Design for a Sustainable Future (Localizando a antropologia ambiental: biorregionalismo, permacultura e design de ecovilas para um futuro sustentável), realizada anualmente pela Communal Studies Association, em New Harmony (Indiana, Estados Unidos), em 1º de outubro de 2010.

Albert Bates é autor de *The Biochar Solution: Carbon Farming and Climate Change* e *The Post Petroleum Survival Guide and Cookbook* (Canadá: New Society Publishers, 2010; 2006, respectivamente) e inúmeros filmes e novas mídias sobre energia, meio ambiente e história. Ex-advogado de direitos ambientais, paramédico, pedreiro, moleiro e treinador de cavalos,

9 Carvajal, Gaspar de. *Descubrimiento del Río de las Amazonas: Relación de Fr. Gaspar de Carvajal [1584]: Exfoliada de la Obra de José Toribio Medina [1851] – Edición de Sevilla, 1894 – por Juan B. Bueno Medina.* Bogotá: Prensas de la Biblioteca Nacional, 1942/ Alicante: Biblioteca Virtual Miguel de Cervantes, 2007. Disponível em: cervantesvirtual.com/obra/descubrimiento-del-rio-de-las-amazonas--0; Clayton, Lawrence A.; Knight Jr., Vernon James; Moore, Edward C. *The De Soto Chronicles: The Expedition of Hernando De Soto to North America in 1539-1543.* v. 2. Tuscaloosa: University of Alabama Press, 1994. Menzies, Gavin. *1421: The Year China Discovered America.* Nova York: Harper Collins, 2006; Menzies, Gavin. *1434: The Year a Magnificent Chinese Fleet Sailed to Italy and Ignited the Renaissance.* Londres: Harper Collins, 2008.

recebeu o prêmio Right Livelihood em 1980, como parte do Comitê Diretor da Plenty, onde trabalhou para preservar a cultura dos povos indígenas. Integra o Conselho de Administração da The Farm, uma comunidade intencional pioneira no Tennessee (Estados Unidos). Um dos fundadores e ex-presidente da Global Ecovillage Network (GEN), é atualmente representante da GEN nas negociações climáticas da Organização das Nações Unidas (ONU). Quando não está mexendo com espremedores de combustível para algas, queijos de cânhamo ou fogões de pirólise, ensina permacultura, design de ecovilas e construção natural, além de ser convidado frequente do ETC Podcast. Tuíta em @peaksurfer e escreve no *blog* peaksurfer.blogspot.com.

"Não estamos enfrentando apenas uma crise climática, petrolífera, alimentar e demográfica – estamos enfrentando uma crise sistêmica causada por estilos de vida não sustentáveis." Assim conclui Kaj Hansen. Kaj baseia tal conclusão em fatos. No presente artigo, o autor faz referência a um estudo realizado em 2009 em três ecovilas dinamarquesas que registrou 60% menos emissões de dióxido de carbono nessas comunidades do que o modo de vida típico dinamarquês. Portanto, se o mundo está realmente preocupado com as mudanças climáticas, a solução mais eficaz seria adotar estilos de vida no modelo das ecovilas. A seguir, um resumo do cotidiano das três ecovilas dá uma ideia da prática.

A mudança do estilo de vida como estratégia de combate às alterações climáticas

Kaj Hansen

Ecovila Hjortshøj, Dinamarca

Resumo

Em 2009, a medição da emissão de dióxido de carbono em três ecovilas dinamarquesas por consultores ambientais da Pöyry A/S registrou uma média 60% abaixo da nacional. A pesquisa é compatível com estudos internacionais que mostraram que a "pegada ecológica" de três ecovilas nos Estados Unidos, na Grã-Bretanha e na Hungria era menos da metade de suas respectivas médias nacionais. A Global Ecovillage Network (GEN), totalizando milhares de ecovilas pelo mundo, tem debatido que a mudança de estilo de vida é a estratégia principal na redução da pressão no ecossistema sem sacrificar a qualidade de vida. Agora, temos mais evidências.

Histórico

O movimento de ecovilas começou na Dinamarca em 1991 e está crescendo constantemente. Com mais ecovilas *per capita* do que qualquer outro país industrializado, a Dinamarca foi pioneira em formar uma rede nacional, em 1993. São comunidades sustentáveis relativamente pequenas, urbanas e rurais, tanto no norte como no sul do país. A maioria dos membros da GEN do sul é de vilas tradicionais, por exemplo, 15 mil no Sri Lanka. As do norte são em sua maioria comunidades intencionais construídas por pioneiros em ecovilas que, com comprometimento pessoal e pouco incentivo do governo, estão projetando e construindo pequenas comunidades sustentáveis e ensinando sobre esse modo de vida em suas regiões. Entre as três que participam do estudo, estão duas das mais antigas, Svanholm e Hjortshøj, e uma das mais novas, mais "dominante", Munksøgård, perto de Roskilde, que é atualmente a maior na Dinamarca, com mais ou menos 250 residentes.

A Pöyry A/S foi consultora da campanha 1 Ton Less (1 tonelada a menos), do Ministério do Clima, da Energia e da Construção da Dinamarca, e usou o mesmo modelo de cálculo nesse estudo. O relatório só calcula a emissão de dióxido de carbono, não considerando outros gases de efeito estufa. Além disso, a Pöyry analisou o efeito da emissão de dióxido de carbono em algumas ecovilas específicas a partir de:

1. produção doméstica de verduras e legumes orgânicos etc. em seus próprios terrenos;
2. produtos orgânicos em geral;
3. consumo de água e tratamento de efluentes;
4. compostagem de resíduos orgânicos das residências.[1]

1 O relatório completo da Pöyry A/S, CO2 *Emissions in Ecovillage*, de julho de 2009, se encontra disponível no *site* (okosamfund.dk/) da Landsforeningen for Økosamfund (LØS), associação de ecovilas dinamarquesas.

Resultados

Média de emissões

Um dinamarquês emite em média dez toneladas de dióxido de carbono por ano, das quais 3,8 são devidas a obras estaduais e municipais e à exportação de vários produtos. Isso significa que cada cidadão é responsável individualmente pelas 6,2 toneladas restantes. As emissões são provenientes do aquecimento das casas, do transporte, do consumo de energia elétrica e de água, além daquelas associadas a alimentos e outros bens de consumo.

Dados das ecovilas

O residente médio das três ecovilas dinamarquesas emite somente 2,5 toneladas de dióxido de carbono por ano – 60% a menos que o dinamarquês médio –, como é possível ver na tabela e no gráfico da sequência. A diferença está principalmente nas ecovilas que:

- utilizam aquecimento neutro de dióxido de carbono (por exemplo, lascas de madeira);
- reduziram os custos de transporte;
- consomem principalmente produtos orgânicos.

Emissões de dióxido de carbono em ecovilas (jul. 2009)

Toneladas de dióxido de carbono por ano	Calor	Eletricidade	Transporte	Bens de consumo	Água	Total
Média dinamarquesa	1,59	0,95	2,02	1,49	0,17	6,22
Munksøgård	0	0,81	0,55	1,16	0,09	2,61
Hjortshøj	0	0,72	0,52	1,07	0,10	2,41
Svanholm	0	0	0,71	0,87	0,26	1,84
Média ponderada das ecovilas	0	0,60	0,70	1,06	0,15	2,51

Fonte: *CO2 Emissions in Ecovillage*. [S.l.], jul. 2009

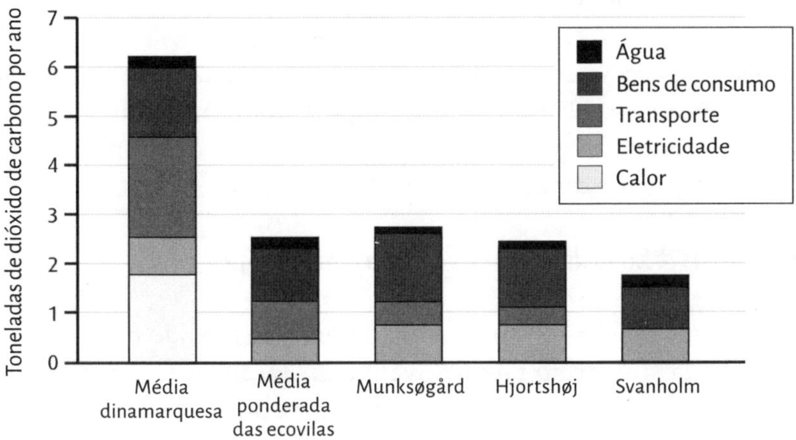

Fonte: *CO2 Emissions in Ecovillage*. [S.l.], jul. 2009

70% a menos de dióxido de carbono com aquecimento

O aquecimento das casas nas ecovilas não tem efeito na contabilização de dióxido de carbono, pois todas usam aquecimento neutro de dióxido de carbono. Deve-se observar que o residente médio da ecovila usa 1.825 quilowatts-hora por ano para aquecimento – 70% a menos do que a média dinamarquesa de consumo de 5.967 quilowatts-hora por ano.

37% a menos de dióxido de carbono com energia elétrica

Um dinamarquês emite em média 0,95 tonelada de dióxido de carbono por ano por causa do consumo de energia. As ecovilas estudadas emitiram só 0,60 tonelada desse gás por ano – 37% a menos. Em Svanholm, a emissão é zero porque essa comunidade produz toda a energia elétrica necessária por turbina eólica.

35% a menos de dióxido de carbono com transporte

As ecovilas emitiram somente 35% da média dinamarquesa de dióxido de carbono por causa do transporte. Essa diminuição ocorre graças ao pouco uso de carros particulares, a uma maior utilização de transporte público e a menos viagens aéreas do que um dinamarquês médio.

29% a menos de dióxido de carbono com consumo geral

Em média, as ecovilas emitiram 29% a menos de dióxido de carbono em relação ao consumo de bens, graças à própria produção de alimentos, ao alto consumo de produtos orgânicos e com selo ecológico, e a uma maior prática de reciclagem do que um dinamarquês médio.

12% a menos de dióxido de carbono com consumo de água

Em média, as ecovilas emitiram 12% a menos de dióxido de carbono na utilização da água, apesar do fato de Svanholm – a maior fazenda orgânica na Dinamarca com mais de 400 hectares – usar uma quantidade substancial para sua agricultura de larga escala. As outras duas ecovilas emitiram 56% a menos do gás do que a média dinamarquesa.

As emissões de dióxido de carbono das ecovilas são provavelmente ainda menores

Outros fatores não incluídos nesse estudo provavelmente aumentariam ainda mais o desvio de uma residência dinamarquesa média, por exemplo, a importância da produção de alimentos orgânicos e da produção local em geral, que poupa empacotamento e transporte. O estudo também não analisa a importância do ciclo de vida dos materiais. Isso significa que algumas das atividades nas ecovilas ainda não estão suficientemente claras; dessa maneira, surgem algumas oportunidades de aprofundamento do estudo.

Outro tópico que não foi visto nesse contexto, que as ecovilas gostariam de ter estudado, é a diferença, na Dinamarca, entre a agricultura convencional e a orgânica/biodinâmica. Existem estudos estrangeiros mostrando que a agricultura orgânica/biodinâmica é mais resistente às mudanças climáticas do que a tradicional. Além disso, os relatórios indicam que há mais dióxido de carbono armazenado no solo na agricultura orgânica/biodinâmica do que na convencional.[2] Existe uma grande necessidade de incorporar esses fatores na discussão de estratégias climáticas.

2 Mae-Wan Ho; Lim Li Ching. *Mitigating Climate Change through Localized Organic Agriculture and Food Systems*. Nottingham: Institute of Science in Society (ISIS), 31 jan. 2008. Disponível em: i-sis.org.uk/mitigatingClimateChange.php; *Organic Farming and Climate Change*. Genebra: International Trade

A pegada ecológica

O foco internacional no momento são os gases de efeito estufa e a questão das mudanças climáticas. Mas o problema ambiental é mais amplo, incluindo a sobrecarga geral do ecossistema e o uso irresponsável de recursos não renováveis. Esses aspectos não devem ser esquecidos. Existe uma variedade de medidas para poupar recursos nas ecovilas que não tem efeito na emissão de dióxido de carbono e ainda reduz a pressão no ecossistema. É importante destacar isso porque podemos focar tanto a emissão de dióxido de carbono que esquecemos de pensar no uso dos recursos. Existe um método para medir o consumo de recurso que é mais amplo do que as estimativas de emissão de dióxido de carbono – chama-se pegada ecológica. As ecovilas Findhorn, na Escócia, Ecovillage at Ithaca (EVI), nos Estados Unidos, e Eco Valley, na Hungria, por exemplo, foram medidas e têm uma pegada ecológica de menos da metade do que a média nacional.[3]

A educação na sustentabilidade

Contudo, nem a pegada ecológica é abrangente o suficiente. Devemos olhar os esforços do desenvolvimento sustentável no contexto de tudo com que nos relacionamos, em cada parte da vida. Essa abordagem exige um foco maior na educação de pensar sustentavelmente em todos os aspectos da vida. O Gaia Education, por exemplo, é uma iniciativa educacional desenvolvida por uma equipe internacional de professores que tem contribuído para esse conceito com a criação de dois programas educacionais: 1) o Gaia Education Design for Sustainability (GEDS), com aulas pela internet em parceria com a Universitat Oberta de Catalunya (UOC), em Barcelona (Espanha); e 2) o Ecovillage Design Education (EDE), programa de quatro semanas ensinado por todo o mundo em conjunto com a GEN, com o apoio do Instituto das Nações

Centre (ITC), United Nations Conference on Trade and Development (UNCTAD), World Trade Organization (WTO) e Research Institute of Organic Agriculture (FiBL), 2007. Disponível em: shop.fibl.org/chde/1500-climate-change.html.

3 Conheça os sites oficiais das ecovilas para mais informações: Findhorn Ecovillage (ecovillagefindhorn.org), EcoVillage at Ithaca (ecovillageithaca.org) e Eco Valley Foundation (ecovalley.hu).

Unidas para Treinamento e Pesquisa (UNITAR), e uma contribuição oficial para a Década da Educação para o Desenvolvimento Sustentável das Nações Unidas (DESD, 2005-2014).[4]

O estilo de vida nas três ecovilas descrito por seus próprios membros

A ecovila Hjortshøj

A Andelssamfundet i Hjortshøj (AIH), comunidade cooperativa perto de Aarhus, tem mais de 200 adultos e crianças que escolheram viver em casas ecologicamente corretas. Ela desponta como um local para pesquisa, treinamento e comprovação do desenvolvimento ecológico e sustentável, incluindo construção, geração de energia, desenvolvimento social, cultura, consumo, alimentos, gerenciamento de resíduos e efluentes, negócios, economia e agricultura. Nosso objetivo é a solidariedade entre os seres humanos e a responsabilidade no manuseio dos recursos naturais.

As iniciativas que reduzem a emissão de dióxido de carbono, na AIH, incluem o fato de que aproximadamente metade das casas tem uma ou mais paredes construídas com argila moraina de fonte local. Se comparadas com os tijolos tradicionais de argila, poupamos 99% da energia normalmente utilizada e, quando as casas eventualmente têm que ser demolidas, as paredes de terra retornam para o solo local – sem desperdício na construção.

As casas são isoladas com "lã de papel", que é um papel reciclado granulado. A energia utilizada para esse tipo de isolamento é muito menor do que a necessária para derreter vidro e minerais. Esse isolamento reduz o consumo de calor e, em consequência, a emissão de dióxido de carbono (inclusive de casas construídas há quinze anos).

Todo o aquecimento das casas e da água é feito pela queima de lascas de madeira ou por aquecimento solar. A queima da madeira é feita em nosso forno central, acoplado a um motor Stirling, que otimiza a eficácia produzindo também energia elétrica.[5]

4 Gaia Education. Disponível em: gaiaeducation.org.

5 Para mais informações sobre o motor Stirling, ver o artigo de Gunnar Olesen no Módulo 3 deste

Temos 1,5 hectare de legumes, verduras e frutas. Assim, aproximadamente 100 pessoas têm alimentos orgânicos frescos e amadurecidos ao sol, sem consumo de energia para empacotamento e transporte. Em nosso programa de agricultura orgânica, também produzimos fertilizantes, ração para animais, carne e ovos para nosso próprio consumo. A quantidade consumida por cada pessoa das mercadorias produzidas localmente é opcional e bastante variável.

O cultivo biodinâmico melhorou visivelmente a estrutura do solo que agora contém uma grande reserva de carbono. O grau de lavoura no solo é muito baixo; assim, a liberação de dióxido de carbono e de monóxido de dinitrogênio – um gás de efeito estufa muito mais forte – é reduzida de modo significativo. Aproximadamente um terço das terras agrícolas é usado para os salgueiros, as árvores frutíferas e a pastagem, que formam o carbono do solo.

Uma parte dos efluentes da AIH é usada como adubo para os salgueiros, ligando o dióxido de carbono por meio solar, poupando energia e eliminando a emissão de monóxido de dinitrogênio das bacias como no tratamento convencional.

Separamos nossos resíduos em muitas categorias, assim uma grande parte é reutilizada. Isso é muito gratificante e, quando sistematizado, não é trabalhoso.

Temos em Hjortshøj dois carros em copropriedade. Para alguns, isso significa que não precisam de um carro; para outros, a chance de não comprar outro carro. Nos dois casos, estão claros quais são os custos. Isso estimula o uso de bicicletas e transporte público.

Existem tantas coisas para fazer em AIH que não há ninguém com problemas de peso. Que tal esse novo ângulo para uma mudança de estilo de vida!

A comunidade Svanholm

Em 1978, a propriedade Svanholm de 800 anos foi comprada por um grupo de pessoas com o sonho de viver uma vida sustentável em comunidade – e o sonho continua vivo. Hoje, os 420 hectares são ocupados por 90 adultos e 60 crianças. Juntos, gerenciamos uma fazenda orgânica e vários negócios. Temos dinheiro, encontros e uma cozinha em comum, mas nenhum dogma. Também temos apartamentos e privacidade.

livro, às páginas 201-06. (Nota dos Organizadores.)

Uma comunidade com uma carteira comunitária

A cooperativa é formalmente organizada como uma sociedade limitada na qual todos são membros. Todas as decisões são tomadas em conjunto na reunião mensal. As decisões só podem ser tomadas por consenso, e não por voto. A ecovila Svanholm é baseada em um sistema econômico em que os ombros mais largos carregam o maior fardo, mas em que o indivíduo tem alguma flexibilidade financeira – o que chamamos de economia conjunta 80/20. Cada membro pode manter 20% de seu salário bruto para uso pessoal. Os 80% restantes destinam-se a cobrir uma série de custos fixos comuns: taxas, aluguel, telefone, alimentação, assistência social, contribuições de pensões e mais.

O trabalho fornece tempo para o lazer

Quase metade dos adultos trabalha fora da comunidade, como professores, médicos, editores de TV, trabalhadores florestais etc. Os outros trabalham em várias formas de produção local ou em grupos de serviço como: o grupo de cozinha, que prepara as refeições na cozinha comunitária; o grupo de construção, que repara as construções antigas; o grupo de contabilidade, que administra as finanças; o grupo de jardim da infância, que cuida das crianças; o grupo do rebanho, que é responsável pelos laticínios, pelas vacas etc.; e, é claro, o grupo de agricultura orgânica, que cuida da produção agrícola, do empacotamento e das vendas.

Os vários grupos de serviços realizam tarefas que de outro modo seriam feitas por cada pessoa ou família. Isso proporciona aos membros mais tempo dc lazer.

A agricultura diversificada

A ecovila prioriza historicamente a agricultura orgânica diversificada com cultura tradicional, silvicultura, ovelhas e vacas leiteiras. Nos tempos modernos, é mais comum ter uma produção de monocultura, mas para Svanholm sempre foi importante manter o ciclo entre a pecuária e a rotação de culturas, e assegurar uma vida ativa na fazenda.

A vida na propriedade

É uma propriedade animada, diferente de muitas atualmente ocupadas por uma família pequena ou usadas como domicílio corporativo. Em Svanholm, as pessoas vivem em casas bonitas e estão aqui o tempo todo porque trabalham na propriedade. Muitas crianças vivem uma vida no campo livre e em um ambiente seguro.

OS PIONEIROS DA SUSTENTABILIDADE

Ela foi pioneira no desenvolvimento de estilos de vida sustentáveis e tem uma experiência considerável em agricultura orgânica, alimentos adequados ao clima, produção de leite orgânico, energia eólica, aquecimento neutro de dióxido de carbono, construção sustentável, comércio de madeira sustentável, empacotamento de verduras e legumes orgânicos, democracia, governança e comunidade local. A ecovila Svanholm existe há mais de 30 anos e tem provado ser um exemplo sustentável e viável de um estilo de vida alternativo na Dinamarca.

Munksøgård

Na comunidade de *cohousing* ecológica de Munksøgård, vivem juntos 150 adultos e 100 crianças. A comunidade é construída sobre dois valores fundamentais: a sustentabilidade ambiental e o espírito de comunidade. As 100 unidades habitadas em Munksøgård estão agrupadas em cinco quarteirões habitacionais distintos, cada um com vinte unidades. Três desses quarteirões incluem unidades de aluguel, um é composto de unidades de propriedade cooperativa e, no terceiro, as unidades são de propriedade privada. Um dos quarteirões de aluguel é reservado para os jovens e outro para os cidadãos idosos. Os apartamentos variam de tamanho de 30 a 200 metros quadrados. Além dos espaços de moradia privativos, cada um dos cinco quarteirões habitacionais tem uma casa comunitária. Os vários tipos de propriedade garantem que famílias com renda baixa, média ou alta possam viver em Munksøgård. Consideramos isso especialmente importante para a saúde e a felicidade da comunidade, que é aberta para todos os tipos de pessoas. O que nos une é o desejo de criar um estilo de vida sustentável: compartilhamos o objetivo de minimizar nossa pegada ecológica na Terra.

No planejamento do projeto, priorizamos as tecnologias sustentáveis. Temos um sistema de aquecimento central que trabalha principalmente com granulados de madeira, a fim de manter nossa emissão de dióxido de carbono baixa. Nossa localização é próxima de transporte público e utilizamos a carona solidária. Temos também grandes medidas de economia de água, que incluem sanitários com separação de urina e uma lavanderia comum que usa água da chuva.

Mas essas iniciativas tecnológicas sozinhas não são suficientes para uma redução sustentável permanente em nosso impacto ecológico: existe a necessidade de mudar fundamentalmente nosso estilo de vida. Precisamos fazer menos viagens aéreas, dirigir menos, viver em casas menos aquecidas e usar menos água. Decidimos realizar auditorias ecológicas a cada ano, a fim de orientar a melhora de nosso comportamento. Agora, estamos participando desse estudo comparativo de dióxido de carbono.

Encorajamos a introdução de uma nova tecnologia ou uma mudança de estilo de vida, sempre que apropriada, para facilitar a redução nas emissões. O consumo de energia em nossas casas, por exemplo, é relativamente alto, mas não sabemos quais são os aparelhos responsáveis por isso. No momento, estamos estudando o assunto e disponibilizaremos os resultados para a comunidade assim que possível.

Conclusão: a solução é a mudança de estilo de vida

Não estamos enfrentando apenas uma crise climática, petrolífera, alimentar e demográfica – estamos enfrentando uma crise sistêmica causada por estilos de vida não sustentáveis. Precisamos reavaliar o modo como vivemos e trabalhamos. Reexaminar se o crescimento e o consumo crescentes são desejáveis ou até mesmo possíveis. Precisamos abordar todos esses problemas de maneira holística. Se quisermos evitar as mudanças climáticas destrutivas, nossa emissão total de gases de efeito estufa (não só de dióxido de carbono) precisa ser reduzida, até 2050, a entre uma e duas toneladas por pessoa por ano.[6]

Os moradores das ecovilas adotaram uma visão positiva do futuro baseada em um estilo de vida em harmonia com o conceito de ser parte integral da natureza e respeitando a necessidade de viver com leveza na Terra. Pelo comprometimento pessoal, eles praticam suas ideias. As ecovilas proporcionam um exemplo vivo de como podemos viver de modo sustentável sem sobrecarregar o ecossistema ou prejudicar a qualidade de vida. Ao contrário, os moradores das ecovilas pelo mundo afirmam ter um estilo de vida mais satisfatório do que seus colegas convencionais, especialmente as crianças.

6 Richardson, Katherine *et al.* *Synthesis Report: Climate Change: Global Risks, Challenges and Decisions: Summary of the Copenhagen Climate Change Congress*. Copenhagen: University of Copenhagen, 2009.

Pergunte a eles! O movimento de ecovilas é mundial e está crescendo devagar, mas cada vez mais as pessoas se tornam conscientes dos benefícios de uma mudança de estilo de vida.

Quem tiver interesse em aprender mais ou conhecer uma ecovila deve consultar a GEN e visitar uma em sua região.[7]

Kaj Hansen é geólogo. Hoje aposentado, trabalhou sobretudo com consultoria ambiental. Participou da criação da ecovila de Hjortshøj, foi presidente da Landsforeningen for Økosamfund (LØS), associação dinamarquesa de ecovilas, e fez parte do conselho da Global Ecovillage Network (GEN). Atualmente prioriza seu desenvolvimento espiritual em uma área isolada da Dinamarca.

7 Global Ecovillage Network (GEN). Disponível em: ecovillage.org.

Com a inclusão de Declan Kennedy neste volume, agora temos, apenas na introdução, três dos Quatro Mosqueteiros originais que iniciaram a Global Ecovillage Network (GEN). Declan mostra o tamanho de sua experiência e nos apresenta uma visão ampla do design ecológico – uma visão tão atraente quanto prática. Tal visão também poderia ser considerada uma lista abrangente de critérios de projetos para assentamentos sustentáveis. O autor enfatiza que o design ecológico é um processo e, como o maior desafio em todo o mundo é a "renovação ecológica" dos locais existentes, esse processo inclui várias partes interessadas. O objetivo final, de acordo com Declan, é constuir lugares que sejam "mais fáceis de amar".

Uma visão do design ecológico

Declan Kennedy
Lebensgarten, Alemanha

Critérios de design

Quando um assentamento ecológico – e esse conceito abrange novos projetos de construção e renovação – funciona bem em termos técnicos e sociais, ele é não apenas o produto da mais alta qualidade que a construção e a transformação podem oferecer no momento como também é um processo de desenvolvimento. Tal processo muda as pessoas e seus relacionamentos interpessoais, bem como suas relações com os edifícios, os espaços abertos e a tecnologia de fornecimento e descarte. O objetivo é construir um lugar mais fácil de viver, mais fácil de amar e, consequentemente, mais sustentável. Minha visão de um assentamento ecológico, seja novo, antigo, uma parte do subúrbio, a renovação de uma área de um município ou uma cidade, tem a seguinte aparência:

- **Uma ecovila de diversidade**: onde viver e trabalhar são reconciliados e longas viagens para o trabalho são desnecessárias; onde as atividades sociais e culturais, a recreação e o treinamento adicional, a comunidade e a individualidade possam existir lado a lado.
- **Uma ecovila em escala humana**: com bairros nos quais os moradores podem desenvolver um relacionamento direto ou um vínculo pessoal, mas que também têm sua personalidade própria.
- **Uma ecovila de corredores naturais**: com bosques, pomares, córregos ou pântanos separando as áreas individuais e ligando-as à paisagem a seu redor; um lugar onde plantas e animais têm espaço para crescer, algo que se tornou muito raro em nossa civilização atual.
- **Uma ecovila que se encaixa**: em termos de sua própria biorregião, sua paisagem, seu clima, sua flora e fauna e a cultura local; onde espaços abertos e massas de água típicas da área proporcionam enriquecimento e orientação biológicos.
- **Uma ecovila de distâncias curtas**: a densidade deixa nosso assentamento ecológico com um diâmetro não muito maior que 1,5 quilômetro, o que significa que todos podem caminhar de um extremo a outro em menos de meia hora, pedalar ou dirigir seus veículos solares pela ecovila em cinco minutos; o compartilhamento de carros e micro-ônibus está disponível para a comunidade em todas as distâncias médias; os meios de transporte público – ônibus e trens – são alternativas mais rápidas e baratas para viagens mais longas; o planejamento eficiente da infraestrutura é facilitado por centros de serviços especializados em diferentes aspectos e localizados em pontos de parada de transporte público.
- **Uma ecovila que utiliza o menor espaço possível**: o tamanho e a densidade da ecovila dependem do grau de proximidade em que a área necessária para o fornecimento e o descarte de materiais está, sem sobrecarregar a região ou as normas culturais predominantes; a expansão além desse tamanho leva à fundação de um novo assentamento; isso cria uma rede em vez da expansão urbana danosa, típica de nossos dias.
- **Uma ecovila baseada na responsabilidade de seus ocupantes**: todos os ocupantes estão envolvidos, quando conseguem e estão dispostos, na autoadministração local e comunitária e na formulação e implementação do projeto de assentamento ecológico; todas as decisões são tomadas no nível mais baixo possível, com base no princípio de "subsidiariedade"; na medida do possível, todos usam a oferta local de serviços, produção e comércio, educação e la-

zer, enquanto apoiam vínculos e comunicação com grupos e redes regionais, nacionais e internacionais.

- **Uma ecovila eficiente em termos energéticos**: as opções de economia de energia – que incluem o uso racional para fins de aquecimento, energia elétrica e transporte – reduzem o consumo para menos de 10% de seu nível atual; a energia é sobretudo gerada em uma base renovável, como sol, vento, marés, fontes de massa geotérmica e orgânica; os edifícios são projetados para otimizar a utilidade solar passiva, tanto na refrigeração como no aquecimento; o design inteligente atinge uma taxa máxima de consumo anual de apenas vinte quilowatts-hora por metro quadrado de área útil, que é amplamente coberta por energias regenerativas.
- **Uma ecovila livre de emissões**: as práticas como reduzir o consumo de energia, tratar as águas residuais em sistemas naturais, limitar o tráfego e arborizar as ruas diminuem as emissões de dióxido de carbono, dióxido de enxofre, óxido de nitrogênio e outros gases tóxicos, reduzindo simultaneamente as partículas de poeira; os telhados de grama e as fachadas cobertas de trepadeiras, bem como os corredores naturais entre os bairros melhoram os extremos climáticos do ar e do clima.
- **Uma ecovila silenciosa e bonita**: ao limitar a poluição do tráfego e do ruído dos processos de produção, a ecovila se torna um lugar de calma e sossego; a expressão arquitetônica e o design da ecovila enfatizam os critérios de beleza, elegância e simplicidade, adaptando-se à paisagem existente e ao patrimônio cultural da região.
- **Uma ecovila que valoriza a água**: a coleta de água da chuva no local e a infiltração e a proibição geral da entrada de substâncias tóxicas nas águas subterrâneas permitem que a ecovila tenha seu próprio suprimento de água potável; os equipamentos de economia de água e a separação de fezes e outros resíduos orgânicos (para compostagem e fermentação) reduzem o consumo de água potável para menos de 60 litros por pessoa por dia; a água cinzenta de chuveiros e banhos, lavatórios e máquinas de lavar é purificada em processos de tratamento baseados na natureza e depois volta pelas valas para a água subterrânea.
- **Uma ecovila que preserva as condições naturais de drenagem**: isso significa que, sempre que possível, os depósitos no nível do solo substituem os porões; os filtros verticais e horizontais tornam-se um componente integral dos espaços abertos, por exemplo, na forma de pântanos construídos em

áreas úmidas, pois possibilitam que a água em movimento apareça em formas de fluxo, calhas abertas, córregos e lagos.[1]

- **Uma ecovila predominantemente livre de resíduos**: governada pelo princípio de que "todo item de resíduo é um recurso no lugar errado", a ecovila pertence a redes regionais, nacionais e internacionais especialmente dedicadas a esse aspecto da criação sustentável; essa prática ajuda a eliminar o descarte de mais de 90% do volume atual de resíduos, seja de lixo doméstico, seja de escavação do solo, seja de materiais de construção, seja da produção comercial ou industrial; os poucos resíduos ainda produzidos são separados no local, antes de eles entrarem nos respectivos processos de reciclagem, *downcycling* ou reutilização.
- **Uma ecovila de edifícios saudáveis**: os materiais e os sistemas de construção usados em todos os edifícios, convertidos ou construídos, são saudáveis, poupam energia primária e economizam recursos em sua produção, seu uso e sua reciclagem (conforme o princípio "do berço ao berço"); são (re)planejados para diferentes usos, fácil conversão e expansão ou redução de tamanho; os cabos e os aparelhos elétricos são instalados e conectados de acordo com a tecnologia mais recente para gerar o mínimo de "poluição elétrica" possível; antes do início do projeto, as zonas de interferência geopatológicas são identificadas e, portanto, é possível evitar o posicionamento de quartos e espaços habitáveis em cima deles.[2]
- **Uma ecovila de espécies nativas e mudas frutíferas**: um cuidado especial é tomado ao selecionar os tipos de plantas, os tamanhos e o tempos de crescimento; assim, a ecovila contém arbustos e árvores frutíferas, jardins, estufas do modelo *lean-to*, espaldeiras e coberturas de solo herbáceo que atendem a uma boa porção das necessidades do assentamento por frutas frescas, verduras, legumes e saladas o ano todo, sem muito esforço extra; os corredores naturais, os córregos, as lagoas e os pântanos também produzem plantas comestíveis e medicinais para consumo humano e animal – esses produtos são mais frescos e custam menos em termos de energia incorpora-

1 Al Baz, Ismail; Otterpohl, Ralph; Wendland, Claudia. *Efficient Management of Wastewater: Its Treatment and Reuse in Water-Scarce Countries*. Berlim: Springer, 2008.

2 Bokalders, Varis; Block, Maria. *The Whole Building Handbook: How to Design Healthy, Efficient and Sustainable Buildings*. Londres: Routledge, 2010.

da, desperdício e dinheiro do que as importações que percorreram grandes distâncias, embora estas sejam realizadas para garantir variedade na mesa; a venda de produtos comerciais e a troca de produção "excedente" criam empregos permanentes e fornecem produtos de alta qualidade a custos razoáveis para todos.

- **Uma ecovila que comercializa dentro de seu sistema regional de câmbio**: uma moeda complementar que funciona para todos e protege a Terra. Ela é criada de forma descentralizada, em que todos fazem seus próprios *vouchers* – tudo que é necessário para criar esse meio de troca é uma impressora ou uma copiadora –, mas que podem ser usados internacionalmente. É permitido por lei em quase todos os países. As notas são garantidas por um valor humano conhecido – a confiança – e ainda são livres de especulações. É compreensível para todos.[3]
- **Uma ecovila de resolução criativa de conflitos**: os conflitos são vistos e tratados como processos de aprendizagem criativo; "usar juntos em vez de consumir individualmente"; compartilhar empregos, carros, árvores frutíferas, *playgrounds*, prédios e espaços abertos para brincadeiras, esportes, lazer e comunicação também significa passar pelo processo de aprendizado juntos, levando talvez a uma vida mais desafiadora, mas também mais rica.[4]
- **Uma ecovila de valores humanos**: os assentamentos e as cidades podem ser vistos como obras de arte coletivas; os esforços individuais e coletivos de muitas gerações lhes conferem um caráter especial e inconfundível; hoje é possível simular e acelerar esse desenvolvimento histórico, enquanto tornamos várias alternativas (novas construções ou renovação de bairros existentes) compreensíveis para todos; assim, o complexo processo de ter um consenso entre as demandas e as necessidades dos ocupantes, das autoridades administrativas, da economia e do meio ambiente pode ser resolvido com mais facilidade, até que seja elaborado um plano que seja adaptado às necessidades de todos os envolvidos; leva tempo para tornar essa visão compartilhada uma realidade, mas a visão compartilhada forma a base do caráter espiritual, intelectual e material do assentamento. Muitas das ideias

3 Minuto-Cash. Disponível em: minuto-zeitgutscheine.de/sprachen.html. No menu lateral direito da página, clicar em "english" e, na nova página aberta, em "minuto-voucher-english.pdf".

4 Jackson, Hildur (org.). *Creating Harmony: Conflict Resolution in Community*. Holte: Gaia Trust; Hampshire: Permanent Publications, 2000.

expressas aqui podem ser encontradas no conceito de "cidades em transição", conforme elaborado pelo designer de permacultura Rob Hopkins.[5]

Em seu livro *The First Global Revolution*, o Clube de Roma fez um apelo à humanidade, afirmando que: "Precisamos de uma visão porque os problemas globais não podem ser resolvidos apenas pelos mecanismos de mercado".[6] A visão vê o caminho a seguir como os milhares de pequenas decisões "inteligentes" que refletem uma nova consciência, compartilhada por milhões de pessoas, que ajudarão a garantir a sobrevivência da sociedade como um todo. A estratégia do design ecológico tem a vantagem não apenas de ser viável como de corresponder à visão que muitas pessoas compartilham de um mundo em que gostariam de viver. Tornar a visão uma realidade requer apenas a vontade de correr riscos calculados e abandonar velhos preconceitos e padrões de comportamento. Em vista dos problemas que nos bombardeiam de todos os lados, isso só pode ser visto como uma perspectiva promissora.

A renovação em vez de uma construção nova

O maior desafio para aqueles envolvidos na construção, em todo o mundo, é a renovação ecológica de edifícios, vilas e cidades existentes. Renovar ecologicamente significa converter e reformar edifícios visando ao uso sustentável dos recursos. Isso envolve, por exemplo, poupar materiais não renováveis, como cobre, alumínio e ferro, das operações de desmantelamento nas cidades e reutilizá-los com eficiência em vez de tirá-los novamente da Terra. Também significa permitir que as águas residuais retornem para reservas subterrâneas ou para rios e lagos, em um estado tão limpo ou mais limpo do que quando retiradas como água potável; manter o ar limpo, a fim de que possamos mais uma vez sentir o cheiro das plantas; planejar o silêncio e a redução de ruído; e proporcionar uma diversidade de usos em uma pequena área, a fim de que a moradia, o trabalho e o lazer possam ser combinados

5 Transition Town. *Wikipedia: The Free Encyclopaedia*, 12 set. 2020. Disponível em: en.wikipedia.org/wiki/Transition_Towns.

6 King, Alexander; Schneider, Bertrand. *The First Global Revolution: A Report by Council of the Club of Rome*. Nova York: Pantheon, 1991.

para reduzir as distâncias de transporte e melhorar a qualidade de vida de todos. Em quase todas as nossas cidades, mas também em muitas de nossas ecovilas, ainda estamos muito longe da implementação completa dessa visão. No entanto, algumas das novas ecovilas urbanas indicam que existem maneiras e meios de nos *aproximar* desses objetivos. Precisamos agora de exemplos de formas de *atingir* esses objetivos.

Naturalmente, renovar áreas urbanas mais antigas ecologicamente exige maior sensibilidade, paciência e disponibilidade para o trabalho em equipe do que desenvolver novas ecovilas urbanas ou pastagens mais verdes. Uma das diferenças em comparação com novos projetos de construção é que é consideravelmente mais difícil encontrar modelos e documentação inovadores para esses projetos, provavelmente porque as ecovilas urbanas são menos impressionantes. À primeira vista, em geral elas parecem diferir muito pouco de projetos completamente "normais" e, com exceção do projeto dinamarquês em Kolding com suas bio-obras – uma pirâmide de vidro, na qual toda a água residual é purificada –, elas tendem para o convencional e são quase entediantes do ponto de vista do "design". No entanto, uma análise mais detalhada dos processos de planejamento revela que eles são muito mais diversos e complicados do que os novos projetos.

Como nos novos assentamentos, os exemplos de projetos de renovação variam de processos de orientação social com um nível muito alto de entrada de ocupantes a processos de planejamento mais hierarquicamente organizados com baixa entrada de ocupantes. As pessoas que moram perto de um projeto de demolição podem até trabalhar com arquitetos a fim de desenvolver planos para preservar e converter um conjunto, além de conseguir o financiamento e a implementação do projeto com o apoio de clientes e tomadores de decisão administrativos. Contudo, elas também mostram até que ponto desenvolvedores e autoridades podem bloquear o design ecológico. Em Viena, a permissão para plantar trepadeiras na rua precisava passar por pelo menos quatorze escritórios administrativos diferentes! Como resultado, é menos demorado plantar as mudas em caixas ou vasos e prendê-los à parede do que plantá-las no chão. O novo design ecológico urbano pode orientar-se em algo que se assemelha a um modelo de redesign integrado e multifacetado do assentamento. Levando em conta que é mais importante usar os vários recursos e potenciais existentes, tanto físicos como sociais, no processo de renovação urbana, isso é mais do que compreensível. O paradoxo é que as soluções nesses projetos geralmente são mais variadas, imaginativas e mais adaptadas às necessidades dos ocupantes.

Tanto na nova construção como na renovação, a chave do sucesso está em conquistar o apoio de todos os envolvidos com as metas de qualidade ambiental, tornando o processo de planejamento e construção um êxito conjunto, apesar – ou talvez por causa – dos muitos participantes, cada um buscando interesses diferentes. O movimento Transition Town (Cidades em Transição) mostra que a qualidade de vida e de habitação obtida pela justaposição de ideias antigas e novas, passadas e futuras, vale o esforço no presente.

Declan Kennedy, nascido na Irlanda, é professor, arquiteto, urbanista, mediador, designer de permacultura e curador espiritual. Desde 1972, dedica-se ao design urbano, permacultura, design de paisagens, energia renovável e planejamento agrícola, aliados a estratégias holísticas, e leciona em seminários intensivos organizados em muitos países. De 1972 a 1990, foi professor de design e infraestrutura urbana no departamento de arquitetura da Technische Universität Berlin (TUB), editor e membro do Conselho Consultivo da revista *EKISTICS* e membro da World Society for Ekistics (WSE) desde 1972. De 1975 a 1978, foi membro do Permaculture Institute of Europe e seu diretor de 1984 a 1989. Em 1985, foi um dos fundadores da ecovila Lebensgarten Steyerberg, perto de Hanover (Alemanha). Em 1995, fundou e atuou como presidente da Global Ecovillage Network (GEN), fazendo pesquisa sobre assentamentos ecológicos novos e renovados em cinco países da Europa, apoiado pela European Academy of the Urban Environment, de Berlim. Desde 2005, atua no Conselho Consultivo da Gaia University e um dos fundadores do Gaia Action-Learning Academy for Sustainability (GALA), no qual participa ativamente.

Nos últimos anos, o termo "resiliência" surgiu no vocabulário dos designers de comunidades sustentáveis como um objetivo de extrema importância; no entanto, só consegui compreender completamente o que ele significava depois de ler este artigo de Daniel Christian Wahl. O autor faz um excelente trabalho ao explicar tanto a essência como o contexto dessa ideia que vem se espalhando com rapidez. Daniel baseia-se em numerosos estudos recentes para demonstrar que a resiliência não é apenas um objetivo importante como também o caminho da própria natureza, e disponibiliza descobertas científicas recentes para nossos leitores globais.

A resiliência transformadora

Daniel Christian Wahl, PhD

Son Rullan, Maiorca, Espanha

Vivendo além dos limites planetários

Vivemos em um mundo cada vez mais frágil. O efeito mais difundido da sociedade moderna baseada no crescimento industrial e em sua expansão via colonialismo – e, mais tarde, via neocolonialismo da globalização econômica – foi desgastar o padrão intrincado que conectava a humanidade às condições únicas dos lugares específicos em que as comunidades se encontravam. Cortamos as conexões ocultas que eram essenciais para a subsistência das pessoas que viviam em reciprocidade íntima com os lugares que eles chamavam de "lar" por milhares de anos.

De modo geral, a humanidade viveu de maneira adaptada local e biorregionalmente até que a queima de combustíveis fósseis – primeiro o carvão e depois o petróleo e o gás – possibilitou uma expansão maciça do volume global de comércio, da população humana e do consumo excessivo. Isso não significa que a história humana não esteja cheia de exemplos de civilizações regionalizadas que exploraram excessivamente os recursos naturais disponíveis e desgastaram a resiliência a um ponto que desencadeou o colapso dessas civilizações ou as forçou a uma expansão agressiva e à guerra com seus vizinhos.

Vivemos na era da guerra dos recursos pelo acesso a petróleo e água. Em breve, as reservas localizadas e reduzidas de elementos críticos para a produção de tecnologias da informação, baterias e conversores catalíticos, como irídio, paládio, lítio e platina, levarão a mais conflitos e diferenças de poder. O ritmo e o escopo do consumo excessivo estão levando a disponibilidade de recursos e a resiliência do ecossistema ao limite. Estamos começando a exceder as fronteiras planetárias.

As ações coletivas da humanidade atingiram uma dimensão em que deterioramos a saúde, a vitalidade e a resiliência dos processos biológicos e ecossistemas a tal ponto que interferimos no próprio sistema planetário de suporte à vida. O processo gaiano de criação de condições favoráveis à vida é a base da sustentabilidade, resiliência e saúde humana e planetária. Contamos totalmente com a fixação da energia solar nas plantas e a distribuição dessa energia na cadeia alimentar, junto com a limpeza da água, a construção de solos férteis e a regulação do clima.

Todo ano, em meados de agosto, a humanidade como um todo gasta os recursos naturalmente regenerados produzidos naquele ano. Em 2010, o Dia Mundial da Sobrecarga da Terra foi em 21 de agosto, e o aumento da população e do consumo excessivo e a queda da bioprodutividade garantirão que a sobrecarga global seja atingida ainda mais cedo em 2011.[1]

A abundância de recursos renováveis e serviços ecossistêmicos gerados pela vida a cada ano é chamada de "bioprodutividade planetária". O segredo de manter a presença humana na Terra é permanecer nos limites dessa bioprodutividade planetária. Em um planeta superpovoado de humanos, nosso futuro depende de nossa capacidade de aprender a viver dos juros (bioprodutividade anual), e não do capital ecológico (a reserva acumulada ao longo da evolução da vida na Terra). Precisamos redesenhar rapidamente a presença humana na Terra, de maneira que toda a humanidade consiga viver nos limites seguros das fronteiras planetárias.

Um estudo recente de um grupo internacional de cientistas liderado pelo Stockholm Resilience Centre[2] identificou pelo menos oito fronteiras planetá-

1 Global Footprint Network. Disponível em: footprintnetwork.org.

2 Rockström, Johan *et al.* Planetary Boundaries: Exploring the Safe Operating Space for Humanity.

rias críticas às quais precisaremos prestar muita atenção em nossa busca para criar uma presença humana mais sustentável na Terra. Pelo menos três desses limites já foram violados. Estamos a ponto de desencadear mudanças climáticas perigosas; a perda de biodiversidade atingiu uma taxa sem precedentes na história da vida na Terra; e nossos métodos insustentáveis de produção agrícola interferiram nos limites do fluxo biogeoquímico, como o ciclo do nitrogênio e o ciclo do fósforo.

Ainda não há pesquisas suficientes para entender até que ponto também podemos ter violado os limites planetários de poluição química e carga atmosférica de aerossóis, mas há evidências de que os produtos químicos em plásticos e cosméticos estão interferindo na diferenciação e fertilidade de muitas espécies, incluindo os seres humanos. Está claro que a acidificação do oceano, a destruição do ozônio estratosférico, as mudanças no sistema terrestre e o uso global de água potável terão que ser monitorados de perto, pois todos estão se aproximando rapidamente do ponto em que as fronteiras planetárias seguras serão quebradas (ver o círculo cinza-claro na figura ao lado). Para uma explicação mais detalhada desta pesquisa e o conceito de limites planetários e como eles se relacionam com a resiliência em escala local, regional e planetária, assista à apresentação de Johan Rockström no TED.[3]

Muitos desses limites estão inter-relacionados. A maioria deles causa perda de biodiversidade, resiliência e saúde do ecossistema em várias escalas, do local ao global. Com cada espécie perdida, enfraquecemos a complexa rede de interdependências e conexões que dá suporte à saúde dos ecossistemas do mundo. À medida que perdemos a biodiversidade, desvendamos o complexo padrão de saúde com base na diversidade, nas relações simbióticas, em várias redundâncias e em interconexões complexas e ciclos de *feedback*. A resiliência de um ecossistema ou de uma comunidade depende criticamente desse padrão de saúde com ligação em escala que conecta a saúde individual à saúde da comunidade, do ecossistema, das biorregiões e nações e, no devido tempo, à saúde planetária.

Ecology and Society, v. 14, n. 2, art. 32, 2009. Disponível em: ecologyandsociety.org/vol14/iss2/art32.

3 Rockström, Johan. *Let the Environment Guide Our Development*. [*S.l.*]: TED Global, 2010. Disponível em: ted.com/talks/johan_rockstrom_let_the_environment_guide_our_development.html.

Alterações nas variáveis chaves de controle para limites planetários importantes desde a Revolução Industrial

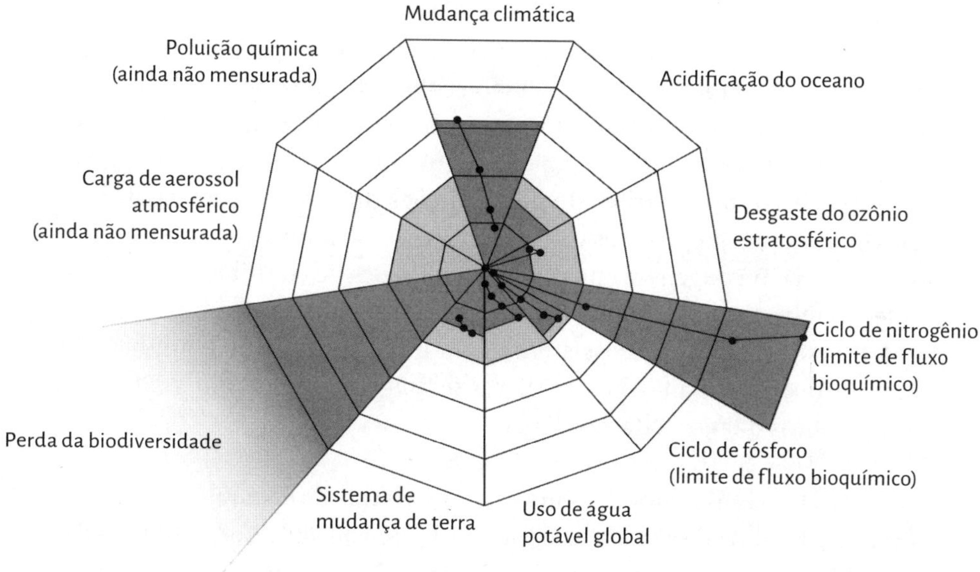

Fonte: reproduzido a partir de Rockström, Joan *et al.*, 2009 (cf. nota 2)

Por fim, quando falamos de sustentabilidade de uma perspectiva de design de todo o sistema, o que estamos tentando preservar não é apenas o futuro da espécie humana, mas também o padrão de interdependências ecológicas e a saúde planetária de que dependem nosso próprio destino e o de muitas outras espécies. É esse padrão de saúde que nos permite permanecer receptivos, adaptáveis e resilientes diante das mudanças. Melhorar a resiliência da comunidade e prestar atenção ao efeito de nossas ações em várias escalas interconectadas são ações essenciais para a criação de comunidades prósperas e de uma cultura sustentável.

Então, o que é resiliência exatamente?

Há quase 40 anos, Buzz Holling[4] publicou pesquisas sobre a dinâmica complexa das mudanças nos ecossistemas. Ele observou como um ecossistema florestal maduro pode ser drasticamente perturbado por um incêndio, a ponto de reduzir-se a pastagens e, por sucessão ecológica, transformar-se primeiro em um matagal, depois em uma floresta jovem e, finalmente, muito mais tarde, em uma floresta madura novamente. Holling viu que os ecossistemas poderiam existir em uma variedade de condições dinamicamente estáveis (equilíbrio dinâmico) e que, após os distúrbios, os ecossistemas poderiam voltar a seu estado inicial ou degenerar para novas condições de equilíbrio menos diversas e menos vibrantes. Em alguns casos, a perturbação também poderia levar a uma transformação do ecossistema para uma condição de equilíbrio dinâmico mais diversa e mais vibrante. Esses *insights* levaram Holling a formular os fundamentos da teoria da resiliência:

> A resiliência é estruturada em torno da aceitação do distúrbio, até mesmo na geração do distúrbio e na produção da variabilidade. Toda a história da vida neste planeta foi de mudanças dinâmicas e ocorreu muito antes de os humanos aparecerem, mas os humanos adicionaram algo mais [...] explorando os recursos e reduzindo a diversidade e, ao fazê-lo, diminuindo a resiliência desses sistemas. As flutuações que são normais ainda ocorrem, mas são mais limitadas. Assim, você pode ter situações em razão da intervenção humana em que a diversidade foi tão comprometida que a flutuação, em vez de manter a persistência das relações em uma região, transforma o sistema em outro.[5]

Ao longo da última década, tornou-se evidente que a compreensão da saúde e resiliência do ecossistema e da comunidade está no cerne da sustentabilidade como um processo comunitário de aprender como integrar nossos sistemas sociais em condições únicas dos ecossistemas locais e regionais, bem como ficar nas fronteiras planetárias seguras. A Resilience Alliance, uma rede interna-

4 Holling, Crawford Stanley "Buzz". Resilience and Stability of Ecological Systems. *Annual Review of Ecology and Systematics*, v. 4, pp. 1-23, nov. 1973.

5 *Ibidem*.

cional de pesquisadores e profissionais focada na compreensão da dinâmica complexa dos sistemas socioecológicos, define a resiliência da seguinte forma:

> Resiliência é a capacidade de absorver distúrbios, ser alterada e depois se reorganizar e ainda ter a mesma identidade (manter a mesma estrutura básica e as formas de funcionamento). Inclui a capacidade de aprender com a perturbação. Um sistema resiliente está absorvendo choques externos. À medida que a resiliência diminui a magnitude de um choque do qual o sistema não pode se recuperar, o choque fica cada vez menor. A resiliência muda a atenção de simplesmente crescimento e eficiência para a recuperação e a flexibilidade necessárias. O crescimento e a eficiência sozinhos podem frequentemente conduzir sistemas ecológicos, empresas e sociedades a uma rigidez frágil, expondo-os a transformações turbulentas. Aprender sobre recuperação e flexibilidade abre os olhos para as novidades e os novos mundos de oportunidade.[6]

Existe uma distinção importante entre a resiliência do ecossistema e a resiliência nos sistemas sociais. Como seres humanos e comunidades, temos a capacidade de prever. Podemos prever e planejar o futuro, mesmo que não possamos fazê-lo com precisão. Como os seres humanos se tornaram a espécie mais perturbadora da maioria dos ecossistemas do mundo, precisamos prestar atenção à interação dos sistemas sociais e ecológicos e considerá-los como um Sistema Socioecológico (SSE) em interação. Esse entendimento deve ser primordial para o desenho de comunidades sustentáveis. A resiliência nos SSEs depende de várias capacidades importantes:

- **Persistência**: a capacidade de suportar rupturas drásticas sem perder sua estrutura e sua função básica. Um exemplo de persistência é a maneira como uma floresta ou uma cidade costeira consegue se recuperar dos efeitos de um furacão.
- **Adaptabilidade**: a capacidade adaptativa permite que um SSE, como uma comunidade ou uma biorregião, mantenha suas funções essenciais durante períodos de mudança. Por exemplo, uma comunidade sustentável precisa manter a capacidade de produzir alimentos e gerar energia elétrica sufi-

6 Resilience Alliance. Disponível em: resalliance.org.

ciente, pois os efeitos das mudanças climáticas e do pico do petróleo começam a atrapalhar as colheitas e as cadeias de suprimento globais.

- **Transformabilidade**: a capacidade de se transformar em resposta à mudança, a fim de criar sistemas mais apropriados quando as condições ecológicas, políticas, sociais ou econômicas tornam os sistemas existentes insustentáveis. Por exemplo, a série de crises econômicas cada vez mais rápidas e graves está forçando a conclusão de que uma profunda transformação de nosso sistema econômico e monetário em direção a uma economia verde de estrutura diferente é, agora, urgentemente necessária.[7]

As múltiplas e convergentes crises que estamos enfrentando exigirão cada vez mais uma resposta transformadora da resiliência. À medida que essas crises progridem, perdemos gradualmente nossa capacidade de perseverar diante das mudanças e de manter nossa capacidade adaptativa. Se esperarmos que essas crises causem perturbações generalizadas, correremos o risco de uma deterioração irreversível. O International Futures Forum (IFF) distingue a Resiliência 1.0 (com base na capacidade de adaptação e do "retorno aos negócios" de sempre) da Resiliência 2.0 (baseada na transformação sistêmica fundamental que aumenta a capacidade de responder criativamente à mudança). A Resiliência 2.0 também é chamada de resiliência transformadora.

Como podemos cocriar a resiliência transformadora em sistemas socioecológicos?

Nos SSEs, o efeito de nossas ações às vezes só pode ser observado após um longo tempo. Nesses sistemas dinâmicos tão complexos, com diversos agentes e processos interagindo, a causa e o efeito podem não ser lineares com os ciclos de *feedback*, levando a escaladas repentinas, consequências imprevisíveis e efeitos colaterais.

7 Huitric, Miriam (org.). Biodiversity, Ecosystem Services and Resilience: Governance for a Future with Global Changes. *In: Background Report for the Scientific Workshop "Biodiversity, Ecosystem Services and Governance: Targets Beyond 2010" on Tjärnö, Sweden, 4-6 September 2009*. Estocolmo: Albaeco, 2009. Disponível em: stockholmresilience.org/download/18.235c0ace124479a1f73800013572/1459560202956/Tjarno_report_final.pdf.

O que determina a mudança nos SSEs ao longo do tempo são sobretudo as variáveis inerentes que estão mudando lentamente, como o clima, o uso da terra, o estoque de nutrientes, os valores e as políticas humanas, bem como sistemas de governança e interdependências entre as escalas local, regional e global. Os SSEs nunca existem isolados; eles estão encaixados em uma estrutura holárquica ou ligados em escala com outros SSEs. A ligação espacial em escala conecta indivíduos, comunidades, ecossistemas, biorregiões, nações, até a escala planetária (e além). A ligação em escala temporal pode ser entendida como a maneira como os processos lentos e rápidos interagem com e entre várias escalas espaciais. O design sustentável da comunidade deve ocorrer em uma estrutura de referência de ligação em escala espacial e temporal.[8]

Diagrama esquemático de uma holarquia de sistemas socioecológicos aninhados

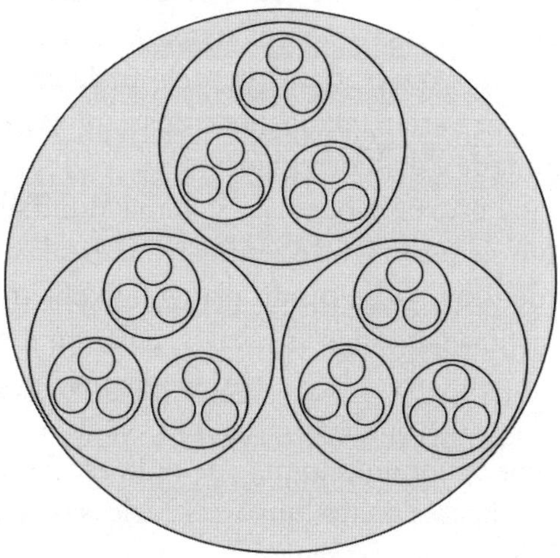

Muitos dos fatores que causarão a perda de resiliência em uma escala específica, digamos em uma comunidade e em seu ecossistema, também afetarão

8 Wahl, Daniel Christian. Scale-linking Design for Systemic Health: Sustainable Communities and Cities in Context. *International Journal of Ecodynamics*, v. 2, n. 1, pp. 57-72, 2007.

a resiliência em outra escala, no nível nacional ou planetário. As ações localizadas, como a queima de combustíveis fósseis, podem se acumular para ter efeitos globais, como as mudanças climáticas, que, por sua vez, podem afetar as condições locais de maneiras variadas e imprevisíveis. Essa é a natureza do sistema fundamentalmente interconectado e encaixado (holarquia) em que vivemos. No campo emergente da pesquisa e prática de resiliência, essas dinâmicas espaciais e temporais encaixadas foram exploradas sob o conceito de panarquia.[9]

Entre os fatores que podem degradar a resiliência em várias escalas estão: a perda de biodiversidade, a poluição tóxica, a interferência no ciclo hidrológico, a degradação de solos e a erosão – mas também as instituições inflexíveis, os subsídios perversos que incentivam padrões insustentáveis de consumo e as escolhas inadequadas de medidas do valor total que se concentram na maximização da produção a curto prazo e no aumento da eficiência com a perda da redundância e da diversidade no sistema como um todo.

O Modelo do Sistema Mundial do IFF está estruturado em torno de doze aspectos ou componentes críticos de um sistema resiliente que deve ser considerado de maneira interconectada. O modelo pode ser aplicado em várias escalas e já foi usado para criar "planos de transição" mais integrados para a resiliência da comunidade e da biorregião.[10]

Todos os aspectos (ou nós) do Modelo do Sistema Mundial devem ser considerados na criação de um sistema viável e resiliente, na escala de uma comunidade, de uma biorregião, de uma nação ou do planeta. O objetivo não é criar isolamento ou autossuficiência em todas as escalas, pois, em um sistema estruturado holarquicamente, interconectado e interdependente, o isolamento completo é impossível e levaria ao colapso do sistema. Em vez de autossuficiência, o que devemos buscar é uma maior autonomia em cada escala: uma capacidade aumentada de atender às necessidades humanas básicas o mais próximo possível de casa e nos limites das fronteiras regionais e planetárias. É hora de criar estratégias de substituição de importações baseadas na produção regional!

Um exemplo para o redesign sistêmico de nossos sistemas de governança que permitiria respostas transformadoras de resiliência nas escalas da comunidade e da biorregião seria a implantação da subsidiariedade. O princí-

9 Para obter mais informações, consulte o site da Resilience Alliance (resiliencealliance.org).

10 International Futures Forum. Disponível em: iffworldmodel.net.

pio político da subsidiariedade é a ideia de que uma autoridade central deve ter uma função subsidiária, realizando apenas as tarefas que não podem ser executadas efetivamente em um nível mais imediato ou local. Essa estrutura de governança permitiria a participação ativa dos cidadãos na transição para uma sociedade mais resiliente, sem acabar com a colaboração política na escala nacional e internacional.

O movimento de design de permacultura, a Global Ecovilage Network (GEN) e a abordagem do Ecovillage Design Education (EDE) do Gaia Education, bem como a recente expansão do movimento Transition Towns (Cidades em Transição), são expressões da participação popular ou local, ou abordagens dos cidadãos para cocriar resiliência em escala local e regional. Rob Hopkins[11] identifica três princípios-chave de design dos quais a resiliência em escala comunitária depende:

- **Maior diversidade**: apresentando uma base mais ampla de meios de subsistência, do uso da terra, de empreendimentos e de sistemas de energia do que temos atualmente.
- **Modularidade (design de ligação de escala)**: não defendendo a autossuficiência, e sim uma maior autonomia, com protetores para o crescimento da economia local (como produção local de alimentos e energia descentralizada).
- **Tensão de *feedback* (maior capacidade de aprender com sucessos ou fracassos locais)**: aproximando os resultados de nossas próprias ações mais para perto de casa, a fim de que não possamos ignorá-los.

A transformação começa com o indivíduo: a resiliência interna e externa

Por último, mas não menos importante, é necessário enfatizar que existe uma dimensão interna e externa de resiliência, tanto em indivíduos como em comunidades. Nossa capacidade de permanecer criativos, flexíveis, colaborativos e adaptáveis diante de um ambiente em mudança ou mesmo de perturbações drásticas nos negócios habituais é afetada por nossa visão de mundo,

11 Hopkins, Rob. Resilience Thinking. *Resurgence*, n. 257, pp. 12-15, nov.-dez. 2009.

por nossos sistemas de valores e pela qualidade de nossos relacionamentos. É por isso que a *visão de mundo* está no topo do Modelo do Sistema Mundial do IFF, pois grande parte de nosso comportamento é guiada e afetada por nosso sistema de valores e visão de mundo. Aqui estão três maneiras de construir a resiliência interna que podem levar à transformação pessoal e coletiva: 1) *Meditação*, sob qualquer forma, como uma maneira de nos conectar a nós mesmos e a nossa capacidade de ter *insights* intuitivos; 2) *The Way of Council* (O Caminho do Conselho) como uma prática de comunicação comunitária que promove uma escuta e um compartilhamento profundos de sentimentos e ideias que podem nos ajudar a nos conectar com a sabedoria coletiva e com a inteligência do grupo, quando deparamos com mudanças sem precedentes e imprevisíveis; 3) *Reconexão com a natureza* como fonte de *insight* e força – isso pode ser feito de várias maneiras, mas o tempo sozinho na natureza (um tempo sozinho ou a busca pela visão) provou ser uma ferramenta poderosa para muitas pessoas, com o objetivo de criar resiliência interna.

O diagrama da página a seguir surgiu de uma conversa em 12 de setembro de 2001, à medida que os tutores e os alunos do mestrado em ciências holísticas do Schumacher College tentavam entender o significado do ataque ao World Trade Center. Isso resume, de forma simplificada, um aspecto importante da resiliência interna no nível individual e coletivo. A extensão em que somos capazes de responder à mudança com resiliência transformadora depende se escolhemos enfrentar o mundo de maneira aberta e acolhedora (pela vida em todas as suas manifestações) ou agir pelo medo.

Daniel Christian Wahl, PhD, tem experiência em educação e consultoria em sustentabilidade, tendo atuado, por exemplo, para o governo do Reino Unido, o Instituto das Nações Unidas para Treinamento e Pesquisa (UNITAR) e o CIFAL Findhorn. Formado em ciências biológicas pela University of Edinburgh (1996), também possui mestrado em ciências holísticas pelo Schumacher College (2002) e doutorado em design natural pela University of Dundee (2006). Foi diretor do Findhorn College entre 2007 e 2010 (findhorncollege.org). Trabalha de forma independente com organizações como os Bioneers (bioneers.org), o Gaia Education (gaiaeducation.org), a CLEAR VILLAGE (clear-village.org) e a Universitat Oberta de Catalunya (UOC). Desenvolve novos métodos para facilitar e orientar experiências baseadas na natureza de *insights*, reconexões e transformações profundas, e escreve como autônomo sobre questões de sustentabilidade (ecohabitar.org).

O Ciclo do Amor e do Medo (IFF)

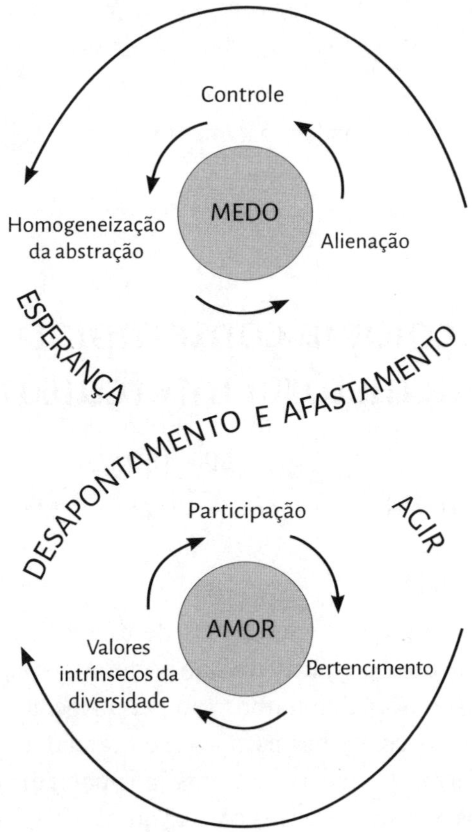

Mas quem faz o design? Guy Burneko nos leva às origens do Universo e nos traz de volta para demonstrar que a resposta esteve o tempo todo aqui; nunca tivemos que ir a lugar nenhum para encontrá-la. Ele sugere que uma sustentabilidade ecossocial começa com esse tipo de atitude contemplativa. Ao referenciar o hexagrama 20 do I Ching, o que a tradução de Cleary[1] chama de "Observando", somos levados a acreditar que a conduta eco-humana funcional nada mais é do que uma expressão da cosmogênese, o Universo se conhecendo e se entendendo. Este artigo pode estender sua zona de conforto conceitual, mas valerá a pena: com um toque poético para esculpir a linguagem, o autor nos lembra de maneira sublime por que estamos todos aqui fazendo este trabalho.

A ecologia contemplativa: uma história intercultural

Guy Burneko, PhD

Institute for Contemporary Ancient Learning, Seattle, Estados Unidos

Esta apresentação usa ideias e analogias de diferentes culturas para dizer algo sobre o tipo de história ou narrativa que poderíamos contar em prol da sustentabilidade. As histórias que contamos sobre as origens e a vida em curso do Universo estabelecem as condições para a sustentabilidade ou para danos aos sistemas vitais da Terra, porque as histórias influenciam como nos comportamos e como tratamos os sistemas vivos com os quais interagimos. Em certo tipo de história, esses sistemas são expressões da vida geral do Universo – e nós e nossa história também somos.

Mas, se contamos uma história de que todos os seres vivos são apenas máquinas que fazem parte da Terra, e não seus participantes ou membros reais,

1 *The Taoist I Ching*. Trad. Thomas Cleary. Boston: Shambhala, 1986.

isso nos predispõe a ver a própria Terra como uma grande máquina e a nós mesmos como controladores e operadores destacáveis, algo separado dela. Ao dividir o Universo dessa maneira, continuamos alcançando "lá fora" para obter coisas da Terra que nos convêm em vez de encontrar satisfação na experiência que não está dividida em pedaços chamados eu, você, as florestas, as águas e os animais. O ato de dividir ou dualizar as perspectivas intensifica nossos impulsos para fazer demandas insustentáveis ao meio ambiente, transformando a todos – inclusive a nós mesmos – em mercadorias comercializáveis.

Suponha que a história que contamos seja a história que o Universo conta sobre si mesmo através de nós. Nesse caso, nossos valores, ideias e comportamentos se tornam meios hábeis (*upaya*) que expressam o Universo em evolução, tornando-se consciente em nós e em nossas relações com ele – com nosso Eu maior. Thomas Berry chama isso de "A Grande História". Há muito tempo, o sábio confucionista Chang Tsai expressou uma compreensão tão integrada quanto nosso companheirismo com todas as coisas. E podemos dizer hoje que cidadãos conscientes da importância da ecologia são como sábios. Suas capacidades de respostas abrangentes (*kan-ying*, em chinês) são um microcosmo do processo do Universo macrocósmico indivisível de interação do Céu, da Terra e da humanidade. Isso seria a evolução cósmica experimentando-se sem separar o ser humano de todos os seres. Nesse caso, nossas ideias e condutas que mantêm a Terra demonstrariam o que o hexagrama 20 do I Ching chama de *kuan*, (contemplação, visão), "um processo no qual as formas das coisas e as (nossas) formas de ver as coisas coincidem e no qual o objeto e o sujeito determinam a aparência de uma coisa ou como (uma) coisa se apresenta".[2] Eis uma narrativa completa em que a sabedoria antiga e a ecociência contemporânea podem se unir ao processo humano-cósmico das histórias do Universo na Terra. Isso pode nos guiar para uma conduta sustentável.

O estudioso Chung-Ying Cheng diz que o *kuan* não é "influenciado por nenhum escopo, nível ou perspectiva". Em vez disso, sua qualidade indivisível ou holística supera a fragmentação de perspectivas na otimização dos potenciais

2 Berry, Thomas. *The Dream of the Earth*. San Francisco: Sierra Club Books, 1988, pp. 111-13; Cheng, Chung-Ying. Philosophical Significances of *Guan* (Contemplative Observation): On *Guan* as Onto-Hermeneutical Unity of Methodology and Ontology. *International Studies of I Ching Theory*, n. 1, pp. 156-203, 1995; Burneko, Guy. Contemplative Ecology: *Guan* for a More-than-Sustainable Future. *Journal of Chinese Philosophy*, v. 37, n. 1, pp. 116-30, mar. 2010.

para o bem-estar *geral*. Aquele que usa o *kuan* faz isso por meio de contemplação ou meditação. Podemos pensar nisso como uma experiência que é gratificante, porque não é dividida em sujeitos que buscam ganhos externos por meio de objetos. Ou, para colocar essa ideia de outra maneira, podemos participar do mundo em interações totalmente atentas, o que é a finalidade e não significa um meio para um fim ou um resultado externo. Se nossas interações são plenas, contemplativas, cuidadosas, não resta muito espaço para o egoísmo que busca ganhos – em vez disso, tornamo-nos participantes plenos da experiência recompensadora; incorporamos essa experiência. A narrativa do *kuan* oferece um acordo e uma satisfação intrínsecos além da consciência setorizada e parcial. Sua atenção plena ecossocial é sustentável e defensável porque exige menos do ambiente natural.

Por meio de uma capacidade de resposta atenta ao *tao* dos processos naturais, o sábio ecocontemplativo que pratica o *kuan* é incisivo e está alerta às mudanças sutis no ambiente, sendo capaz até de antecipar seu aparecimento. Desse modo, ele se conduz espontaneamente, com base em uma atenção sincera e séria, que sente e compreende a natureza por meio da capacidade de resposta da visão geral, e não da fragmentação da separação do ego. Podemos ver isso como uma maneira de manter vínculos e identificação com as origens do ser e da evolução. Se formamos um corpo com todas as coisas, nossa mente ecocontemplativa é a mente do Céu e da Terra; a sustentabilidade é sábia.

Uma história de cosmologia que nos ajuda a passar de uma perspectiva instrumental, aquisitiva e fragmentada na Terra para uma de participação holística do tipo *kuan* com os ritmos e padrões de experiência do Universo evoca uma conduta e um pensamento apropriados. Evoca a experiência de que não há um ponto dc vista antropocêntrico e privilegiado. As versões dessa narrativa incluem o êxtase xamânico, discutido por Berry. Elas apontam para um modo de bem-estar genuinamente ecopoético e comemorativo, em vez de um que é baseado no consumismo, no poder e no controle. Podemos, portanto, considerar o desenvolvimento de consciência e conduta ecossocial sustentável

> [a] criação principal de uma mente criativa baseada em uma observação e compreensão muito abrangentes e profundamente contemplativas de uma realidade universal, tanto externa como interna.[3]

3 Cheng, *op. cit.*, 1995, pp. 163, 167-68, 170-76; Kafatos, Menas; Nadeau, Robert. *The Conscious Universe: Part and Whole in Modern Physical Theory*. Nova York: Springer, 1990.

Estabelecendo analogias e interações entre *insights* e culturas, assim como entre o meio ambiente e nós mesmos, o *kuan* revela cada evento como um fractal, um microcosmo, de um *(co)worlding*[4] humano-Terra. Os diversos eventos e as diversas espécies são mútuos e recíprocos em sua coevolução e com nossa observação participativa que, nos conceitos da ciência quântica, atuam em sua expressão no espaço, no tempo e na consciência. O *kuan* contemplativo atende de maneira abrangente aos processos do *worlding*, de modo a manter as inter-relações de todas as suas formas em um acordo benéfico, ideal e não antropocêntrico. Uma cosmologia genuinamente "funcional", como diz Berry, expressa o elo humano-Terra pela "reinvenção do humano" como uma dimensão que apoia o "Ser-inspirado" e é membro da cosmogênese em curso, e não apenas como seu ocupante ou engenheiro.[5]

A velha ideia confucionista de uma continuidade do ser precedeu a ideia de Berry de uma "cosmologia funcional", na qual o humano não é apenas uma parte, mas "uma dimensão da Terra e, de fato, do próprio Universo".[6] Isso sugere que, ao envolver o meio ambiente de maneira abrangente, o *kuan* integra e otimiza de forma sustentável a coevolução de seu próprio entorno. O *kuan* revela características dos padrões de desenvolvimento da vida e do Universo que são análogos nos reinos inorgânico e orgânico, assim como no cultural ou no mental. Por exemplo, para Berry, a diferenciação é vista na variedade evolutiva das formas. A subjetividade ou interioridade, uma dimensão interior na experiência de todas as coisas, aparece com um aumento na unidade psíquica que surge com a complexificação das estruturas. E a comunhão é a conexão de cada realidade no Universo com qualquer outra realidade.[7]

Da mesma forma, a comunhão é expressa como o hindu *Mahapurusha*, ou pessoa cósmica; a parusia, presença teológica de Deus; todo o *chi* predominante na tradição chinesa; o corpo místico cristão de Cristo; o *anima mundi* dos

4 *Worlding* é uma palavra nova, com a performatividade do substantivo que se repete como verbo ou gerúndio. É a configuração do mundo. O mundo é uma mistura particular do material e da semiótica que remove os limites entre sujeito e meio ambiente ou, talvez, entre *persona* e *tópos*. O *worlding* oferece a oportunidade para a suspensão das temporalidades e dos modos habituais de ser. (Nota da Tradução.)

5 Cheng, *op. cit.*, 1995, pp. 170, 176-77, 187, 192.

6 Berry, *op. cit.*, 1988, pp. 82, 87, 195.

7 *Ibidem*, p. 45.

alquimistas; na função de onda coletiva da física de partículas; no campo de ponto zero de complexidade auto-organizável da física quântica. Tal *insight* holístico e sua numinosidade relacionada podem ser atribuídos a arquétipos do inconsciente coletivo que Jung e intérpretes como Laughlin acreditam que são, em última análise, indistinguíveis da própria natureza cósmica. Nessa narrativa (da) ecologia, sintonizar com as transformações do arquétipo e as tendências orgânicas e físicas ao longo do tempo evolutivo é participar da natureza cósmica enquanto se está aprendendo a ser humano. A noção relacionada ao astrofísico Haisch é que entendemos as leis da natureza porque nós e elas temos a mesma origem – em ressonância e interpenetração mútuas.[8]

Na "interpenetração transformacional", observa Chung-Ying Cheng, "não existe relacionamento estático e fixo, mas sempre uma troca e um intercâmbio em um histórico de unidade criativa". Desse modo, o contemplativo "alcança uma participação de dentro em vez de um efeito de fora [...] quando [ele/ela] se aproxima de uma perfeita congruência com o sistema", refletem Jones e Culliney. Assim, os sábios nos ensinam de maneira sustentável a equilibrar a ecologia da mente e da natureza, sem exagerar nos desejos do ego ou desfazer distraidamente a conexão coevolucionária ideal. Com I Ching, por exemplo, o *kuan* não divide e reduz completamente a experiência em pessoas e natureza. As opiniões dele não são estranhas às hipóteses científicas de Jahn e Dunne de que "a consciência [...] pode influenciar marginalmente sua realidade física em um grau dependente de sua ressonância subjetiva com o sistema ou processo em questão" ou que os sistemas de símbolos podem até "reconhecer" neurognosticamente nossa experiência (isto é, o cérebro pode estar ligado à experiência holística) e nos ensinar "a perceber objetos do cotidiano, eventos e estados de coisas como instanciações da totalidade".[9]

8 Laughlin, Charles D. Archetypes, Neurognosis and the Quantum Sea. *Journal of Scientific Exploration*, v. 10, n. 3, pp. 375-400, 1996; Laughlin, Charles D.; Throop, C. Jason. Imagination and Reality: On the Relations between Myth, Consciousness, and the Quantum Sea. *Zygon®*, v. 36, n. 4, pp. 709-36, 2001; Haisch, Bernard. *The God Theory: Universes, Zero-Point Fields and What's Behind It All*. São Francisco: Weiser, 2006, p. 17.

9 Cheng, *op. cit.*, 1995, pp. 174, 184; Jones, David; Culliney, John. The Fractal Self and the Organization of Nature: The Daoist Sage and Chaos Theory. *Zygon®*, v. 34, n. 4, pp. 643-54, 1999 (cf. pp. 647, 652); Jahn, Robert G.; Dunne, Brenda J. *Margins of Reality: The Role of Consciousness in the Physical World*. Nova York: Harcourt Brace, 1987, p. 324; Laughlin; Throop, *op. cit.*, 2001.

No simbolismo do I Ching, a vida totalmente conectada da presença do Universo aqui e agora não é apenas uma questão de eras e anos-luz remotos. E sua autenticidade coexiste em criações culturais expressas dentro de nós. Em todas as situações concretas da vida, o *kuan* transmite e recebe a "presença do Ser", que é o Caminho da transformação – amparadora e sustentável".[10]

Berry sugere que o Universo como o Grande Eu se realiza no eu individual, o eu individual se realiza no Grande Eu; e o Universo só pode ser explicado em termos de celebração. A desconexão da plenitude de recursos de um *kuan* contemporâneo é um fator principal em nosso desenraizamento ecossocial insustentável.

Uma história proveitosamente ecossocial sustenta uma sinfonia de sistemas vitais e de diversos tipos de consciência. Essa "ecologia da mente", em vez de se fixar no objetivo único de benefício do ego, soa como o chamado narrativo de nosso tempo. Somos convidados pelo *kuan* a superar a fragmentação de nossos interesses e a reinventar a (eco)humanidade como um modo de transformação permanente – o *wholing* –[11] não como uma partícula fragmentada de um todo ordenado, mas como um membro participante e um "foco" de um campo aberto de relações emergentes humano-Terra.

As relações eco-humanas por si mesmas, e não como ferramentas para fins externalizados (riqueza, *status*, dominação), são as que menos impõem ao meio ambiente. Praticando o *kuan* como membros dos sistemas da vida, estamos mais inclinados a respeitar e cuidar de forma sustentável desses sistemas, bem como de nós mesmos e dos jovens no ensino, nos meios de subsistência e celebração corretos. A conduta de *wu-wei* (não forçada, não aquisitiva) moderadora de abuso ambiental disfuncional está transmitindo e recebendo simultaneamente o evento completo (*tai chi*) em sintonia *kuan* ressonante e mutuamente benéfica. O *kuan* contemplativo restaura nas relações homem-Terra o *religio*, a recordação e a reciprocidade (*shu*) entre nós e a ordem cósmica natural.

O *kuan* nos permite experimentar todos os seres em *analogia entis*, isto é, como fractais autossimilares do campo do Céu, da Terra e da humanidade, ou como materialização dos potenciais do campo quântico conectado. Desenvolvendo sua narrativa do "holomovimento" cósmico, em que "tudo está envolvido em tudo", o físico David Bohm propõe de modo equivalente que a

10 Cheng, *op. cit.*, 1995, pp. 162-63, 170; Berry, *op. cit.*, 1988, p. 195.

11 *Wholing* ou o "cultivo da totalidade do ser". (N. da E.)

pesquisa científica seja complementada por práticas meditativas relevantes para a "totalidade indivisível" divulgada pela pesquisa contemporânea, assim como pela antiga. Isso outros chamam de orientação "contemplativa madura" na observação-participação da natureza. Identificando o *kuan* como um método meditativo e contemplativo, reitera a física quântica contemporânea ao descrever o benefício do *kuan* de nos permitir manter o vínculo e a identificação com a fonte principal de ser e tornar-se. Se isso é rotulado como campo de vácuo quântico, Gaia, origem sempre presente ou *taiji*, é uma questão de pontos de vista, na qual o *kuan* se torna integrado de maneira sustentável, em vez de simplesmente restar como fragmento da autonarração cósmico-humana. No final, Chung-Ying Cheng observa: "A objetividade científica depende da subjetividade não científica, e precisamos transcender e integrar as duas".[12]

Para Berry, estamos entrando na Era Ecozoica, cuja "consciência de que o Universo é mais cosmogênese do que cosmos pode ser a maior mudança na consciência humana que ocorreu desde o despertar de sua mente no Paleolítico". Da mesma maneira, encontramos as sensibilidades práticas confucionistas que,

> [...] embora a natureza humana em sua essência original seja completamente idêntica aos princípios ordenadores do Universo, a mente humana deve ser purificada (cultivada) através do aprendizado antes de poder entender plenamente o princípio inerente à natureza humana.[13]

Nessa história, o ego não cultivado se mostra insustentável, tornando-nos, segundo Berry, "autistas" para a Terra e para as espontaneidades do cosmos de maneiras que ampliam nossa disfuncionalidade ecopolítica. Portanto, Berry fala da Grande Obra como "a reestruturação de maior alcance que já experimentamos". Traduzindo o *kuan* através do tempo e da civilização, Tucker con-

12 Bohm, David. *Wholeness and the Implicate Order*. Londres: Routledge; Kegan Paul, 1981 (1980), pp. 143-144, 155, 177-178, 203; Bohm, David. *Fragmentation and Wholeness*. Jerusalém: Van Leer Jerusalem Foundation, 1976, pp. 18, 23; Cheng, *op. cit.*, 1995, pp. 167, 175.

13 Berry, *op. cit.*, 1988, p. 82; Berry, Thomas. *The Great Work: Our Way into the Future*. Nova York: Bell Tower, 1999, p. 190; Wei-Ming, Tu. Ultimate Self-Transformation as a Communal Act: Comments on Modes of Self-Cultivation in Traditional China. *Journal of Chinese Philosophy*, v. 6, n. 2, pp. 237-46, jun. 1979 (cf. p. 242).

corda que "a arte da espiritualidade confucionista pode ser descrita como a descoberta de um ser cosmológico que está no meio dos afazeres cotidianos".[14]

Hexagrama para observação (*kuan*)

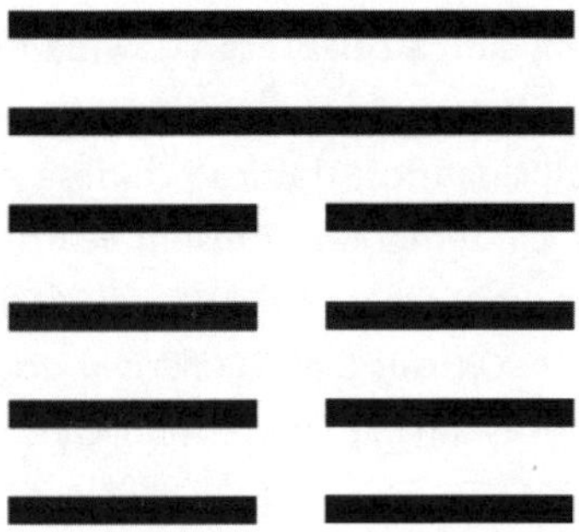

Essa também é a narrativa do último livro de Kauffman, teórico dos sistemas evolutivos, *Reinventing the Sacred*, e o que Berry enfatiza é a reinvenção do humano em uma realização viva da celebração eco-humana. Nessa visão, a experiência contemplativa prática é uma conduta funcionalmente sustentável. E a história continua...

> Não estamos aqui para controlar. Estamos aqui para nos tornar parte integrante da comunidade maior da Terra.[15]

14 Berry, *op. cit.*, 1988, p. 215; Wei-Ming, Tu; Tucker, Mary Evelyn (orgs.). *Confucian Spirituality*. v. 1. Nova York: Crossroad, 2004, p. 1.

15 Kauffman, Stuart A. *Reinventing the Sacred: A New View of Science, Reason, and Religion*. Nova York: Basic Books, 2008, pp. 7-9; Berry, *op. cit.*, 1988, pp. 48, 161.

Fui chamado à cosmogênese desde que olhei para as estrelas nas noites de minha infância, em Nova York (Estados Unidos). A jornada me levou a um trabalho intercultural e transdisciplinar no Alasca e na China, a um doutorado interdisciplinar sobre evolução da consciência na Emory University (Atlanta, Estados Unidos), ao ensino universitário e a bolsas de pesquisa em universidades de várias cidades dos Estados Unidos. Encorajado pelo amor de minha talentosa parceira Greta D'Amico e de minha família maravilhosa, meu interesse duradouro tem sido a celebração da vida não dualizada das coisas em sustentabilidade eco-humana e sua evocação na ciência, mitopeia e espiritualidade – cosmologia de sistemas evolucionários, tradição chinesa e experiência contemplativa. Minha casa é o Institute for Contemporary Ancient Learning em Seattle (Estados Unidos). Minhas publicações incluem: o livro *By the Torch of Chaos and Doubt: Consciousness, Culture, Poiesis, and Religion in the Opening Global Millenium* (2003) e o artigo "Contemplative Ecology: *Guan* for a More-than-Sustainable Future", publicado no *Journal of Chinese Philosophy* (mar. 2010).

MÓDULO 1

Construções sustentáveis

Os doze princípios da construção tradicional

As formas e as técnicas tradicionais de construção na África

A bioconstrução na Tailândia

As construções sustentáveis nos climas temperados

Projetando construções para o conforto térmico e para uma pegada energética baixa

Construindo como se as pessoas importassem: uma boa casa

Construindo com o que você tem

Matthew Hardy introduz o Módulo 1 com seus doze princípios de construção tradicional. Como secretário por oito anos da International Network for Traditional Building, Architecture & Urbanism (INTBAU), Matthew foi fundamental para aumentar a conscientização global sobre a necessidade de reavivar a sabedoria incorporada nas formas e práticas tradicionais. Seus princípios parecem um verdadeiro testamento, semelhante aos doze princípios de permacultura de Holmgren, e podemos esperar que eles se tornem a matéria essencial dos programas de arquitetura em todo o mundo. Se você ainda não conhece, dê uma olhada no influente trabalho que Matthew fez na INTBAU[1] e continua hoje com a organização congênere, a The Prince's Foundation.[2]

Os doze princípios da construção tradicional

Matthew Hardy, PhD

Council for European Urbanism (CEU), Londres, Inglaterra

Introdução

Como enfrentamos um futuro mais incerto, mais competitivo, com diminuição de recursos e redução da energia disponível para manipulá-los, pode ser sensato avaliar o que as construções tradicionais do passado podem nos ensinar. O passado pode ser um guia para nosso futuro em dois desses princípios fundamentais. Assim como no passado, é provável que o futuro seja uma

1 International Network for Traditional Building, Architecture & Urbanism (INTBAU). Disponível em: intbau.org.

2 The Prince's Foundation. Disponível em: princes-foundation.org.

época de redução de recursos e certamente será um momento em que a energia será cada vez mais difícil de ser encontrada e proporcionalmente mais cara. Podemos também achar que o futuro não terá em comum com o passado o enorme crescimento populacional, com as pressões associadas a espaço, água, terras agrícolas e lotes urbanos.[3] Espero mostrar neste artigo como todas essas questões foram tratadas, com elegância e economia, em construções tradicionais. Listo essas questões como os *doze princípios fundamentais*.

Ciclo de energia de construção fechado

Os sistemas tradicionais de construção operam usando um circuito fechado de energia. Por exemplo, a cal é produzida a partir da queima de calcário ou argila por meio do uso de um recurso renovável, a madeira, e a cal hidratada resultante é feita com a adição de água. A cal utilizada pode voltar a ser cal hidratada, se queimada novamente. Tijolos quebrados podem ser triturados e adicionados à mistura de argamassa de cal como um agente pozolânico para melhorar a fixação e a durabilidade,[4] como as cinzas usadas para queimar o calcário anteriormente. É um círculo de energia completamente fechado, pois o dióxido de carbono produzido pela queima de madeira é reabsorvido pelas árvores no próximo ciclo de crescimento. Esse sistema baseia-se na gestão sustentável de florestas.

Os materiais locais

Um escocês me contou que, na vila em que nasceu, todas as casas eram construídas com materiais reunidos a 400 metros de sua localidade. Essa regra parece quase universal para construções simples, em razão do custo e da dificuldade de transportar materiais de construção por longas distâncias. Na medida em que as sociedades tradicionais desmoronaram após a industrialização e, mais recentemente, após o envolvimento com o sistema financeiro mundial,

3 Podemos imaginar um 13º princípio – evite o crescimento populacional excessivo –, mas não há espaço para isso aqui.

4 Para ler um bom relato sobre a variedade de concentrações de cal e de aditivos tradicionais, ver: Brocklebank, Ian. The Lime Spectrum. *Context*, n. 97, pp. 21-23, nov. 2006. Disponível em: ihbconline.co.uk/context/97/index.html#23/z.

as primeiras mudanças visíveis nas habitações tradicionais foram os materiais frequentemente importados ou fabricados. No entanto, construções de alto valor, como igrejas e catedrais, costumavam usar uma variedade de materiais importados de regiões distantes. Assim, encontramos igrejas em todo o Reino Unido usando pedra de Caen, um calcário da Normandia, e mármore Purbeck, uma pedra dura da costa sul da Inglaterra. Em cada caso, os materiais pesados eram transportados pela água, um método de baixo consumo de energia para transportá-los por longas distâncias, mas que, no entanto, era muito caro e limitado em seu uso.

Construa, não cave buracos

A natureza nos proporcionou uma abundância de locais naturais e cada um – com exceção dos pântanos, dentro e perto dos quais não devemos construir – tem seu próprio grau de inclinação, de suave à íngreme. A construção tradicional se adapta a uma variedade de desníveis sem destruir os contornos naturais. Uma boa regra que um arquiteto mais velho me ensinou é colocar o piso principal logo acima do ponto mais alto que ele cruza no local. Isso garante que a água que corre pelo declive não entre nos quartos principais. Não devemos nivelar o terreno por corte e aterro, um método disponibilizado apenas nos últimos anos por escavadeiras pneumáticas, mas assentar nossos edifícios o mais longe possível da encosta natural. Claramente, devemos escavar nossas fundações até encontrar um material sólido, mas não precisamos mover enormes quantidades de terra para que nossa construção fique em uma superfície de terra artificial. Em vez disso, devemos aproveitar a oportunidade de elevar o piso principal e a possibilidade de fornecer galerias subterrâneas e porões naturalmente acessíveis a partir do piso inferior. Em locais mais íngremes, encontraremos uma relação melhor com o solo se o longo eixo da construção for paralelo ao contorno. Essas regras simples explicam sem esforço como as construções tradicionais assentam no solo.

A madeira processada e o material fibroso proveniente de árvores de outras plantas lenhosas

Na paisagem tradicional, as florestas compreendem entre um sexto e um terço da área disponível. Elas não são de natureza selvagem, mas um recurso cuidadosamente gerenciado ao longo do tempo por cada vila ou, mais recentemente, por agências governamentais de manejo florestal. A chave é enfatizar a diferença entre a "madeira processada" e a "matéria fibrosa proveniente de árvores e outras plantas lenhosas". Grande parte da madeira processada vem de uma árvore que leva tempo para crescer e, como resultado, é um recurso muito valioso, separado para construções muito importantes e para navios. Ela é cultivada em um ciclo de 40 anos ou mais e cortada como toras no final desse período. Por outro lado, o material fibroso é um recurso diferente, cortado tradicionalmente a cada sete anos ou mais. Consiste em varas de pequeno diâmetro, cultivadas em bosques de talhadia. Na talhadia, as árvores são cortadas regularmente ao nível do solo e podem crescer novamente como uma série de hastes ou postes delgados. Elas são usadas para estruturar pequenas construções, que incluem pequenas casas, galpões, vagões e outros itens importantes, como móveis, cabos de ferramentas etc. Os bosques de talhadia são normalmente limitados a espécies como avelã, choupo, faia ou freixo.[5]

O máximo de volume e uma área mínima de superfície

O primeiro princípio da construção tradicional é incluir o volume máximo possível usando o mínimo de materiais, minimizando a área de superfície. Isso é limitado pelos materiais disponíveis, é claro, mas uma característica de toda construção tradicional é uma forma muito simples no geral, com projeções muito limitadas. Esse princípio produz grandes áreas de paredes planas perfuradas por aberturas apenas para janelas e portas. As janelas salientes parecem ter aparecido apenas com a Revolução Industrial. Uma exceção são as formas muito elaboradas de exibição nas fachadas dos palácios urbanos que chegam com a riqueza gerada pelo comércio de lã. Aqui, todas as regras de construção tradicional são exibidas de forma distinta e com decoração ostensiva. Voltando à nossa hipotética moradia tradicional, é provável que a decoração seja limitada apenas a portas e janelas, e pouco abrangentes. Certamente, também não veremos mais de uma janela por quarto, e apenas uma acima ou ao lado da porta principal, dando ênfase a todas. Nas regiões mais frias, as salas principais são bloqueadas das correntes de ar com antecâmaras e ves-

5 Para ler um relato completo sobre a gestão tradicional de florestas no Reino Unido, ver: Rackham, Oliver. *The History of the Countryside*. Londres: J. M. Dent, 1986.

tíbulos menores. Em regiões úmidas, deve-se tomar cuidado para alinhar as aberturas de modo a permitir a passagem livre das brisas refrescantes.

Construa para incluir um espaço aberto

Nas zonas urbanas, os construtores tradicionais colocavam as casas na parte frontal do terreno. Com o espaço aberto privado limitado e a prioridade de garantir os terrenos e os bens, não havia como afastar as casas da estrada. A parede frontal de uma casa era a parede externa do espaço público. A privacidade era garantida com a elevação do nível do piso, para que os peitoris das janelas estivessem acima da altura dos olhos de quem passasse. Com o tempo, edifícios adicionais seriam erguidos nos contornos lateral e traseiro para proteger o terreno de invasão. Atrás da habitação, um pátio ou jardim lateral dava acesso a edifícios menores para animais, armazenamento, processamento de alimentos, oficinas e outros usos auxiliares. O espaço era frequentemente usado para coletar água para a família, com exemplos sofisticados de uso de um poço central para coletar do telhado e da pavimentação a água, que era filtrada através de leitos de areia para remover impurezas. Com espaços ao redor que se abriam diretamente para o pátio, era um local animado e social dentro da casa, com mais espaços privados localizados longe do pátio, provavelmente pavimentado, com alguns canteiros ou vasos pequenos para flores perto da casa.

Os acabamentos refletem o uso dos quartos

Se dentro da casa houvesse um familiar com mais posses, um dos quartos seria mais bem construído e bem-acabado do que todos os outros, e seu uso seria restrito apenas a ocasiões especiais. Em famílias mais simples, haveria apenas um quarto ou apenas uma sala principal. Esses princípios também se aplicavam aos corredores da casa: a estrutura aberta seria construída com a melhor vista de cada estrutura voltada para o final do corredor do proprietário, longe da porta de entrada. O projeto seria um retângulo simples, ou uma série de retângulos, com as únicas irregularidades provenientes do local ou acidentes da história da construção. A sala mais importante seria a maior. A decoração seria diferenciada em toda a casa, com as melhores molduras e acabamentos reservados para os melhores quartos, as melhores janela e acabamentos de janela reservados para a rua da frente da casa.

Faça quartos de 5,5 metros

De longe, a maioria dos edifícios tradicionais europeus é construída em um sistema baseado em vãos de 5,5 metros. É uma margem confortável em relação ao comprimento máximo de cerca de seis metros de madeiras facilmente disponíveis – um padrão que parece ter sido aplicado o tempo todo – e, o mais importante, permite que duas fileiras de animais sejam amarradas dentro, de frente para as paredes, deixando um espaço para caminhar pelo centro. A dimensão permite um espaço confortável em torno de uma mesa central e pode ser dividida em duas salas menores com facilidade. Na Inglaterra, na França e no norte da Itália, essas salas eram cobertas por uma série de vigas de madeira menores colocadas na parte da frente e de trás, apoiadas sobre duas vigas de madeira principais paralelas à fachada. A dificuldade de obter estas últimas madeiras pode ser vista em casas mais pobres, com madeiras tortas, dobradas, afinadas ou reutilizadas de alguma estrutura antiga. Nas casas mais ricas, grandes madeiras retas eram ornamentadas com chanfros decorativos e ricamente pintadas. O revestimento depende da disponibilidade de placas. Na Inglaterra, os pavimentos superiores eram geralmente tábuas largas, cobertas com gesso e cal. Na França e na Itália, era comum fazer a ponte entre as vigas de madeira com piso de terracota, sustentada por uma camada de cal, formando um piso muito sólido e à prova de som.

Afaste a chuva e faça um loft *útil*

O telhado é um dos elementos mais importantes em qualquer edifício tradicional. Manter a chuva fora da construção e afastá-la das paredes é essencial. O princípio aplicado parece ser o de criar espaços úteis, minimizando a altura dos beirais e o número de junções no próprio plano do telhado. Os telhados mais tradicionais são estruturados com madeira ou estacas de madeira, com uma viga cuidadosamente colocada para minimizar o uso de madeiras pesadas. Assim, edifícios vernaculares simples são assentados diretamente em uma placa de parede usando vigas principais amplamente espaçadas e pequenas vigas comuns apoiadas em madres em seu vão médio. Em edifícios simples, paredes internas podem muito bem ser utilizadas para sustentar partes do telhado. Estruturas maiores e mais importantes são em geral fixadas em toda a extensão, independentemente de o suporte estar disponível internamente. As estruturas do telhado não são totalmente trianguladas, de modo a deixar espaço útil para o depósito e o sótão. A inclinação do telhado é proporcionada por razões numéricas simples ou ângulos construídos usando compassos, nunca como ângulo.[6] Em certas construções tradicionais, a inclinação é baseada na impermeabilidade do material de cobertura em situações de vento. É por isso que as casas nos Alpes, onde há neve regular, têm um telhado com baixa inclinação, de cerca de 1:4, enquanto as casas na chuvosa Londres, onde a neve é incomum, têm uma inclinação mais acentuada. A diferença é que os telhados de placas de pedra usados em grande parte dos Alpes são relativamente à prova de água, pois são construídos com grandes placas irregulares com muitos espaços para a circulação de ar, enquanto os telhados tradicionais em Londres foram construídos com pequenas telhas de barro queimadas que precisavam ser sobrepostas três vezes em uma inclinação de cerca de 3:4 para manter a chuva afastada. Mais tarde, os telhados de Londres feitos de ardósia galesa tiveram a inclinação reduzida para cerca de 1:2 ou menos.

Animais embaixo, feno em cima: e outras estratégias de armazenamento

As casas tradicionais abrigavam mais do que o núcleo familiar. As residências abrigavam "familiares", e não famílias, e eram o centro de um sistema de produção agrícola que incluía animais, trabalhadores, ajuda doméstica de vários tipos e grandes volumes de alimentos armazenados e provisões. Na Europa, uma casa podia incluir, por exemplo, um enorme *loft* no espaço do telhado usado para armazenar provisões secas, como feno e grãos, junto com grandes porões e adegas para animais, óleos, queijos, frutas e outras conservas. A família podia ocupar apenas um andar da casa; abaixo, os animais forneciam calor no inverno, e acima, o feno isolava as salas principais do frio. O projeto de uma casa simples pode incluir alojamentos para animais sob o mesmo teto, mesmo nos cômodos compartilhados em casas muito simples. Junto com os cavalos, cães e gatos mantidos para o controle de pragas, a casa tradicional abrigava mais do que humanos. O planejamento de casas maiores era composto de vários "apartamentos", consistindo em três quartos que variavam de pequeno a grande e com uma abertura entre eles. Cada apartamento dava para um salão central que servia como uma sala de recepção para estra-

6 Para ler uma discussão acessível sobre sistemas de dosagem, ver: *Proportion in Architecture, the Arts and Nature*. Disponível em: proportions.de.

nhos. Somente os amigos mais privilegiados teriam permissão para entrar em um apartamento. As casas maiores de moradores mais ricos ainda abrigavam animais, armazenavam ração, comida e vinho, mas, longe das salas principais e organizados em uma composição maior e mais consciente. A combinação de armazenamento e casa permitiu que uma família planejasse os anos magros e sobrevivesse à fome de uma maneira completamente desconhecida hoje, quando é comum entregas *just-in-time* e supermercados com apenas dois dias de capacidade de estoque.

Construa para a manutenção e o reparo cíclicos

Os materiais tradicionais não são necessariamente duráveis, mas sempre podem ser reparados. Como vimos, o ciclo da cal é um *loop* infinito. Os tijolos e as pedras danificados ou deteriorados podem ser removidos de uma parede e substituídos. A lavagem com cal, um acabamento externo macio feito com cal, água e ocre, pode ser aplicada facilmente sobre uma demão mais velha, sem lixar, raspar ou outra preparação. As telhas ou ardósias individuais quebradas são facilmente removidas e substituídas, se necessário. As madeiras afetadas pela podridão ou por brocas podem ser cortadas e uma nova seção é unida para criar uma estrutura tão boa quanto nova. Janelas de madeira podem ser reparadas de maneira semelhante. E, em todos os casos, os materiais estão prontamente disponíveis na mesma ou em outras fontes próximas. A cal, a pedra, o tijolo, o gesso, a madeira e outros materiais naturais nunca são substituídos por um modelo mais novo, não se tornam ultrapassados ou são retirados da produção. Esses ciclos de reparo e renovação ecoam os ciclos de crescimento e declínio no mundo natural e fornecem empregos locais para as oficinas de construção e para pedreiras, silvicultores, serrarias e fornos de cal. Todo o ciclo apoia e é apoiado pela economia local e o dinheiro é mantido na comunidade. Os reparos se tornam uma parte normal da vida e podem se converter em rituais de renovação e nova vida.[7]

7 Como nos exemplos bem conhecidos do santuário de Ise, no Japão, e a reforma anual das mesquitas no Mali.

Aqueça apenas os espaços principais

Os edifícios tradicionais eram econômicos com o calor, pois a madeira era um recurso valioso que precisava ser consumido durante o inverno. Com um fogão que funcionava a maior parte do ano, em casas simples, a cozinha se tornou um espaço natural para a família se reunir para socializar e compartilhar refeições. Em famílias maiores ou mais ricas, uma pequena sala seria aquecida no inverno, com um salão maior aberto ao norte, servindo para entretenimento no verão. As persianas externas e internas mantinham o calor fora da casa no verão e afastavam o frio no inverno. Tapeçarias e painéis de parede ajudaram a manter um pouco a temperatura mais elevada. As demais necessidades de aquecimento eram supridas por roupas quentes e, em climas muito frios, pelo calor dos animais que viviam no andar de baixo. Em casas grandes, salas específicas eram usadas em diferentes momentos do dia e do ano. Muito cuidado seria tomado com a posição das salas, com pequenas salas de inverno voltadas para o sol, quartos a leste, salas de jantar a oeste e salas de verão ao norte. As camas em países frios eram embutidas ou cobertas com cortinas. Ninguém esperava aquecer ou esfriar uma casa inteira a uma temperatura constante ao longo do ano.

Matthew Hardy, PhD, é professor sênior de arquitetura e urbanismo na The Prince's Foundation, onde ficou até 2001, quando estabeleceu a International Network for Traditional Building, Architecture & Urbanism (INTBAU), tendo sido seu secretário até o início de 2009. Após esse período, retornou à fundação para cuidar dos programas de educação acadêmica, lecionou e fez diversas publicações em apoio ao INTBAU, organizando, com Robert Adam, o livro *Tradition Today: Continuity in Architecture and Society* (2008) e, sozinho, o livro *The Venice Charter Revisited: Modernism, Conservatism and Tradition in the 21st Century* (2009). Deu aulas em cursos e programas de verão como pesquisador visitante honorário na University of Oxford, como professor visitante na University of Notre Dame e como professor na University of South Australia. Mantém um escritório de arquitetura e design urbano na Europa e na Austrália desde que se registrou como arquiteto em 1983. É doutor em história da arquitetura pela University of Wales, bacharel em arquitetura pela University of Adelaide e diplomado pelo The Prince of Wales's Institute of Architecture. É membro da Royal Society of Arts (RSA), do Royal Institute of British Architects (RIBA) e do Royal Australian Institute of Architects (RAIA), e foi presidente do Council for European Urbanism (CEU).

Cordelia Olatokunbo Osasona apresenta um relato cativante das técnicas tradicionais de construção de uma etnia iorubá localizada na Nigéria e de como essas técnicas evoluíram ao longo dos anos. A autora relaciona os detalhes de construção, escolha de materiais e de seus processamentos, entre outros aspectos, com os contextos social e cultural mais amplos nos quais essas escolhas são feitas. A professora declara em sua conclusão: "A forma tradicional de construção, em qualquer cultura, deve ser o ponto de partida na busca por uma cultura de construção popular e socioculturalmente apropriada". Nesse sentido, Cordelia prestou um serviço valioso para sua região, documentando em detalhes sua "forma tradicional de construção". Caso as tendências modernizadoras se revertam, por qualquer motivo, essa cultura poderá contar com o presente registro para voltar aos métodos tradicionais.

As formas e as técnicas tradicionais de construção na África

Cordelia Olatokunbo Osasona
Obafemi Awolowo University (OAU), Nigéria

Introdução

O presente trabalho coloca em evidência o povo Ijebu, da etnia iorubá, que vive na Nigéria, e analisa o desenvolvimento de sua arquitetura doméstica indígena. A vila de Iwesi, nos arredores de Ijebu-Ode, é usada como estudo de caso para esta pesquisa. Os anciãos da aldeia, servindo como informantes-chave, forneceram detalhes históricos não apenas de origens culturais como também de técnicas de construção, terminologia local para formas, materiais, técnicas e outras informações úteis. Uma crítica à arquitetura indígena local (em termos de formas, técnicas e materiais usados) foi o principal impulso para a pesquisa realizada.

Ao longo do estudo, descobriu-se que a técnica de construção mais popular é aquela que usa *cob* – uma mistura de argila, areia, água e palha – e apresenta plantas invariavelmente retilíneas. Um domicílio típico ora assume a forma de um agrupamento de áreas habitacionais centrado em um implúvio, ora apresenta unidades separadas menos aglomeradas, unificadas essencialmente por trocas socioculturais. A cozinha tradicional, uma das principais instalações auxiliares de uma casa típica iorubá, apresenta improvisações para aumentar seu valor utilitário.

Descrição do povoado

Mais de 70% da parte desenvolvida da atual cidade de Ijebu-Ode é destinada a edifícios residenciais. Edifícios tradicionais com paredes de barro se mantêm lado a lado com blocos modernos, com vários andares, de tijolos de adobe. A transição, na maioria das vezes, foi muito gradual e é geralmente motivada por *status*: um pequeno comerciante, que começa morando em uma casa de terra de quatro quartos, sente que deveria se mudar para uma de seis, feita de blocos de laterita unidos com cimento, em sintonia com um grande *boom* nos negócios e uma "promoção" ao *status* de "empresário".

Na maioria das vezes, o padrão do povoado é aleatório. Uma localização central do palácio do *awujale* – governante tradicional ou do obá (rei) – é, no entanto, aparente. Isso não ocorreu por um planejamento deliberado, mas pelo fato de que antigamente era costume os súditos do obá construírem suas casas em torno do palácio por todos os lados, de modo que, com o tempo, aquele se tornasse o centro do povoado. Na vila de Iwesi, no entanto, a casa do chefe da vila (*baale*) está situada nos arredores do povoado. Talvez isso não seja tão surpreendente quando se considera que a aldeia é muito pequena e que o *baale* é mais ou menos uma figura representativa, não tendo nenhum poder administrativo atribuído a ele. Na verdade, a vila está sob a administração direta do *awujale* e é conhecida apenas por seus percussionistas experientes, cujo dever é tocar no palácio do *awujale* durante os festivais.

Antigamente, também era costume ter um mercado – o principal – situado em frente (ou o mais próximo possível) do palácio. O equivalente a esse mercado central em Ijebu-Ode é o Odo-Egbo, próximo ao palácio do *awujale*. Outros mercados importantes são o Ita Osun e o Ita Ale, um mercado noturno – a palavra *ita*, no dialeto de Ijebu, significa "mercado". A maioria dos mercados da cidade é organizada em um sistema rotativo de cinco dias.

A forma tradicional de construção

No que diz respeito à construção na Iorubalândia, a palavra "tradicional" passou a significar não apenas os indígenas como também o tipo predominante de forma construída usando, em maior ou menor grau, materiais e técnicas locais.

Geralmente, na Iorubalândia a laterita é preferida para várias formas de construção (até hoje, quando é difícil referir-se ao atual estilo de construção como tradicional). Nos primeiros dias do assentamento, a laterita era usada em sua forma "bruta" e não moldada, em oposição à tendência atual de transformá-la primeiro em tijolos. Uma área de terra era separada como um "fosso emprestado", e a laterita era desenterrada por um esforço comunitário. Isso normalmente era feito durante a estação chuvosa, quando havia água em abundância para o processo de pisada (e condicionamento geral), que se seguia à escavação. Ela era então umedecida com água e pisada sob dezenas de pés descalços. Esse tratamento era repetido cerca de três vezes (por cerca de quinze dias), até a laterita ter uma textura macia e fina. Finalmente, era empilhada no local (chamado *atebo*) e coberta com grandes folhas de bananeira, a fim de evitar que endurecesse rapidamente.

Outro acessório importante da forma tradicional de construção foi a palmeira. Folhas de palmeira foram usadas com folhas largas de *gbodogi* (Sarcophrynium), para fins de revestimento, e o caule foi cortado e usado como treliças e madres de cobertura na estrutura do telhado. Hoje, o teto de fibra foi substituído por chapas metálicas onduladas – ou mesmo por fibrocimento. As vigas eram geralmente feitas do coqueiro (que foi queimado para maior resistência) ou dos galhos de outras árvores – escolhidas por sua dureza e resistência a cupins. O dendezeiro, o coqueiro e outras árvores já estavam disponíveis nas florestas.

As técnicas de construção

Inicialmente, não havia membros específicos da sociedade ocupados no comércio da construção como forma de ganhar a vida (como existem agora); todo homem digno deveria construir sua própria casa (embora, invariavelmente, seus vizinhos se reunissem e o ajudassem).

Com os primeiros colonos, a forma predominante de construção era do tipo "pau a pique": as hastes de palmeira eram fixadas no chão (em fila dupla), a intervalos de cerca de quinze a 30 centímetros, e outras perpendiculares eram amarradas a cada fileira com trepadeiras, formando o contorno da construção no chão, e o espaço entre as fileiras duplas (cerca de 30 centímetros de largura) era preenchido com a laterita pronta. As hastes de palmeira serviam como reforço. A construção era então coberta com folhas de palmeira em uma armação de treliças, vigas etc.

O tipo seguinte de forma de construção acabou com o reforço do tronco da palma, e o uso da laterita, dessa maneira, era popular até o início da década de 1970, quando várias inovações foram feitas. Nesse sistema de construção, um homem decidia construir uma casa de quatro a seis quartos (geralmente com três metros quadrados cada um) e, quando ele começava, alguns de seus vizinhos apareciam para ajudar. Ele podia delimitar os quatro cantos de sua casa por quatro postes de madeira – que mais tarde seriam integrados à construção – ou não os usar. Em ambos os casos, uma fundação rasa (cerca de 30 centímetros) era então escavada. A laterita era então trazida do *atebo* pelos trabalhadores voluntários (uma forma de trabalho comunitário denominada *ebese*), que dariam uma "revisão" no local de construção. Vários trabalhadores assumiam posições de "pedreiros" (*onimonde*), enquanto os outros formavam uma corrente (ou várias correntes), empenhados em jogar a laterita de um para outro, até que finalmente alcançassem os "pedreiros" – um procedimento chamado *ju si mi, ki nju si* o (que, literalmente, significa "jogue para mim e eu jogarei para você"). A fundação era feita e deixada secar por cerca de três a quatro dias, depois as paredes da casa eram construídas gradualmente, com uma pausa depois de um espaço de 45-60 centímetros, para permitir que a laterita secasse por alguns dias. Havia duas alternativas de textura para o acabamento da parede. No caso de um acabamento bastante suave, após cada sessão de construção, o *onimonde* (pedreiro), suavizava a superfície da parede raspando com uma "faca" de madeira. A segunda alternativa – a mais popular – era deixar a parede levemente irregular e áspera; isso foi particularmente útil na fabricação do *oguso* – acendimento do fogo –, já que a superfície da parede era usada como um tipo de molde no qual a polpa da palmeira era presa, a fim de permitir que secasse. As paredes tinham cerca de 30 centímetros de espessura e, no decorrer da construção, restavam as aberturas trapezoidais das portas e janelas. Nos dias anteriores à inovação das persianas, essas aberturas eram muito pequenas (30-45 centímetros), para não entrar assaltantes, altas (cerca de 1,5 metro do chão), para desencorajar pessoas a espiar, com os beirais também altos, para proteger da chuva.

O sistema de cobertura era bastante complexo e havia várias alternativas. A construção básica foi um sistema de vigas de coqueiro (ou outro galho de árvore) com treliças e madres de cobertura (como já mencionado). Uma maneira de colocar o telhado era deixar os lados abertos; isso invariavelmente gerava um telhado de duas águas. O teto rebaixado era o outro tipo de telhado muito popular. Em qualquer um dos casos (antes da inovação dos pregos), as vigas eram passadas através de orifícios feitos para elas no topo das paredes, e todos os componentes eram amarrados com trepadeiras resistentes. Tapetes de fibras de grama eram amarrados às vigas do interior da construção, constituindo o teto (em algumas casas, isso foi dispensado), e a estrutura do telhado era coberta com uma camada muito grossa de folhas de palmeira sobre outra camada bastante espessa de folhas de *gbodogi*. A espessura servia para impedir que chovesse dentro da casa e a camada superior das folhas estava firmemente presa à estrutura de madeira embaixo, amarrada com trepadeiras. Todo o processo de cobertura é denominado *yele*.

A construção servia apenas como residência (ou seja, era uma coleção de salas de dormir/de estar, a última conhecida popularmente como "sala de estar"), com talvez uma sala de trabalho para o homem da casa, se sua ocupação pudesse ser realizada com segurança dentro de casa (por exemplo, como no caso de um *baba l'awo*, um curandeiro tradicional ou adivinho). A cozinha (*akata*) era bastante separada da casa, sendo uma construção completamente isolada.

Essa cozinha também era construída em laterita, mas em uma escala muito menor do que a casa principal. As janelas eram grandes e baixas – para deixar sair a fumaça e entrar bastante ar. O telhado era igual ao da casa, mas sem o teto de tapete, de modo que as vigas fossem visíveis e facilmente acessíveis para ocultar as bugigangas. A cozinha também servia de celeiro, não havendo necessidade de grandes estruturas de armazenamento separadas, pois os produtos agrícolas eram estritamente para consumo doméstico, e não para comércio. Uma prateleira de galhos de árvores montada na parede de barro era enfeitada com espigas de milho que haviam sido deixadas em seus cascos para secar primeiro, com o revestimento externo sendo usado para amarrá-los. O milho era queimado de tempos em tempos para preservá-lo de pragas. As conveniências como uma latrina e um banheiro também eram separadas da casa e nada mais eram do que um caule de palmeira ou uma tela de bambu com, ocasionalmente, uma ou duas folhas jogadas por cima.

As paredes da casa eram revestidas com uma mistura chamada *eboto* – estrume de vaca combinado com carvão e folhas verde-escuras especiais (*ejinrin*) para formar uma pasta bastante grossa, que dava às paredes um acabamento escuro, brilhante e à prova de água. As entradas eram cobertas com um tapete ou providas de portas pesadas de troncos cortados, que eram transportados pelos moradores e colocadas à noite ou sempre que fosse necessário.

Os muros, embora comuns no passado, desapareceram por completo (ou quase). Eles eram de laterita (nesse caso, uma continuação das próprias paredes da casa dentro do complexo) ou de varas de bambu/hastes de palmeira entrelaçadas com trepadeiras e vinhas. Os muros cercavam a casa principal, a cozinha, o vaso, o banheiro e em eventuais construções uma cabana para o gado. Hoje, onde há cercas, elas delineiam invariavelmente a propriedade de um indivíduo – não necessariamente um agrupamento da mesma família.

Como observado anteriormente, as técnicas de construção sofreram várias alterações, uma das quais sendo a mudança do uso de folhas de palmeira para chapas onduladas (metal ou amianto) para os telhados. Isso foi acompanhado por uma redução do nível da janela e pela introdução de persianas para essas janelas, que se tornaram maiores. Atualmente, as portas também estão em uso. Talvez a coisa mais significativa sobre a forma tradicional de construção "moderna" seja o fato de a laterita agora ser transformada em tijolos antes do uso. Esses tijolos são de dois tamanhos principais (aproximadamente 30 por 23 por 13 centímetros e 30 por 12 por 13 centímetros) e não exigem um alto padrão de acabamento. No processo de construção, os tijolos são mantidos juntos com argamassa de areia e cimento e rebocados com a mesma mistura. Também houve a introdução de placas de fáscia na estrutura do telhado. Até hoje, a camada de tinta ainda é opcional – o que é mais um reflexo das realidades econômicas do que uma indiferença estética. Geralmente, as dependências externas – latrinas e anexos – mantêm suas posições fora da casa principal (embora também aqui tenha havido um toque de modernidade, pois, em geral, as folhas de palmeira foram substituídas por chapas metálicas onduladas). Algumas construções, no entanto, com seus proprietários empenhados em declarar que são socialmente "astutos" (com base nas concessões ao progresso que precisavam ser feitas em função da cidade principal estar invadindo gradualmente Iwesi), apresentam as casas de banho como apêndices nas áreas atrás das casas. Além disso, cada vez mais, a cozinha, como um prédio separado, foi substituída em sua função de cozinhar, usando para a atividade o espaço dentro do enorme corredor central da maioria das casas.

Uma entrada principal, na qual um portão de madeira é usado em conjunto com uma porta, é bastante comum. Os pedaços de madeira que formam esse portão podem ser lindamente esculpidos e pregados lado a lado em duas peças perpendiculares que correm para cima e para baixo.

Os cômodos eram geralmente combinações de quarto e sala de estar e podiam servir como um depósito de alimentos, como inhame e mandioca, ou como uma oficina. No caso em que o quarto também era a oficina, ele era maior que o normal e podia ser dividido em dois – com pano ou tapetes. No caso de um pátio não estar totalmente desenvolvido, a parte não construída servia de *playground* para as crianças e abrigava o gado que ficava vagando durante o dia. Os pátios também eram usados para entretenimento durante as festividades. (Na vila de Iwesi, no início, esse era o único local disponível para os festivais, pois o *status* da vila era tal que não exigia um grande espaço para festividades elaboradas.)

A adequação funcional

De muitas maneiras, os materiais empregados na forma tradicional de construção eram bastante adequados para os fins a que foram aplicados. O uso de laterita na construção era uma boa medida econômica, uma vez que ela estava prontamente disponível e não custava nada. Quando seca (depois de ter sido cuidadosamente preparada), apresentava uma superfície muito dura, capaz de resistir ao teste de intensa insolação e fortes chuvas (desde que auxiliada por uma generosa saliência no telhado). A palha para o telhado também estava prontamente disponível e funciona muito bem como interceptor térmico (ou seja, impede que todo o impacto da radiação do sol seja transmitido para o interior da construção). Quando colocada de modo inclinado e bem espessa, também impede que a água da chuva entre na casa. Usando materiais como a laterita e a palha, uma construção pode ser mantida de maneira fácil e barata para proporcionar o abrigo e o conforto para que foi projetada.

Um telhado de chapa de metal, enquanto permanecer novo e brilhante, desempenha as mesmas funções que um telhado de palha, embora a um custo muito maior. (A superfície brilhante reflete a maior parte do calor que incide nela – em comparação com a técnica de armazenamento e filtragem de palha.) Quando enferrujada, no entanto, tende a transmitir a maior parte desse calor para o interior do edifício, criando uma atmosfera semelhante a um forno, o que sem dúvida é muito desconfortável. No que diz respeito à durabilidade, a chapa ondulada tem uma borda sobre o telhado de palha que precisa ser trocada com certa frequência (geralmente, não mais que cinco anos).

Conclusão

Levando em consideração toda a estrutura consagrada, percebe-se que a forma tradicional de construção foi uma resposta direta ao modo de vida tradicional do povo Ijebu. Seus modos simples e pouco sofisticados se refletiam em suas construções sem complicações; sua confiança espontânea na natureza para sobreviver também podia ser vista ao se voltarem para ela a fim de encontrar os materiais para construir suas habitações. As casas de terra com seus telhados de palmeira se misturavam em perfeita harmonia com a paisagem da terra virgem. A natureza orgânica da configuração da forma doméstica tradicional prestava-se prontamente à sua estrutura social; no caso de um aumento significativo no tamanho da família, cômodos adicionais poderiam ser planejados sem grande transtorno para a construção. O recurso para as ampliações ocasionais era o fornecimento de colchões, que podiam ser espalhados em quase qualquer lugar.

A forma tradicional de construção, em qualquer cultura, deve ser o ponto de partida na busca por uma cultura de construção popular e apropriada social e culturalmente. Isso é particularmente verdadeiro para as economias em desenvolvimento. Os arquitetos modernos nessas regiões do mundo deveriam estudá-la e melhorá-la, tendo em mente o fato de terem resistido ao teste de várias centenas de anos de inovações e, em grande parte, perduraram – apesar delas.

Este artigo foi originalmente publicado como: Osasona, Cordelia O. Traditional Building Forms & Techniques, Ijebu-Ode, Nigeria: With Particular Reference to Iwesi, a Village on the Outskirts of the Town. *INTBAU Essays*, v. 1, n. 18, 2014. Disponível em: intbau.org/wp-content/uploads/2014/10/TraditionalBuildingFormsTechniquesIjebu-OdeNigeria.pdf. Reproduzido mediante autorização.

Referências

Denyer, Susan. *African Traditional Architecture: An Historical and Geographical Perspective*. Londres: Heinemann, 1978.

Dmochowski, Zbigniew R. *An Introduction to Nigerian Traditional Architecture*. vs. 1-3. Londres: Ethnographica, 1990.

Gardi, René. *Indigenous African Architecture*. Nova York: Van Nostrand Reinhold, 1973.

Nigeria. Ministry of Local Government and Information. Information Division. Abeokuta, Ijebu-Ode Government Printer.

Osasona, Cordelia O. *Ornamentation in Yoruba Folk Architecture: A Catalogue of Architectural Features, Ornamental Motifs and Techniques*. Ibadan: BookBuilders Editions Africa, 2005.

Rudofsky, Bernard. *Architecture Without Architects: A Short Introduction to Non-Pedigreed Architecture*. Londres: Academy Editions, 1964.

Cordelia Olatokunbo Osasona é uma arquiteta nigeriana membro do Nigerian Institute of Architects (NIA). Cursou a graduação e o mestrado em arquitetura na Obafemi Awolowo University (OAU), em Ifé (Nigéria), onde foi a primeira arquiteta mulher a se formar e onde também fez mestrado em história da arte, foi professora-adjunta e chefe de arquitetura (2006-2009). Desde sua nomeação, em 1985, ministra cursos diversos, que incluem desenho à mão livre, gráficos arquitetônicos, história da arquitetura e conservação e restauração arquitetônica – conhecimento que usou para liderar o envolvimento dos estudantes na valorização dos bens patrimoniais em Ifé. Ao longo dos anos, também coordenou as atividades do Design Studio para várias turmas. Em 1992, por ocasião de uma bolsa concedida pelo British Council, esteve no Centre for Architectural Research and Development Overseas (CARDO), da University of Newcastle upon Tybe (Reino Unido).

No segundo artigo deste módulo, que descreve abordagens vernaculares de construções sustentáveis, Thana Uthaipattrakoon apresenta um relato histórico das técnicas tradicionais de construção na Tailândia. Como em qualquer outro lugar, a escolha dos materiais foi feita a partir do que estava disponível na natureza – neste caso, o bambu. Ao longo dos anos, no entanto, os materiais tradicionais foram associados à "pobreza", e agora todos querem uma casa de concreto para mostrar quão ricos são! Uma contribuição importante do artigo está no esforço do autor em dissipar a tendência de romantização da "vila tradicional". Thana, arquiteto formado em uma das escolas mais inovadoras da Ásia, também descreve suas próprias experiências, introduzindo a "casa de barro" como uma alternativa ao concreto.

A bioconstrução na Tailândia

Thana Uthaipattrakoon
Arsom Silp Institute of the Arts, Tailândia

Desde a "era do homem das cavernas" até uma época em que os seres humanos começaram a desenvolver técnicas reais de construção de casas, a bioconstrução revelou-se uma habilidade humana básica que necessita apenas de materiais simples à disposição. Durante esse longo período de gestação, os seres humanos estavam aprendendo sobre as relações básicas entre sociedade local e geografia, clima, flora e fauna, e assim por diante. A partir disso, a bioconstrução se transformou em uma arquitetura vernacular mais sofisticada, única, a depender das diferenças do cenário local.

O sudeste asiático é muito úmido, com abundantes recursos da floresta, da biomassa e da biodiversidade. Antigamente, embora existissem milhares de variedades de árvores e muita madeira para construção, as máquinas de colheita e moagem de madeira ainda não haviam sido desenvolvidas. A maioria das casas era feita de bambu e com telhados cobertos com folhas. Somente as casas das pessoas mais ricas com criados, as construções para a família real e os edifícios religiosos eram construídos com madeira e tijolos queimados.

A madeira de teca é um dos produtos econômicos mais importantes da Tailândia. As exportações para a Europa começaram em 1777 – quando comerciantes britânicos fizeram um acordo com os governadores das províncias do norte – e duraram até 1896. Durante a época do rei Rama V (1868-1910), o governo estabeleceu seu primeiro departamento florestal, que desenvolveu um sistema de concessão florestal e convidou um britânico, o senhor Herbert Slade, para ser o primeiro diretor-geral encarregado de monitorar essa concessão.

No entanto, como se estivesse contratando uma raposa para cuidar do galinheiro, a concessão levou ao desmatamento generalizado em todo o país. Em 1961, a floresta foi reduzida para 53% do que era e, em 1978, restava apenas 34% dela. Esse rápido desmatamento resultou em problemas ambientais em toda a Tailândia, como secas e inundações em muitos lugares. Por causa desses desastres ecológicos sem precedentes, em 1989 o governo decidiu fechar a concessão permanentemente. Naquela época, a Tailândia tinha apenas 28% de sua cobertura florestal original.

Além da concessão, a Tailândia também testemunhou um novo fenômeno: a influência ocidental nas práticas agrícolas locais para promover o cultivo de monoculturas para exportação. Isso foi resultado do primeiro Plano Nacional de Desenvolvimento Econômico e Social introduzido pelo Banco Mundial após a Segunda Guerra. A adoção do modelo de desenvolvimento no estilo ocidental trouxe a Tailândia para dentro da economia global, com o rápido desenvolvimento de infraestrutura e serviços públicos, como a construção de estradas, ferrovias e reservatórios para geração de energia. Todas essas novas construções reduziram ainda mais a cobertura florestal. Como um símbolo de entrada no modelo moderno de desenvolvimento ocidental, essas construções foram feitas sobretudo com concreto, um material rígido, relativamente caro e não reciclável.

As mudanças mais significativas ocorreram nas cidades, enquanto os moradores das áreas rurais ainda viviam harmoniosamente com a natureza, nutrindo uma vida mais simples. Eles continuaram usando materiais naturais locais para a construção. Eventualmente, a "onda do desenvolvimento" também invadiu as áreas rurais. Por razões monetárias, alguns dos moradores foram incentivados a danificar a floresta para cultivar monoculturas. Alguns foram até deportados de acordo com a atitude seletiva imposta pelo departamento florestal, que acreditava que os moradores estavam destruindo a floresta, quando, na verdade, eram os contrabandistas do mercado clandestino que estavam por trás das pilhagens desnecessárias. O departamento usa a Lei da Reserva Florestal, pela qual o governo pode anunciar que a comunidade e sua floresta são subitamente uma área de "reserva", para deportar pessoas, uma distinção que as proíbe de morar na área.

Com o ritmo acelerado do desmatamento, a Tailândia teve que importar madeira – um importante material de construção da arquitetura vernacular – dos países vizinhos pela primeira vez. Como os preços subiram a ponto de as pessoas não poderem mais comprar essas madeiras importadas, elas substituíram a madeira por concreto e blocos de concreto. Esses materiais se tornaram o padrão para a construção na Tailândia e continuam sendo usados até os dias atuais.

Tradicionalmente, o bambu era o material mais presente para a construção em áreas remotas, escolhido pela cultura da aldeia. A vantagem do bambu é que ele é bastante abundante, leve, fácil de trabalhar e de rápido crescimento. No entanto, o uso do bambu se tornou controverso quando a lei tailandesa começou a identificá-lo como um material de construção temporário; portanto, o proprietário de uma casa de bambu não poderia obter a cidadania porque, em um registro do censo, essas pessoas são oficialmente consideradas transitórias. Por essas razões, as pessoas do povo das colinas, que têm forte vínculo tradicional com as casas de bambu, foram forçadas a mudar. Se elas não estivessem cadastradas no registro do censo, não poderiam obter um cartão de identificação. Isso significa que eles não seriam tecnicamente "tailandeses" e, portanto, não poderiam usufruir da previdência social ou de benefícios do governo.

Quando o bambu não pode mais ser usado e o concreto e a madeira se tornam cada vez mais caros, possuir uma casa segura construída pelas próprias mãos parece fora de alcance.

Em 2002, a criação do Mud House Project (Projeto Casa de Barro) possibilitou uma nova visão e uma nova solução para a sociedade tailandesa. O projeto começou a divulgar e apoiar a ideia de que as pessoas construíssem a própria casa usando materiais locais simples com a participação da comunidade. A principal estratégia do projeto era realizar *workshops* em localidades por toda a Tailândia, usando processos participativos de aprendizado. Embora a "casa de barro" possa não ser a melhor solução para todos, certamente pode ser uma alternativa viável para certos grupos em determinados contextos. Desde o início, o Mud House Project se concentrou no desenvolvimento das comunidades locais. Tornou-se muito interessante, no entanto, descobrir que a maioria das pessoas interessadas na casa de barro vem da cidade. Talvez isso aconteça porque as pessoas que vivem na cidade se sentem distantes da natureza e anseiam por seu toque reconfortante. Entretanto, a casa de barro não é uma solução muito viável para áreas urbanas. A combinação de um estilo de vida acelerado, nenhum material local disponível e nenhuma estrutura legal de suporte torna a construção de casas de barro na cidade não apenas contra a lei como também muito cara, uma vez que todo o material precisa ser comprado e importado, além da contratação de trabalhadores e artesãos externos.

Nas áreas rurais, a maioria das pessoas não aprecia tanto a graciosa simplicidade da casa de barro. Muitos moradores estão mudando seu antigo estilo de vida sustentável e agora buscam o que o dinheiro pode comprar; no mercado de construção, isso geralmente significa uma casa de concreto.

Quando comecei a trabalhar com o Mud House Project, tive a oportunidade de viajar pelo país. As coisas eram muito diferentes do que eu havia aprendido na faculdade. Um dos aldeões me contou que, atualmente, os fornecedores das grandes empresas se infiltraram em todos os lugares, até nas áreas mais remotas. Eles têm tudo que você poderia querer à venda, como legumes e frutas – e até comida instantânea no estilo ocidental e lanches produzidos em fábricas, como doces e refrigerantes. Os moradores preferem comprar esses bens de consumo, embora possam cultivar alguns deles em seu próprio quintal.

"Por que eles simplesmente não pegam coisas de sua própria horta para não terem que pagar por tudo?", perguntei, imaginando. "Porque eles querem mostrar a seus vizinhos como eles são ricos. Quem colhe coisas do quintal será considerado pobre", respondeu meu guia.

Nessa perspectiva e com essa atitude (pode-se dizer, "globalizadora"), construir casas a um preço razoável se tornou um símbolo de pobreza. Entretanto, possuir uma casa de concreto e as dívidas associadas a ela deu às pessoas a reputação de serem ricas e lhes trouxe respeito e admiração da comunidade.

Como bioconstrutor, há momentos em que as pessoas me procuram porque não têm opção de comprar uma casa. Em muitos casos, elas ficam tristes depois de nossa conversa, quando descobrem que a casa de barro também não é uma boa escolha para elas – porque não têm dinheiro ou tempo, ou vivem em uma área baixa e propensa a inundações, ou talvez não tenham acesso a materiais. Portanto, apesar de sua simplicidade e preço acessível, a casa de barro ainda não se encaixa em todas as circunstâncias ou necessidades.

Em minha opinião, o surgimento da casa de barro como alternativa incentiva as pessoas a fazerem perguntas sobre nossa sociedade em um contexto mais amplo, além de questões mais sérias como: "Existe alguma possibilidade de possuir uma casa sustentável sem nos endividarmos pelo resto de nossas vidas?". Penso nas pessoas que moram em ecovilas como um grupo que se considera inovador, pronto para buscar respostas e experimentar novos métodos, a fim de abrir caminhos para relações amistosas com o mundo.

Thana Uthaipattrakoon nasceu em 13 de dezembro de 1978 em Bangkok (Tailândia). Em 2000, se formou na Faculdade de Arquitetura da Silpakorn University e trabalhou como arquiteto júnior por um ano e meio. Viveu, estudou e trabalhou em Bangkok antes de ingressar na oficina de bioconstrução que o mudou para sempre. Decidiu deixar o emprego e se tornar um facilitador da construção com barro. Naquela época, os moradores estavam sendo ameaçados por um projeto de construção de uma barragem do governo. Thana realizou um evento de um mês para ajudar os moradores a construir suas próprias casas e construções comunitárias – toda uma comunidade feita em barro. Em 2005, tornou-se gestor em bioconstruções e atua no Arsomsilp Institute of Arts, em Bangkok. Existem seis centros de aprendizado sobre casas de barro que trabalham em estreita colaboração com o grupo de oficinas e muitos mais em toda a Tailândia hoje.

Martin Stengel é um entusiasta da construção sustentável! Neste manual para bioconstrução em climas temperados, o autor circula com habilidade entre o fornecimento de informações úteis baseadas na sua experiência e o compartilhamento do que em outros momentos é mais uma história curiosa. Martin mostra como a construção sustentável responde de modo adequado às questões em cada uma das quatro dimensões do currículo do Ecovillage Design Education (EDE); e ele vai além, justificando como a aceitação generalizada da bioconstrução será uma atitude sábia da evolução planetária. A saúde e a beleza que Martin vê como intrínsecas à construção realizada com materiais naturais tornam-se nada menos que inspiração para a alma.

As construções sustentáveis nos climas temperados

Martin Stengel
Sieben Linden, Alemanha

Introdução

Ter um lar acolhedor e seguro é uma de nossas necessidades básicas como seres humanos. Atender a essa necessidade é essencial para nosso bem-estar, nossa capacidade de encarar o dia com energia e alegria e oferecer nossa hospitalidade. A concentração do poder econômico nas grandes cidades tira as pessoas de suas casas nas áreas rurais, tanto nos países industrializados como nos países em desenvolvimento – portanto, novas moradias são urgentemente necessárias nas cidades em crescimento no mundo. Ao mesmo tempo, o padrão ecológico das necessidades básicas de moradia das pessoas, especialmente desde a Segunda Guerra Mundial, não estimula a saúde dos indivíduos nem suas necessidades para que a beleza cresça e se regenere. Além disso, essa moradia consome enorme quantidade de energia de aquecimento por causa do baixo padrão de isolamento, o que não é coerente com o que é necessário na atual situação ecológica do planeta. Portanto, acho que fica bastante claro: precisamos urgentemente modernizar e reconstruir nossas estruturas vivas! E não há necessidade de esperar por soluções milagrosas – tudo de que precisamos está prontamente disponível!

Considerações sobre climas temperados

As moradias em climas temperados exigem certas características que uma "boa casa" deve ter:

- altos níveis de isolamento em todas as partes, reduzindo a quantidade de energia necessária para ter um clima confortável no interior da casa e mantendo os custos de energia em um nível mínimo;
- espaço suficiente para morar e trabalhar no interior, pois o inverno pode ser frio e longo;
- boa resistência à umidade, pois os períodos de chuva também podem ser bastante longos;
- ciclo de vida durável, pois construir em climas moderados e frios é, em média, muito mais caro do que construir em climas quentes e úmidos;
- qualidade não tóxica e até benéfica à saúde, pois as pessoas passam muitas horas por dia dentro de quatro paredes;
- por último, mas não menos importante, beleza para estimular nossa criatividade e amor por nós mesmos, um pelo outro e pelo planeta.

Uma consideração cada vez mais importante para o projeto de novas casas é o fim esperado da energia barata e abundante dos combustíveis fósseis. Isso afetará o uso de muitos de nossos materiais de construção convencionais, que exigem altos insumos energéticos para sua produção e distribuição. O "pico do petróleo" inevitavelmente aumentará os preços da energia, de modo que a necessidade de maior eficiência energética está se tornando óbvia para todos. A necessidade de reduzir as emissões de carbono para mitigar as mudanças climáticas está enfatizando os mesmos tipos de perguntas. As consequências são que agora precisamos considerar não apenas como vamos aquecer e refrigerar nossos espaços, e em que quantidades, mas também como forneceremos os materiais necessários para construí-los. A energia para o aquecimento só pode ser fornecida de maneira renovável se a demanda média de energia de cada casa for significativamente reduzida. Não há área biologicamente produtiva o bastante neste planeta para produzir biomassa suficiente para atender às demandas energéticas de nossos edifícios altamente ineficientes.

Em 2009, durante o EDE realizado na ecovila de Sieben Linden no verão, o grupo de participantes criou uma lista de todas as qualidades esperadas para uma "construção sustentável" que se conectaria às quatro dimensões ecológica, econômica, social e visão do mundo. Depois de estudar a lista, percebemos que todas essas qualidades seriam atendidas por uma casa projetada e construída holisticamente, feita sobretudo com madeira, fardos de palha e argamassa de barro. Sieben Linden é um lugar onde todas as habitações foram construídas com esses materiais nos últimos dez anos: "Puxa, nós podemos fazer isso!".

Uma solução inteligente: a construção com fardos de palha

Construir com palha é uma tecnologia bastante antiga e ao mesmo tempo muito nova. Logo após as primeiras enfardadeiras começarem a mudar as características da agricultura tradicional, as primeiras casas simples de palha foram erguidas por trabalhadores pobres nas fazendas em Nebraska (Estados Unidos), uma região carente de madeira como material de construção. As casas mais antigas ainda existentes têm agora 100 anos, ainda estão em uso e em boas condições. Os métodos e estilos de vida modernos forçaram esse material de construção a desaparecer – até que, no final dos anos 1970, os pioneiros do pensamento alternativo nos Estados Unidos começaram a redescobrir esse material útil, compatível com um futuro consciente da energia. As últimas duas décadas podem ser vistas como o verdadeiro começo da construção com fardos de palha como uma tradição futura viável, com agora milhares de casas mais ou menos construídas pelos proprietários nos Estados Unidos, no Canadá, na Austrália, na China, na Mongólia e na maioria dos países europeus. É um movimento de crescimento rápido, muito criativo e, ao mesmo tempo, constantemente profissionalizante.

A seguir, tento classificar as características da construção de palha sob as quatro dimensões do currículo do EDE, sabendo que os leitores conscientes estão atentos ao fato de que muitos dos tópicos mencionados também se relacionam com outras dimensões além daquela em que estão listados.

O aspecto ecológico

Materiais renováveis, como fardos de palha e madeira, prendem o dióxido de carbono durante sua vida útil ao cultivar plantas e árvores. A escolha desses materiais para a construção de uma casa ecologicamente correta significa sequestrar carbono da atmosfera para a estrutura da construção por até 100 ou mesmo 200 anos. Se as plantas são cultivadas de acordo com os princípios da agricultura orgânica, como em combinação com outras culturas, a emissão de outros gases de efeito estufa, como óxidos de nitrogênio, pode ser evitada, e ainda mais carbono pode ser sequestrado pela construção de um novo solo (palavra-chave: "cultivo de carbono"). Compensando o balanço das emissões de dióxido de carbono durante a produção do material isolante e incluindo o carbono incorporado ao material, o uso de palha, em vez de lã mineral convencional, economiza cerca de 25 toneladas de dióxido de carbono – o que significa que a energia aplicada na fabricação da lã mineral pode ser aplicada de modo mais racional na construção de uma casa de palha e depois aquecê-la por cerca de dez a quinze anos.

Seguindo os princípios do design solar passivo e instalando um sistema de ventilação controlada com recuperação de calor, é possível atingir um consumo de energia de aquecimento de apenas quinze quilowatts-hora por metro quadrado. Esse é um consumo mais de dez vezes menor do que o de um edifício médio do norte e do centro da Europa! A quantidade restante de energia térmica necessária pode ser fornecida por sistemas muito modestos usando madeira, biogás e/ou energia solar. Se um investimento técnico mais alto for possível, sistemas solares com tanques de armazenamento solar sazonais, acompanhados de uma rede de aquecimento local, podem ser apropriados. Quando revestidas com argila ou cal, as paredes de palha podem reduzir adicionalmente a necessidade de aquecimento e resfriamento, moderando as temperaturas internas durante as mudanças nas condições climáticas ao longo do dia e do ano.

Entre 2002 e 2006, partes de Sieben Linden foram submetidas a estudos de pegada de carbono, realizados por universidades de Kassel e Berlim.[1] Os estudos constataram que as emissões para habitação eram 90% inferiores à média

1 Universität Kassel. *CO_2-Äquivalente verschiedener Lebens- und Wirtschaftsweisen*. Kassel, 2002; Technische Universität Berlin. *Stroh im Haus, statt Stroh im Kopf*. Berlim, 2006.

alemã, incluindo a construção e o aquecimento. No caso de uma construção com fardos de palha feita apenas à mão com materiais naturais e reutilizados, o resultado geral foi abaixo de zero, o que significa que agora mais dióxido de carbono é sequestrado nos materiais que foram incorporados do que o emitido durante o processo de construção.

Os fardos de palha e madeira podem ser produzidos sem quaisquer produtos químicos adicionais. São o material de isolamento mais barato disponível, que pode ser entregue em perfeita qualidade orgânica. No fim do ciclo de vida da construção, os três principais elementos – palha, madeira e argila (ou talvez cal) – podem ser facilmente descartados e restaurados na Terra. Simplesmente voltam ao ciclo natural, fertilizando um novo crescimento orgânico sem deixar resíduos problemáticos.

A promoção de economias regionais resilientes

A palha, a madeira e a argila como os principais recursos para uma casa de palha natural não precisam de grandes investimentos ou instalações de produção concentradas, que exigem longas distâncias de transporte para o consumidor. Os fardos de palha são o único material de construção fornecido diretamente pelas próprias fazendas produtoras, sem a necessidade de processamento industrial adicional. Os agricultores têm acesso a um novo mercado regional, fornecendo um produto de alto valor com base na produtividade biológica de sua região.

Essas são as razões pelas quais empresas e indústrias de larga escala até agora não estavam interessadas em desenvolver, testar, padronizar e patentear métodos de construção de fardos de palha. A comunidade internacional de construtores de fardos de palha está desenvolvendo e testando ela própria, de forma voluntária, motivada pelo fascínio das vantagens para a sociedade como um todo. Eles estão publicando a maioria dos resultados como "código aberto", em livros, filmes, revistas e uma infinidade de recursos da internet. Com a publicação de testes sob muitas condições diferentes e com as habilidades práticas aprendidas em oficinas, o crescente conhecimento é disponibilizado a qualquer pessoa interessada. Ao adquirir essas habilidades, esses pioneiros estão se preparando para a criação de comunidades resilientes, prontas para enfrentar a escassez de energia e outros recursos.

A disponibilidade de palha

Está disponível para fins não agrícolas, por exemplo, 20% da massa total anual de fardo de palha produzida na Alemanha (dados de 2003). Isso é mais do que suficiente para construir aproximadamente as 190 mil casas para uma ou duas famílias que são construídas na Alemanha todos os anos. Ainda assim, é importante mencionar que a palha não é um resíduo, como algumas pessoas gostam de chamá-la. A natureza trabalha em ciclos e tudo que é retirado dos campos precisa ser substituído para não esgotar a fertilidade do solo. Nossas casas de palha alimentarão florestas e campos após o fim de sua vida útil.

O trabalho *versus* o dinheiro

Na medida em que o estado de nossa economia global parece estar se distanciando do "confiável" e as pessoas em todo o mundo têm acesso variado ao capital financeiro, é uma declaração profunda de segurança e resiliência se a necessidade de rendimento financeiro puder ser reduzida pela autossuficiência econômica. Não apenas as pessoas podem cultivar alimentos em hortas próprias ou comunitárias, mas a construção de uma casa pode ser feita com suas próprias mãos e de alguns amigos ou parceiros econômicos. Trabalhar diretamente na construção da própria casa reduz a necessidade de ganhar dinheiro com a venda de seu trabalho no mercado para pagar dívidas e juros por meio da compra de crédito. Quanto mais incertas as possibilidades de emprego se tornarem nos países industrializados, maior será a diferença entre as condições das famílias que construíram suas casas em vez de comprá-las.

O custo dos materiais de construção para uma casa de palha de alto padrão é de cerca de 50% do custo total da construção. Usando técnicas simples de construção, material reutilizado e visando a um padrão mais baixo, é possível um investimento ainda menor. O custo de erguer a construção com esses materiais depende do conhecimento do construtor, de habilidades práticas, de talentos organizacionais e de tempo. Portanto, a bioconstrução com fardos de palha pode oferecer moradias populares para grupos sociais de baixa renda em muitas partes do mundo, especialmente nas áreas rurais.

A criação de uma comunidade social

Uma comunidade socialmente saudável é profundamente baseada em suas condições econômicas. As possibilidades de atender às necessidades das pessoas seguindo os princípios de uma economia regionalmente resiliente foram mostradas anteriormente. Ajudar-se mutuamente nos bairros estabelecerá laços que funcionam de base para criar-se ainda mais juntos. Além disso, a construção com fardos de palha chamou muito a atenção das pessoas que desejam mergulhar mais profundamente nas atividades para a mudança do mundo. Trabalhar em um canteiro de obras de fardos de palha significa adquirir novas habilidades e experiências de capacitação pessoal. Muitos entusiastas se uniram a redes de pessoas que pensam da mesma forma em diferentes países, convidando os interessados para ajudar em *workshops* sobre palha ou "levantamentos de paredes" (esse é um ritual em alguns lugares onde as pessoas locais são convidadas para um dia de levantamento das paredes de palha de uma nova construção). Organizados anualmente, os European Strawbale Gatherings (ESBG) demonstram um movimento crescente e profissionalizante de construtores alternativos e um ambiente de fertilização cruzada de pessoas culturalmente criativas.[2] Embora esse movimento geralmente pareça atrair pessoas ecologicamente conscientes que estão procurando alternativas para nossas práticas destrutivas modernas, construir com fardos de palha também está atraindo a atenção daqueles sem nenhum histórico "ecológico", simplesmente por causa de suas vantagens surpreendentes: "Ei, isso é o que é possível com padrões ecológicos?", podem estar pensando. "Deixe-me ter uma casa assim também!"

Por último, mas não menos importante, os materiais naturais são um convite à criatividade e ao trabalho divertido. Com uma base firme no design profissional e nas técnicas de construção seguras, resta muito espaço para a expressão artística aberta: desde brincar com o movimento de cantos arredondados ou outras formas até moldar belas obras de arte espontaneamente na hora de aplicar o reboco de barro nas paredes de palha. Eis um forte aspecto curativo para qualquer ser humano – e quem já teve a oportunidade de morar em uma bela casa construída por si mesmo sabe quão gratificante isso pode ser.

2 Para o contexto europeu, ver: European Strawbale Network (ESBN). Disponível em: strawbale-net.eu. Para além da Europa: The Last Straw. Disponível em: thelaststraw.org.

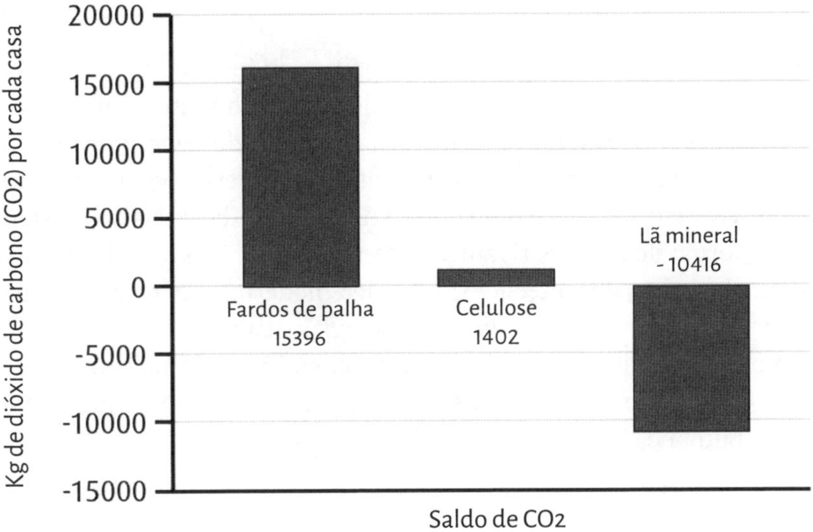

A reconexão com a natureza

A escolha de construir com fardos de palha e barro se torna um processo pessoal de olhar o mundo de forma mais holística, com uma consciência que permite sair dos caminhos familiares tradicionais com sua separação ligada à natureza. Muitas vezes, é uma escolha racional e emocional viver cercado e protegido por materiais naturais como um ser humano sensível, um ser com um corpo físico e emocional que diz "sim" a uma concha que vive e respira também. A cura de nossa relação com a poeira da terra (um amigo xamã diria "poeira estelar") da qual somos feitos contribuirá sinergicamente para a cura do planeta, assim como de nós mesmos.

A vida em espaços feitos de materiais naturais fornece uma condição importante para alguém se tornar e permanecer mais saudável. As paredes de palha nunca são frias ou quentes. Os rebocos de barro são famosos por absorver odores e regular a umidade; eles até mostram alta capacidade de proteção contra radiação eletromagnética. E tocar a superfície lisa do reboco de barro que acabou de ser feito pode se tornar uma experiência sensorial íntima com a Mãe Terra...

Conclusão

A construção com fardos de palha é uma prática do futuro, uma mudança de percepção individual e coletiva, e uma prática culturalmente criativa. Contribui para proteger nossos habitats naturais, promovendo economias regionalmente resilientes e fornecendo meios ambientes saudáveis e bonitos para os seres humanos viverem. Quando comparada a métodos tradicionais de construção, ainda é uma forma de arte relativamente desconhecida. Mas, se olharmos para todas as características dessa tecnologia "antiga-moderna" e para sua flexibilidade de ser combinada com muitas outras tecnologias sustentáveis – sociais, físicas, assim como espirituais –, posso ver seu potencial promissor como um dos padrões de construção generalizados de nosso futuro próximo, especialmente para os seres humanos que estão mudando o mundo.

Martin Stengel é engenheiro com ênfase em energias alternativas e moradia sustentável. Mora em comunidade há mais de vinte anos e é um dos fundadores e planejadores da ecovila de Sieben Linden, na Alemanha, onde atua como professor e facilitador do Global Ecovillage Network desde 2007. É qualificado na facilitação de grupos e na construção de comunidades e regente de coral.

Roshni Udyavar Yehuda nos leva para a Índia com este relato sobre considerações de design passivo, e abre nossos olhos para o fato de que o design inteligente produz eficiência energética e conforto para os habitantes. Além disso, o conhecimento vernacular em todos os lugares era sensível às condições dos microclimas; portanto, temos muito a aprender com a construção tradicional. Embora fundamentada no passado, Roshni aponta conscientemente para o futuro: "O projeto de edifícios considerando o clima, o conforto térmico e a eficiência energética é a maior tendência futura da arquitetura". De fato, essa é a síntese da ecologia e da arquitetura.

Projetando construções para o conforto térmico e para uma pegada energética baixa

Roshni Udyavar Yehuda

Rachana Sansad's Institute of Environmental Architecture, Mumbai, Índia

Introdução

É evidente que o design de uma construção influencia o consumo de energia e o conforto térmico de seus habitantes. O design aqui se refere a forma, orientação e projeto de elementos arquitetônicos, como aberturas, persianas, telhado etc., uso de materiais e massa – todas essas características "passivas" de uma estrutura que influenciam o consumo de energia de um edifício para aquecimento ou resfriamento, ventilação e iluminação diurna. Ao contrário de elementos ativos, como ventilador, ar-condicionado ou iluminação artificial, são uma parte integrante da estrutura. São particularidades que usam energia solar para proporcionar conforto térmico aos habitantes, utilizando princípios de fluxo de calor e energia no meio ambiente a seu redor.

A arquitetura solar passiva é uma abordagem holística do design, que se baseia no conhecimento da física básica da construção para desenvolver tecnologias que podem ser aplicadas a elementos arquitetônicos. Produz, assim, um design que responde ao clima local e, portanto, tem relevância social e ambiental, além de apelo global por seus princípios de conservação de energia e recursos.

Eficiência energética nas construções

A eficiência energética nos edifícios pode ser alcançada por:

- design solar passivo das construções;
- uso de fontes renováveis de energia;
- procedimentos do usuário final na conservação de energia.

O uso de energia renovável requer maiores investimentos de capital, enquanto os procedimentos do usuário final não podem ser regulamentados, exceto com a utilização de dispositivos e equipamentos de conservação de energia. O design solar passivo de edifícios alcança eficiência energética sem nenhum aumento substancial do investimento de capital. Ao mesmo tempo, pode tornar o edifício termicamente confortável. De acordo com Achim Steiner, subsecretário-geral da Organização das Nações Unidas (ONU) e diretor executivo do United Nations Environment Programme (UNEP), em Oslo, tendo como base o relatório da Sustainable Construction and Building Initiative (SBCI) de março de 2007:

> Segundo algumas estimativas conservadoras, o setor de construção em todo o mundo poderia gerar reduções de emissão de 1,8 bilhão de toneladas de dióxido de carbono. Uma política de eficiência energética mais agressiva pode fornecer mais de 2 bilhões de toneladas ou quase o triplo da quantidade programada para ser reduzida conforme o Protocolo de Kyoto.[1]

1 Building Sector Can Play Key Role in Combating Global Warming, UN Report Says. *UN News*, 29 mar. 2007. Disponível em: news.un.org/en/story/2007/03/213932-building-sector-can-play-key-

Estima-se que os princípios do design passivo, como a orientação ideal das construções, possam reduzir a carga de resfriamento de 30% a 40%.[2] A iluminação diurna é outra fonte importante de consumo de energia em edifícios comerciais. A maioria dos escritórios na Índia, por exemplo, usa luz artificial durante o dia, atingindo até 60% do consumo total de energia. Isso equivale a um imenso desperdício, uma vez que o nível de luz de trabalho necessário na maioria dos escritórios varia de 200 a 300 luxes, o que representa apenas 2-3% do design *sky condition*[3] na Índia, que tem uma média de 10 mil luxes.[4]

O conforto térmico dos ocupantes

O conforto térmico pode ser definido como um estado mental induzido por condições fisiológicas nas quais um ser humano se sente confortável. Durante

-role-combating-global-warming-un-report-says. Ver também: United Nations Environment Programme (UNEP). *Buildings and Climate Change: Status, Challlenges and Opportunities*. Paris, 2007.

2 Singh, Y. P.; Singh, Anoj Kr. 2004.

3 Design *sky condition*: refere-se à suposição de uma condição média do céu usada ao projetar a iluminação do dia em um edifício. A radiação eletromagnética do sol possui um componente ultravioleta (UV), um componente visível (380-780 nanômetros) e um componente infravermelho (51% do espectro, contribuindo amplamente para o calor). Para a iluminação diurna, o projetista deve considerar três aspectos do espectro visível: o componente do céu direto, o componente refletido internamente e o componente refletido externamente. O design *sky condition* se refere ao componente do céu que pode ser de 120 mil luxes ao meio-dia a 400 luxes no nascer ou no pôr do sol. Além disso, o componente do céu varia constantemente. À medida que as nuvens se formam e se movem pelo céu, a distribuição da luz pode mudar quase minuto a minuto. Isso significa que não podemos realmente projetar nenhuma condição específica, mas devemos confiar nas condições "médias". A Comission Internationale de l'Eclairage (CIE) desenvolveu uma série de modelos matemáticos de distribuições luminosas ideais sob diferentes condições do céu – dos quais os três mais comuns são claro, uniforme e nublado. Na pior das hipóteses, geralmente é usada a condição de céu nublado, que na Índia é, em média, 10 mil luxes.

4 Sobre este dado, ver estudo "The Quest for Light in Indian Architectural Heritage", de Jose Maria Cabeza, publicado no *Journal of Asian Architecture and Building Engineering* (v. 7, n. 1, maio 2008). O artigo tem agradecimento especial ao professor Arvind Krishan, chefe do Departamento de Arquitetura da School of Planning and Architecture, New Delhi, e sua família pelo apoio à pesquisa preliminar. Etapas deste artigo em Nova Delhi. Disponível em: doi.org/10.3130/jaabe.7.39. (N. da E.)

muito tempo, os cientistas de todo o mundo procuraram uma definição para conforto térmico e suas variáveis. Concordaram que os seres humanos se sentem confortáveis durante determinadas estações do ano e horários do dia em comparação com o restante e, portanto, são mais produtivos nesses momentos. Isso passou a ser chamado de "zona de conforto". O Department of Scientific and Industrial Research do Reino Unido, liderado por H. M. Vernon e T. Bedford, chegou a algumas conclusões em seus experimentos e investigações. Além disso, C. E. P. Brooks mostrou que a zona de conforto britânica fica entre 14,5 e 21; a zona de conforto nos Estados Unidos fica entre 20,5 e 26,5; e nos trópicos está entre 23 e 29,5; com uma umidade relativa entre 30% e 70%.[5]

O conforto térmico pode variar de acordo com os indivíduos, o tipo de roupa, a natureza da atividade exercida e o sexo, pois as mulheres e as pessoas com mais de 40 anos têm uma temperatura de conforto térmico um grau mais alto do que os demais.

Os irmãos Olgyay foram os primeiros a propor um gráfico bioclimático. Esse gráfico foi elaborado com dois elementos – a temperatura do bulbo seco como ordenada e a umidade relativa como abcissa. No centro do gráfico está a zona de conforto. No geral, o gráfico bioclimático de Olgyay demonstra efetivamente que os parâmetros climáticos não são independentes. Os cientistas estadunidenses tentaram estabelecer uma medição fisiológica, combinando os efeitos de temperatura, umidade e movimento do ar. Isso resultou na escala de temperatura efetiva (TE).[6]

A consideração de condições microclimáticas para o projeto de uma construção é ainda mais relevante do que a análise macroclimática. Por exemplo, a presença de estruturas altas pode fazer sombras nos edifícios e dificultar o movimento do vento, enquanto a presença de superfícies pavimentadas pode refletir e irradiar calor. A presença do mar ou de corpos de água cria condições microclimáticas experimentadas como brisas terrestre e marítima que não podem ser ignoradas. As coberturas de plantas e relva reduzem as temperaturas pela absorção da insolação e o resfriamento pela evaporação.

5 Brooks, Charles Ernest Pelham. *Climate in Everyday Life*. Londres: Ernest Benn, 1950.

6 Houghton, F. C.; Yagloglou, C. P. Cooling Effects on Human Beings Produced by Various Air Velocities. Transactions, v. 30, pp. 193-212, 1924. (American Society of Heating and Ventilating Engineers – ASHVE Research Report, 691.)

O design solar passivo ou arquitetura bioclimática

Este tem sido um importante campo de estudo desde a pesquisa de Victor Olgyay nos anos 1960, na busca de uma medida para o conforto térmico humano com a invenção do gráfico bioclimático (temperatura e umidade relativa). Na verdade, a prática da arquitetura bioclimática remonta ao início da agricultura e da sociedade há quase 10 mil anos e é visível na arquitetura vernacular em todo o mundo, que dependia do design passivo na ausência de medidas ativas, como luzes, ventiladores e ares-condicionados.

Várias estratégias de design passivo, como a chaminé solar, a parede de Trombe, a concha de vento, o *malkaf* (apanhador de vento), o pátio interno, a torre de vento, o túnel de ar terrestre etc., foram observadas na arquitetura vernacular em todo o mundo, projetada em resposta à situação particular do clima do local. Esses princípios também podem ser incorporados em construções modernas.

As construções vernaculares foram projetadas para obter conforto térmico com o mínimo de consumo de energia. Alguns exemplos tradicionais incluem as cavernas budistas, o Taj Mahal em Agra, o Gol Gumbaz em Bijapur e a arquitetura tradicional de templos por toda a Índia, enquanto exemplos modernos incluem a sede do banco NMB nos Países Baixos, o Confederation of Indian Industry (CII) Green Building Center – um edifício classificado como Líder em Energia e Design Ambiental (LEED) Platinum –, o complexo Inspector General of Police (IGP) em Gulbarga, Hyderabad, entre muitos outros.

A física da construção

> Os arquitetos parecem ter medo ou desinteresse por tudo que é matemático e não entendem as leis básicas da física. O fato desse conhecimento ser apresentado da maneira como é torna ainda mais difícil de entender e ainda mais improvável de influenciar seu pensamento básico.
>
> TOMBAZIS

O conhecimento da física da construção, além de ser uma ferramenta e uma habilidade vital para um arquiteto, pode também aprimorar o design e a forma. Inclui os princípios de transferência de calor e massa em edifícios, que são estudados com relação a orientação, materiais, massa, acabamento, e assim por diante. O primeiro passo neste assunto é levar em consideração a análise do clima.

As ferramentas rudimentares de análise climática que ainda estão em uso incluem o relógio solar, o diagrama do caminho solar, a rosa dos ventos e o quadrado dos ventos, o gráfico psicométrico e a lei do inverso do quadrado. As tabelas e os mapas bioclimáticos de Mahoney são usados para analisar dados obtidos de um departamento meteorológico. As ferramentas de análise por computador incluem os *softwares* Autodesk Ecotect Analysis, assim como o EnergyPlus e o DesignBuilder.

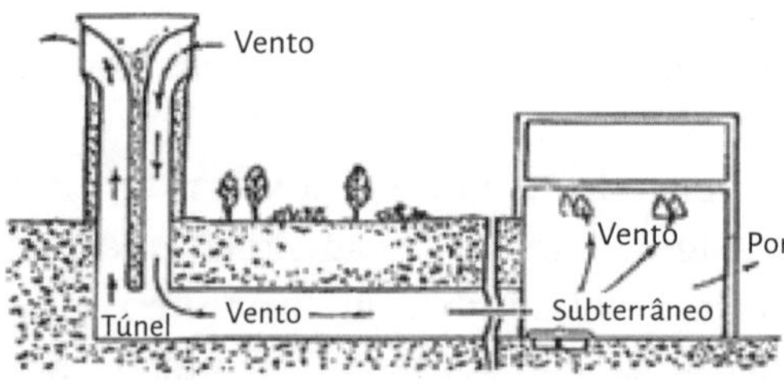

Esboço de um túnel de ar

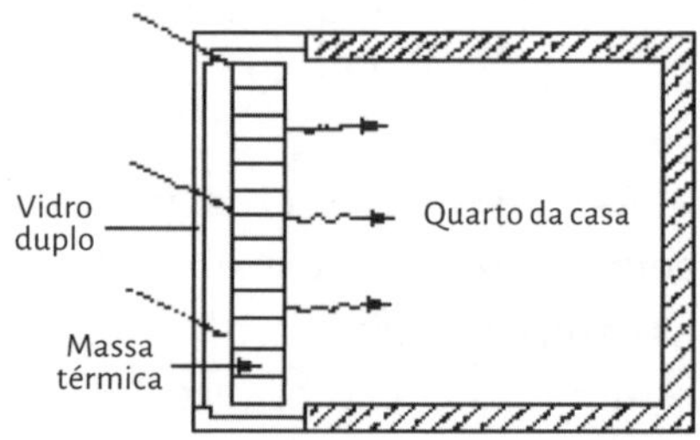

Princípio da parede de Trombe

A orientação

A orientação – um dos aspectos principais do design passivo – afeta a captação potencial da radiação eólica e solar predominante em um edifício, que geralmente é transmitida ao interior através de aberturas ou fenestrações no envoltório do edifício.

A latitude de um local e a orientação de sua construção determinam a relação geométrica entre uma construção e seu ambiente. No hemisfério Norte, as orientações norte-sul são consideradas melhores, enquanto as sudeste-noroeste são consideradas desejáveis. É difícil proporcionar sombras nas fachadas leste e oeste apenas por meio de dispositivos de sombreamento, por causa dos ângulos horizontais paralelos ao horizonte conforme o sol nasce e se põe. A varanda é um elemento eficaz que evoluiu para lidar com o sombreamento nas fachadas leste e oeste da Índia. No entanto, a escassez de espaço hoje muitas vezes leva as pessoas a descartarem esse recurso, levando a um aumento no consumo de energia no intuito de aumentar o espaço interno.

De acordo com simulações conduzidas pelo professor Y. P. Singh e pelo pesquisador-associado Anoj Kr. Singh, ambos do departamento de arquitetura do Madhav Institute of Tecnhology & Science (MITS), Gwalior, em Jaipur, a quantidade de radiação solar por unidade de área nas paredes voltadas para o norte e o sul é muito menor quando comparada à das paredes voltadas para o leste e o oeste. Portanto, para obter um ganho mínimo de calor solar pelo envoltório do edifício, é desejável que o eixo mais longo do edifício fique nas direções leste e oeste. Quando os ângulos solares (contribuindo para o ganho de calor) e a direção do vento (necessária para orientar os edifícios para a ventilação natural) são contraditórios em um local, o edifício pode ser orientado dentro de um intervalo de 0° a 30° da direção predominante do vento para se adequar aos ângulos solares sem perder nenhum aspecto benéfico da brisa; os edifícios podem ser orientados a 45° em relação ao vento incidente para diminuir o ganho de calor solar sem afetar significativamente o movimento do ar dentro de casa.

A abertura e a fenestração

Uma abertura representa uma ruptura térmica no envoltório do edifício. A fenestração é o conjunto completo das aberturas, incluindo vidros, persianas, caixilhos, dispositivos de sombreamento vertical e/ou horizontal, prateleiras de luz, cortinas e persianas. O design das fenestrações e sua integração com a forma da construção representam um enorme desafio para o projetista. Se planejados de maneira ideal, podem fornecer iluminação natural sem brilho, ventilação natural e uma ligação vital com o ambiente externo. Se mal projetados, podem causar desconforto visual e térmico pelo brilho e ganho de calor.

Em seu trabalho de pesquisa sobre a análise dos efeitos de parâmetros de design no desempenho térmico de edifícios (no contexto de clima composto), Rajeev Garg e Rajesh Jain, do departamento de arquitetura e planejamento do Indian Institute of Technology (IIT), em Rourkee,[7] simularam o modelo de um edifício com uma única sala. O modelo de base é um edifício com quatro

7 *Journal of the Indian Institute of Architects (JIIA)*, dez. 2007.

paredes, sem fenestrações ou proteção para o sol. O ganho de calor nesse modelo foi comparado com outros modelos de dimensões semelhantes, mas com acréscimo de janelas, persianas, portas etc.

No dia 30 de maio, as simulações térmicas foram realizadas para o clima composto em todos os modelos orientados para o norte. Quando as temperaturas internas foram comparadas, verificou-se que o modelo sem fenestrações apresentou ganho de calor mínimo em comparação com os outros três modelos. Proteger as paredes além de proteger as aberturas reduziu consideravelmente o ganho de calor, o que é diretamente proporcional ao número de fenestrações. Assim, as fenestrações contribuem significativamente para o ganho de calor e, portanto, devem ser projetadas com o máximo de critério. As grandes aberturas nas fachadas norte e sul são úteis se puderem ser sombreadas com dispositivos horizontais, enquanto aberturas menores são melhores nas fachadas leste e oeste, pois exigem dispositivos de sombreamento vertical.

A arquitetura vernacular

A arquitetura vernacular fornece os melhores exemplos de elementos arquitetônicos empregados para o conforto térmico. O uso de paredes espessas nos *bungas* do Rajastão proporciona um intervalo de tempo para a transferência de calor, sua forma redonda, minimizando o ganho de calor por metro quadrado de superfície. Os diferentes tamanhos e tipos de pátios por toda a Índia – do Rajastão, de Guzerate e de Maharashtra ao cinturão do Concão até Kerala – apresentam uma ampla variação no design dos pátios; além de proporcionar privacidade e um espaço a céu aberto, também permitem a entrada da luz do dia e a circulação de ar por toda a casa. As zonas quentes e úmidas de Kerala, de Maharashtra e do Sri Lanka testemunham a ausência de paredes e a predominância do telhado como elemento de design. Diferentes desenhos do mirante podem ser testemunhados, pois utilizam a brisa dominante e o efeito de empilhamento nas áreas costeiras. Nas regiões quentes e áridas, as paredes espessas, as formas compactas, geralmente redondas e os pátios usam princípios de armazenamento térmico, proporção ideal entre superfície e volume e resfriamento radioativo noturno, respectivamente.

O âmbito e o futuro

O projeto de edifícios considerando o clima, o conforto térmico e a eficiência energética é a maior tendência futura da arquitetura. Os arquitetos precisarão entender os processos orgânicos que sustentam a vida biológica e usar esses princípios para projetar edifícios sustentáveis que não apenas reduzirão sua pegada energética como também transformarão os edifícios, em sentido real, na "terceira pele".

Roshni Udyavar Yehuda é arquiteta e ambientalista. De 2003 a 2017, coordenou o departamento de pós-graduação de arquitetura ambiental do Rachana Sansad's Institute of Environmental Architecture, em Mumbai (Índia). De 1997 a 2002, esteve em contato com o ambientalista de renome internacional, Rashmi Mayur, enquanto trabalhava em sua organização, o International Institute for Sustainable Future (IISF). Atualmente, é conselheira no centro de ciência e tecnologia da Pune University e diretora no escritório de arquitetura Roshni Udyavar & Associates.

Elke Cole sabe o que é preciso para construir uma boa casa. Sua abordagem é íntima e acolhedora, como uma conversa calorosa com um bom amigo. Seus critérios de design são extremamente personalizados e centrados nas pessoas: ela constrói casas para pessoas reais, para pessoas específicas – as pessoas que vão morar lá. Ler a homilia de Elke pode causar um pouco de tristeza, pois você perceberá que a maioria de nós vive em moradias relativamente frias, estéreis e industriais – e o que isso diz para a situação do mundo? As casas de Elke são verdadeiras "casas", e transbordam a única qualidade essencial que pode animar e dar vida a seus habitantes: a "alma".

Construindo como se as pessoas importassem: uma boa casa

Elke Cole

OUR Ecovillage, Vancouver, Canadá

Introdução

Uma boa casa é como um bom par de sapatos – cabe confortavelmente, tem espaço para se mexer, mas não é muito folgado para não acumular detritos. É feita de bons materiais e combinada com habilidade, como um couro macio se torna um belo sapato nas mãos de um sapateiro. Como um bom par de sapatos, ela envelhece graciosamente, não precisa de polimento constante para ter uma boa aparência, e ter algumas rugas apenas mostra quanto você ama estar lá. Os bons sapatos apoiam seus pés, que, por sua vez, apoiam sua postura e seu corpo inteiro. Uma boa casa sustenta não apenas seu corpo como também sua alma, dando-lhe refúgio e descanso. E uma boa casa é atemporal, assim como um bom par de sapatos – não cede aos caprichos da moda.

O ajuste e o suporte

Talvez todos concordemos que é difícil encontrar um sapato confortável. O que é confortável para mim não será para você: queremos encontrar o ajuste certo para cada um de nós. Com um sapato isso é um pouco mais fácil de conseguir do que com o design de uma casa: na casa, é preciso caber mais de uma pessoa na maioria das vezes. É um processo de investigação que, com a ajuda da inspiração e da criatividade, leva a um modelo personalizado. As perguntas a serem feitas abordam o que acontece no espaço: o que você faz em qualquer uma das salas que deseja criar? Largue os rótulos por um tempo – não vamos pressupor demais. O que você deseja de um espaço para ser capaz de fazer o que você quer: ele precisa ser claro? Confortável? Como é estar lá? Como um espaço se relaciona com os outros? O que mais pode acontecer no mesmo espaço?

Agora, a armadilha típica é criar muito espaço para tudo – apenas por precaução. Um pouco de desconforto lá e aqui é um pequeno preço a pagar por um lugar aconchegante. Se sua sala de estar parece um salão de hotel, provavelmente é muito grande. Se não conseguimos olhar nos olhos um do outro ou ouvir uma palavra sussurrada quando nos sentamos juntos, estamos muito distantes. A intimidade e o relacionamento surgem quando esbarramos um nos outros. Aprendemos o respeito encontrando limites, e não os evitando.

Pense em todas as pessoas do mundo que moram em pequenas casas de um quarto. Elas têm poucos pertences e a casa é seu abrigo e sua segurança. Em sociedades como essa, as pessoas sabem como ficar juntas – elas se sentem inseguras quando ninguém mais está lá para dormir ao lado delas. E elas compartilham o que têm: senti-me humilde algumas vezes com o seu incrível senso de generosidade e hospitalidade.

Então o que é preciso? Quão simples podemos torná-la e ainda ter nossas necessidades atendidas? Um lugar para dormir: amplo o suficiente – talvez não muito alto. Mantenha-o bem aconchegante, com bordas curvas, deixe a luz da manhã acordá-lo. Evite as vibrações tóxicas do mundo: sem telefone e sem eletrônicos. Desligue a energia elétrica para descansar. Mantenha suas roupas em outro lugar – talvez perto do banheiro.

Um lugar para tomar banho: a água relaxa o corpo, o ar é quente e há espaço para os cotovelos e os joelhos.

E onde fica o vaso? – você pergunta. Bem, talvez ele tenha seu próprio lugar: com uma pequena janela para uma vista e um pouco de ar fresco ou alguma poesia para ler.

Um lugar para cozinhar e preparar a comida: onde as coisas estão à mão e de fácil acesso, com as superfícies abertas e fáceis de limpar. Aqui a comida está no centro: caixas e recipientes para guardar, lugares secos e resfriados, estimulando os sentidos. A comida e a hospitalidade andam juntas – permita que alguém esteja à beira da cozinha para conversar ou fazer um lanche e tenha a mesa de jantar bem perto.

Um lugar para comer: uma mesa cercada por assentos, ideal para um jantar íntimo para dois ou para uma festa pequena; um convite à conversa, perto do fogão onde a comida é preparada; confortável o suficiente para permanecer após o término da refeição.

Finalmente: um lugar para ficar – sozinho ou com amigos, com um livro ou um filme. Quente e aconchegante no inverno, claro para fazer o que precisa, com lugar para colocar as coisas, como livros favoritos, velas e peças de arte. O local de diversão que se conecta com o exterior – aberto nos dias quentes, deixando o sol entrar.

Você pode ter alguns outros lugares mais específicos de que você precisa para trabalhar, divertir-se ou guardar coisas. Acredito que as necessidades básicas são muito semelhantes para todos nós e, se pudermos voltar a um nível de simplicidade, seremos recompensados.

Os materiais

Os bons materiais, assim como a boa comida, são aqueles que não foram altamente processados ou criados quimicamente – coisas como madeira, terra, pedra e lã. Em outras partes do mundo, são o bambu, a palha e a argila.

Ponto número 1: trabalhe com material local. O solo argiloso é encontrado em abundância em muitos lugares e pode ser usado para adobe monolítico (*cob*), argila leve, reboco e pisos sem precisar ser queimado ou tratado quimicamente. Combinado com palha e areia, pigmento natural e esterco de cavalo, é provavelmente o material mais versátil da estrutura ao acabamento. As casas de barro têm uma qualidade especial à qual ninguém pode resistir: paredes grossas, bordas suaves, formas geralmente curvas com recantos embutidos que mexem com nossa alma. Queremos parar por um tempo, deixar nossos olhos vagarem e sentir a energia de conexão com a terra. As paredes de terra têm a capacidade de absorver a umidade do ar interno quando há excesso e liberar um pouco quando não há o suficiente, equilibrando a umidade relativa em torno de

50%. Esse maravilhoso atributo significa que não precisamos de sistemas mecânicos para lidar com o excesso de umidade.

Observe também que a construção de terra é bastante fácil de aprender: pessoas de todas as idades podem participar de *workshops* e aproveitar para trabalhar juntas para adquirir as habilidades enquanto fazem novos amigos. Compreender que você pode construir sua própria casa é muito empoderador.

É claro que uma casa é mais do que suas paredes: precisa de uma boa base e um bom telhado, algum isolamento, calor, janelas e muito mais. Para um alicerce de baixa pegada ecológica, podemos considerar opções que combinam uma base de concreto com uma estrutura de pedras ou sacos de terra.

Não há nada de errado em usar madeira, se prestarmos atenção nos métodos de colheita. Se possível, você deve cortar algumas árvores para permitir o acesso do sol e serrá-las (deve ter sido traduzido do MILL, que é o que a serra faz. mas a gente usa "cortar" ou "serrar") para ter vigas ou tábuas de piso. Nem sempre é tão simples assim; e você pode ir a uma fábrica local para conseguir suas tábuas. Sempre que possível, é melhor deixar a madeira redonda: é mais forte assim.

Uma das coisas mais difíceis de escolher é a cobertura. As escolhas naturais seriam ardósia, telhas de madeira ou palha. Retorne à pergunta aqui: o que é local? "Telhados vivos" ou "telhados verdes" estão se tornando cada vez mais comuns, mas ainda exigem uma membrana à prova de água. Eles melhoram o isolamento, filtram a água da chuva e podem cultivar uma horta se construídos para isso.

Em um clima mais frio, queremos isolamento térmico. A natureza também oferece algumas opções: lã de ovelha, erva marinha seca, palha e cânhamo podem ser usados para encher cavidades.

Bons materiais estão à nossa volta se prestarmos atenção e aprendermos a usá-los.

A atemporalidade e o envelhecimento

Você já viu um pedaço de madeira que foi tocado milhares de vezes? As mãos pulem lentamente, resultando em uma bela pátina. Quando um edifício é projetado com cuidado e atenção a esses detalhes e com o uso de bons materiais, experimentamos uma qualidade "atemporal". A referência do designer para isso foi *A Pattern Language*,[1] na qual Christopher Alexander e sua equipe colocam as peças que, em combinação, formam um todo que é tão funcional quanto bonito. Os padrões em funcionamento em boas construções são independentes da tecnologia e dos novos desenvolvimentos – eles falam com nossa alma.

As casas naturais têm forte impacto sobre os visitantes. Há um impulso de sentar-se e ficar um pouco; expirar. As pessoas tocam as paredes com reboco de argila, mostrando pedaços de palha. Os olhos se iluminam quando encontram elementos esculpidos. E a percepção de que você pode fazer isso sozinho é a mais libertadora descoberta: agora a casa adequada está a seu alcance.

A localização e a relação com a paisagem natural estão no começo e no fim da vida de uma casa. Quando o design holístico é aplicado, a casa será conectada ao local: ao jardim, ao acesso, ao sol e às árvores. Quando construídos usando materiais locais, vemos a harmonia nas cores e nas superfícies. E, quanto mais perto estivermos do estado original de um material, maior será a possibilidade de um final gracioso: como composto ou de volta à terra.

Espero que isso aconteça por muitas gerações ainda.

Elke Cole é designer de casas naturais, construtora e educadora. Mora na OUR Ecovillage, na ilha de Vancouver (Canadá), onde coordena os programas Natural Building Skillbuilder e mantém uma empresa de consultoria e design, Houses That Love You Back. O trabalho de Elke a leva pelo mundo: África, Índia e Costa Rica. Seus projetos são baseados em permacultura e valorizam as relações entre proprietários, construtores e a paisagem natural presentes no local. Elke é uma das fundadoras da Cobworks. O trabalho com grupos de design e a liderança nas oficinas de projetos de construção deu a ela uma sólida reputação no campo da bioconstrução. A autora mantém um *site* oficial (elkecole.com) e um *blog* (On Building and Being).

1 Alexander, Christopher *et al.* *A Pattern Language: Towns, Buildings, Construction*. Nova York: Oxford University Press, 1977.

Autor talentoso, construtor veterano e experiente *kibbutzer*, Jan Martin Bang apresenta a seguir uma lista abrangente para o possível construtor ecológico – desde a escolha de materiais até as considerações ecológicas específicas do local. O que pode ser especialmente útil, no entanto, é a atitude de Jan. O mundo desenvolvido pode ser visto como um grande depósito de materiais de alta qualidade e alta energia incorporada. Para os olhos atentos, esses descartáveis são componentes valiosos da construção. Quando essa atitude é posta em prática, não projetamos nossos prédios primeiro e depois saímos para comprar os materiais; ao contrário, começamos pela reunião de materiais e depois projetamos o edifício em torno do que temos. Os franceses chamam isso de "bricolagem".

Construindo com o que você tem

Jan Martin Bang

Comunidade Camphill, Noruega

As considerações do contexto

Antes de construir, precisamos conhecer nosso contexto:

- o contexto climático e ambiental geral, que contribuirá para determinar se precisamos nos concentrar no aquecimento ou no resfriamento, trazer água ou nos livrar dela;
- a disponibilidade de materiais, que podem ser lama, madeira, pedra ou material reciclado;
- o contexto social e financeiro.

O design

O design deve refletir valores espirituais, sociais, econômicos e ecológicos. Uma casa projetada para uma dúzia de moradores não precisa ser muito maior do que muitas casas espaçosas de famílias ocidentais abastadas, atualmente.

- Espiritualmente, precisamos de espaço para a meditação, a contemplação e o ritual sagrado. Isso é algo particular, uma atividade de grupo ou uma combinação de ambos?
- Socialmente, é importante decidirmos se todos queremos viver juntos em um único quarto grande ou se cada indivíduo ou família precisa ter sua própria casa e jardim.
- Ecologicamente, nossos objetivos também são bastante específicos na determinação de nosso design. Que tipo de aquecimento? Que tipos de materiais? Como lidamos com o vaso sanitário e as águas residuais?

Os designers devem fazer perguntas específicas no local. Onde estão o sol e o vento? Queremos sol na sala de jantar e na cozinha durante o período da manhã? Talvez orientemos a sala de estar em direção ao oeste, a fim de que possamos nos reunir no fim da tarde e assistir ao pôr do sol. O armazenamento de alimentos e combustível pode ser feito na parede oposta ao sol. A comida permanece fresca e a pilha de lenha protegerá dos ventos polares frios. As grandes janelas com orientação solar deixam entrar o sol de inverno. Um beiral nos dá um lugar para sentar e nos proteger do sol quente do verão. Isso é design em ação, trabalhando com as realidades do meio ambiente e as necessidades do ser humano.

O planejamento do local

- Renove se possível.
- Avalie os materiais locais.
- Posicione o prédio para minimizar os danos ecológicos.
- Considere a energia solar na localização e na paisagem.
- Considere o paisagismo existente.
- Considere o transporte.

O design

- Quanto menor, melhor.
- A eficiência energética é a principal prioridade.
- Otimize o uso do material.
- Crie seu ambiente holisticamente considerando a energia e a comida.
- Faça o projeto pensando na reciclagem.
- Considere a reciclagem e o uso de águas cinzas.
- Projete para a reutilização futura de materiais.
- Evite riscos à saúde, como o radônio.

O trabalho local

- Proteja o solo superior.
- Isole os produtos químicos das águas subterrâneas.
- Minimize a criação de resíduos no local de trabalho.
- Gerencie as operações usando contatos e parceiros ecologicamente responsáveis.

O equipamento

- O aquecimento eficiente e a refrigeração natural.
- A iluminação eficiente e o correto posicionamento das janelas.
- O aquecimento eficiente da água (considere o solar).
- A eficiência da ventilação.

Os aspectos sociais

Somos o reflexo de onde moramos. Quando projetamos nossos prédios, também planejamos que tipo de sociedade queremos criar. Construímos os edifícios e, então, os edifícios nos constroem!

Que materiais devemos usar?

Muitas técnicas modernas de construção são apaixonadas pela dimensão global. O que é adequado para Rangun (Mianmar) também é considerado bom em Reykjavik (Islândia). A maneira de superar isso é examinar as técnicas tradicionais indígenas locais:

- Que materiais eles usaram e como?
- Esses materiais ainda estão disponíveis?
- O meio ambiente mudou, as florestas foram derrubadas, construíram sobre as pedreiras ou elas foram usadas para aterros?
- Os materiais tradicionais são privatizados e, portanto, não estão disponíveis?

Os países na Europa ou na América do Norte possuem grandes quantidades de resíduos de alta qualidade que podem ser usados na construção. Por exemplo, na ecovila Earthaven, na Carolina do Norte (Estados Unidos), um edifício teve como base o uso de caixas jogadas fora por uma empresa local; os materiais gratuitos determinaram a forma e a construção do edifício. A ecovila Hurdal, na Noruega, fez um acordo com um fabricante local de portas e janelas para comprar modelos descontinuados e projetou muitos de seus edifícios iniciais em torno dos tamanhos e formas dessas janelas e portas.

Nosso design seria baseado no equilíbrio de materiais disponíveis e condições ambientais.

Os materiais

Atualmente, a maioria das casas construídas no mundo ocidental depende de materiais industriais, aço, ligas, plástico, madeira moldada e aglomerado de madeira, frequentemente cortada e montada novamente, e várias formas de pedra artificial. Esses materiais modernos representam grande custo de energia em termos de produção e transporte.

Se tomarmos como ponto de partida o custo de derrubar, serrar e transportar a madeira processada, estimado em 580 quilowatts-hora por tonelada, poderemos comparar outros materiais:

- madeira processada, 580;
- tijolos, 2.320;
- cimento, 2.900;
- plástico, 3.480;
- vidro, 8.120;

- aço, 13.920;
- alumínio, 73.080.

As pedras

Em virtude de seu peso, o transporte por longas distâncias é caro, mas, se você tiver pedras espalhadas pelo local, poderá economizar muito dinheiro. Contudo, é preciso habilidade para trabalhar com elas. A menos que você seja um experiente construtor de paredes de pedras secas, precisará usar uma matriz de cimento para manter o material no lugar. Você precisa conhecer geologia; pois algumas pedras são pouco resistentes.

A maneira mais fácil e eficaz de usar pedra bruta é construir uma caixa de madeira e preenchê-la com as pedras, cimento e reforço. Essas caixas de madeira podem ser construídas em seções que são desmontadas à medida que o cimento seca e que podem ser movidas para fazer a próxima seção.

A terra

Você pode fazer um teste de sua terra coletando uma amostra, agitando-a em uma jarra de água e deixando-a assentar por algumas horas. O material mais grosso assenta no fundo, o mais fino no meio e a matéria orgânica na parte superior. O ideal é uma mistura de 50% a 70% de areia, de 10% a 20% de argila e uma boa adição de palha picada para um bom reboco. O reboco mais simples que já usei era apenas uma mistura de terra, areia e um pouco de esterco de vaca para o endurecimento.

Os adobes são tijolos de terra, secos ao sol e cimentados juntos usando a mesma mistura de terra como uma cola. A taipa consiste em comprimir a terra úmida em formas de madeira, deixando-a secar e, em seguida, movendo a caixa para cima na próxima camada. Em ambos os casos, com um acabamento de reboco de terra por dentro e por fora, você tem uma parede que retém o calor, uma massa térmica que proporciona uma boa qualidade do ar e um clima interno saudável.

Os tijolos e os blocos

Um avanço no tijolo de adobe é incluir uma porcentagem maior de argila e incendiá-los, transformando o material em uma espécie de pedra. Ao adicionar o cimento e outros materiais, você pode pular a queima e usar o processo de endurecimento químico. Os tijolos comuns têm um tamanho padrão, mas você ainda precisa de habilidade e experiência para assentar boas paredes.

Geralmente, os blocos de construção são muito maiores e são moldados para os cantos, reforços e portas ou janelas circundantes. É bastante fácil fazer seus próprios blocos de cimento. Na década de 1960, o pessoal da Appropriate Technology desenvolveu uma prensa operada por alavanca para fazer tijolos de terra com uma pequena porcentagem de cimento adicionado. O Cinva Ram, como é chamado, tem décadas de experiência e dezenas de milhares de casas foram construídas com ele.

As telhas e a cerâmica

As telhas para coberturas podem ser fabricadas da mesma maneira. As telhas queimadas são à prova de água e duram centenas de anos.

O vidro

Algumas janelas modernas são de alta tecnologia, muito caras e minimizam com eficiência a perda de calor. No fim do processo, com estruturas de liga de alumínio cromado, com espaçamento a vácuo, possivelmente com vidro fotossensível, é necessário considerar a energia incorporada e os processos usados nesses componentes. No outro extremo, vasculhando janelas e caixilhos de casas prestes a serem demolidas, você pode encontrar a solução mais barata e mais ecológica. Obtenha as janelas antes de construir a casa, para que você possa planejar o tamanho das janelas desde o início.

Os metais

Hoje usamos grande variedade de metais em nossas casas, tanto para fins estruturais como para acessórios e conexões. São recursos preciosos extraídos, altamente processados e frequentemente transportados para longe, com todos os problemas de energia incorporada que isso implica. Contudo, tendo muito cuidado, geralmente podem ser reciclados com bastante eficiência, o que tem enorme influência no uso de energia.

Vale lembrar que certos metais apresentam riscos à saúde. O chumbo nos tubos e na tinta é talvez o mais conhecido, mas existem muitos outros: mercúrio, níquel, zinco, prata, arsênio etc.

A madeira

A madeira não tratada é pura, pode ser modelada com ferramentas manuais ou elétricas bastante simples, pode ser montada com juntas ou pinos, geralmente envelhece bem e pode ser reciclada de várias maneiras quando terminarmos a construção.

Os tipos de madeira se comportam de maneira diferente: alguns suportam a água por sua própria natureza, outros se dividem facilmente, dando-nos telhas para o telhado; outros são macios e facilmente trabalháveis, tornando-se elementos decorativos. As madeiras vêm em várias cores e geralmente com granulações encantadoras. Pode ser uma grande alegria viver entre combinações de diferentes madeiras.

A madeira tratada com arsênio para evitar o apodrecimento pelos fungos é altamente tóxica.

Os vidros e outros materiais

A cana, o junco, o bambu, a grama e a palha estão interligados. As casas de palha são tão antigas quanto os primeiros abrigos. Alguns exemplos de arquitetura vernacular de outras partes do mundo incluem casas feitas de junco no Iraque (*mudhifs*), casas de bambu balinesas e abrigos de junco usados ao redor do lago Titicaca, na Bolívia.

Os fardos de palha

As modernas casas de palha já existem há quase um século. A construção original da estrutura de suporte da carga da casa de palha de Nebraska (Estados Unidos) está sendo cada vez mais substituída por uma estrutura de pilar e viga em que os fardos são usados como preenchimento.

As casas da fardos de palha têm a vantagem de serem construídas com um material orgânico e renovável. A palha respira, dependendo da argamassa que você aplica, e tem um isolamento muito maior do que o geralmente exigido pelos códigos de construção. A construção real da parede com fardos de palha e reboco requer o esforço de um grupo de pessoas que não precisam de habilidades especiais, embora precisem de um guia experiente.

As fibras naturais

Hoje, o *tipi* e o *yurt* voltaram a ser usados em esferas alternativas e são formas viáveis de moradia rápida e relativamente barata. Vale a pena considerar os materiais como lã, algodão, linho, seda, sisal, juta, raiom, sumaúma e fibra de coco.

O cânhamo costumava ser produzido em grandes quantidades em muitas partes do mundo e era a base para cordas e materiais mais ásperos por milênios. Como cultura, ele não requer muita proteção contra pragas e doenças e, como produto, se encaixaria perfeitamente em um sistema que deseja crescer e usar fibras naturais orgânicas.

Geralmente, as fibras fariam parte de seus acessórios internos em vez dos materiais com que você constrói, por exemplo, cortinas, tapetes, tapeçarias e muito mais, sem mencionar roupas, lençóis, toalhas etc.

As tintas

As tintas consistem em um pigmento que flutuam em um líquido, tanto água como óleo, e hoje podem conter muitos compostos que são perigosos para a saúde.

Se possível, encontre fornecedores de tintas e vernizes naturais. Esses fornecedores existem em pequeno número e seguem um padrão parecido com o mercado de alimentos orgânicos de algumas décadas atrás.

O lixo e a reciclagem

Em todo o mundo, estamos derrubando prédios antigos o mais rápido possível, e muitos componentes que poderiam ser utilizados são jogados em aterros sanitários. Muitas tábuas, vigas, janelas, portas, instalações para encanamento e móveis podem ser recuperados e reutilizados. Isso não é apropriado para a casa industrial moderna produzida em massa, e sim para a casa individual, feita sob medida e construída à mão. Isso é ideal para uma ecovila, onde podemos criar nossa própria indústria de cabanas, coletando materiais, armazenando-os e usando-os. A economia ecológica é significativa e reduz os custos de energia incorporados de uma construção.

O conceito de "earthships" (naves terrestres) foi desenvolvido por Mike Reynolds no Novo México (Estados Unidos) nas décadas de 1960 e 1970. Os pneus velhos são empilhados e preenchidos com terra, criando enormes paredes térmicas. As latas são cimentadas com lama para criar paredes interiores isoladas. A ideia de usar lixo não apenas torna nosso prédio mais barato como também nos livra da necessidade de descarte e possibilita a utilização da energia incorporada ao recurso.

Os plásticos

A maioria dos plásticos é feita de petróleo e, uma vez fabricada, pode ser reciclada quase indefinidamente. Isso torna o plástico um material útil e flexível. A maior desvantagem é que muitos deles contêm gases que vazam lentamente. Também liberam gases venenosos quando queimados, que são produtos industriais pesados. Dado que podemos minimizar esses dois problemas, os plásticos têm um lugar em nossa lista de materiais de construção.

Uma lista de controle para materiais

- Evite materiais que destroem a camada de ozônio.
- Evite materiais com alto custo de energia.
- Utilize material local.
- Procure material reciclado localmente.
- Minimize o uso de madeira velha.
- Minimize o uso de materiais que eliminam gases.
- Minimize o uso de madeira processada.
- Minimize o empacotamento e o desperdício resultante dele.

Jan Martin Bang é um ativista de ecovilas com dezesseis anos de experiência como membro de um *kibutz* em Israel e sete anos como colaborador da comunidade Camphill, na Noruega. Escreve para a *Landsbyliv* (Vida na Aldeia), revista da comunidade Camphill norueguesa, e é membro ativo do Norwegian Ecovillage Trust. Escreveu *Ecovillages: A Practical Guide to Sustainable Communities* (Floris, 2005), *Growing Eco-Communities: Practical Ways to Create Sustainability* e *Sakhnin: A Portrait of an Environmental Peace Project in Israel* (Floris, 2007 e 2009, respectivamente).

MÓDULO 2

Comida local

A restauração saudável do solo: a chave para a sustentabilidade

O cultivo de orgânicos para a autossuficiência da comunidade

A reconstrução de Cornucópia: como criar uma horta comunitária

Colheita em casa: a Agricultura Apoiada pela Comunidade (AAC) e a formação de agricultores na EcoVillage at Ithaca

A era dos comestíveis

A captação de água em escala de aldeia no Nepal

Revivendo o passado para sustentar o futuro: o sistema agrícola dos nativos Sioux

O Módulo 2 se inicia com este artigo sobre restauração do solo, uma vez que o solo saudável é a base de todas as práticas alimentares locais. Com o rigor de um cientista do solo e a tenacidade observadora de um permaculturista, Achim Ecker nos apresenta os fundamentos dessa atividade essencial. Os visitantes da ecovila de Achim, a Zegg, na Alemanha, percebem instantaneamente o aumento da vida selvagem e a exuberância da vegetação em comparação com o terreno circundante. O autor se refere a isso como "Paraíso"; e, depois de ler seu artigo, ficará óbvio que qualquer chance de recuperar o Paraíso na Terra deve começar com a restauração saudável do solo.

A restauração saudável do solo: a chave para a sustentabilidade

Achim Ecker

Zegg, Alemanha

"A melhor coisa que os humanos podem fazer é utilizar o *topsoil*."

Solo saudável = plantas saudáveis = comida saudável = pessoas saudáveis

Os primeiros 30 centímetros de solo são de vital importância para o desenvolvimento e a manutenção da vida na Terra. Essa camada superior do húmus alimenta plantas, animais e seres humanos com todos os nutrientes necessários. É assim que sempre foi. Desde o início da agricultura industrial, no entanto, testemunhamos uma perda alarmante desse *topsoil* vital. Em todo o mundo, 24 bilhões de toneladas de solo fértil são anualmente levados pela água ou simplesmente destruídos. Essa enorme massa de material seria suficiente para cobrir toda a superfície agrícola dos Estados Unidos.

O papel dos solos saudáveis

A chave para a sustentabilidade é começar com a restauração do solo. Isso parece tão simples, mas pode ser bastante profundo: o solo é nossa única fonte de alimento e nutrição saudável. Além do ar e da água, é um dos sistemas ambientais essenciais, que juntos constituem a base da vida para os humanos, para a flora e a fauna. Somente os solos saudáveis são capazes de sustentar a biodiversidade, os recursos genéticos e naturais. Os solos saudáveis são indispensáveis para a produção de alimentos e para o armazenamento de água e energia. Eles também têm uma vida microbiana ativa que é capaz de remover muitos poluentes.

A vida do solo – micro, meso e macrofauna – é um indicador-chave. Essas biotas do solo são os administradores subterrâneos da Terra. As minhocas, em particular, decompõem o material orgânico em formas menores que podem ser digeridas por seres microbianos, como bactérias e fungos. Estes, por sua vez, digerem ainda mais a matéria orgânica para que os minerais possam ser mais facilmente absorvidos pelas plantas. O excremento de minhocas são os melhores fertilizantes da natureza, e as minhocas podem criar 60 toneladas de excremento por acre por ano.

A quantidade de organismos do solo é inimaginável. Apenas uma grama de solo saudável contém aproximadamente 600 milhões de bactérias, 400 mil fungos e 100 mil algas. Em um hectare de solo, isso equivale a mais de 20 mil quilos de microrganismos nos quinze centímetros superiores. Além disso, existem 4,5 mil quilos de organismos superiores em ação dentro e sobre o solo.

A matéria orgânica em decomposição pode muito bem ser considerada um combustível para as atividades bacterianas no solo, que funciona como uma fábrica que produz nutrientes para os vegetais. As bactérias do solo, que são os agentes de decomposição, usam o carbono principalmente como combustível e nitrogênio como matéria-prima para seus corpos. A atividade bacteriana não ocorrerá na ausência de água ou elementos minerais como cálcio, magnésio, potássio, fósforo e outros. Estes, assim como o nitrogênio, são essenciais. A matéria orgânica do solo é a fonte de nitrogênio, o componente básico de todas as proteínas e aminoácidos.

A reciclagem natural

A decomposição por microrganismos no solo é o inverso do processo representado pelo crescimento das plantas acima do solo. As plantas em crescimento, usando a energia do sol, sintetizam carbono, nitrogênio e todos os outros elementos em compostos complexos. A energia armazenada nesses compostos é então usada quase que completamente pelos microrganismos cuja atividade no solo disponibiliza nutrientes para uma nova geração de plantas. Assim, a matéria orgânica provê a "Vida do Solo" no sentido mais absoluto.

A história do solo

O solo, aquele meio incrível em que nossa comida é cultivada, é composto de três elementos básicos – 25% de água, 25% de ar e 50% de sólidos. Os sólidos são compostos de matéria orgânica (húmus – vivo ou em decomposição) e inorgânica (não viva, como rochas e minerais). É a variedade de matéria orgânica no solo que determina quão potente e fértil ele é. A composição exata do húmus ainda é um mistério para a ciência química.

No passado, a maior parte da Europa (e do mundo inteiro!) era densamente arborizada. Uma espessa camada de floresta decídua mantinha a umidade no solo, evitava a erosão e era uma fonte contínua de matéria orgânica. A alta produtividade da maioria dos solos virgens sempre foi associada a seu alto teor de matéria orgânica, e a diminuição no suprimento desses solos com o cultivo geralmente é simultânea a uma correspondente diminuição da produtividade.

O resíduo glacial de rocha pulverizada disponibilizou minerais como solução para o crescimento das plantas. À medida que as plantas encontraram nitrogênio para combinar com esses minerais, elas cresceram, morreram e começaram a se acumular no solo. Por fim, quando as rochas estavam completamente desgastadas, fornecendo menos minerais, foi alcançado um ponto de equilíbrio no qual a matéria orgânica acumulada mantinha em combinação a maioria dos minerais que podiam ser transformados em formas solúveis.

O restabelecimento desse equilíbrio é o principal objetivo de toda a restauração do solo.

A restauração do solo

Com base nessas considerações, a proteção e a melhoria da camada do solo são as principais preocupações do trabalho ecológico realizado em Zegg. No estado de Brandemburgo, na Alemanha, com areias pós-glaciais profundas, o solo é bem arejado, mas a água que escoa leva embora nutrientes preciosos. Nas florestas, a camada média de húmus não tem mais de dois centímetros de profundidade. Em terreno aberto, uma grama fina cobre a areia pura. Originalmente, o solo era muito pobre em organismos e em vitalidade. Um problema é a baixa quantidade de chuvas, totalizando apenas 500 milímetros por ano, além dos solos arenosos e de sua fraca capacidade de armazenar água.

Um solo rico em diversas formas de matéria orgânica é um solo saudável. Esse solo contém formas de vida como bactérias, fungos, bolor, minhocas, insetos, plantas e muito mais. Essa rica variedade, ou biodiversidade, garantirá que as plantas recebam uma abundância de nutrientes no equilíbrio correto. As culturas crescerão! O solo saudável é a base para uma horta orgânica e um pomar de frutas prósperos. Nossas duas principais estratégias de restauração da qualidade do solo em Zegg são: melhorar o conteúdo de matéria orgânica e restabelecer as populações que habitam o solo (microrganismos, fungos, minhocas, insetos etc.), criando boas condições de vida para eles. Aumentamos constantemente a camada de húmus cobrindo com palha velha, folhas e feno dos parques e jardins públicos do município de Belzig e papelão. A cobertura morta cria um habitat para uma infinidade de organismos e fungos, que disponibilizam nutrientes para outras plantas.

A matéria orgânica fresca se caracteriza por uma grande quantidade de carbono em relação ao nitrogênio. Então, inicialmente, a decomposição extrairá nitrogênio do solo: a camada de cobertura morta precisa de nitrogênio para sua decomposição. Depois da decomposição da cobertura, graças à atividade de vida do solo, haverá mais nitrogênio disponível. O processo será mais rápido cada vez que acontecer. Para a restauração da matéria orgânica do solo, portanto, é preciso aumentar o nível de nitrogênio. Esse é o princípio básico por trás do uso de leguminosas como adubos verdes. Ao aumentar o conteúdo orgânico do próprio solo, muitas vezes será desejável usar legumes e gramíneas em vez de simplesmente adicionar diretamente matéria orgânica, como palha e composto. As leguminosas extraem o nitrogênio do ar e o depositam no solo; a quantidade no solo aumenta ainda mais quando seus próprios restos são adicionados.

"O cocô faz as flores crescerem!" Como a urina, ele contém grandes quantidades de nitrogênio e minerais. Comemos as plantas (ou animais que comeram as plantas). As plantas contêm nitrogênio que transmitimos em formas concentradas. Em algumas áreas cobertas em Zegg, também espalhamos o composto de nossos banheiros secos, pois o nitrogênio, o fósforo, os inúmeros microrganismos, fungos e minhocas promovem a decomposição do material orgânico em um húmus rico para uso. Inicialmente, dispersamos o pó de argila, que forma um composto mineral com o húmus, melhorando assim sua capacidade de reter nutrientes e água, e evitando sua perda por lixiviação nas águas subterrâneas em nossos solos arenosos.

Outro método valioso de restauração do solo é o uso de adubos verdes. Isso inclui ervilha, feijão, lentilha, trevo, alfafa (Medicago sativa), tremoço (Lupinus polyphyllus), giesta e falsa-acácia (Robinia pseudoacacia) – todos membros da família das ervilhas (Fabaceae). Por vários anos, plantamos uma grande variedade de plantas de adubo verde, que agora se propagam livremente. A alfafa foi especialmente importante para nós na recuperação da terra. Ela é capaz de estender suas raízes até uma profundidade impressionante de mais de dez metros, permitindo que ela permaneça exuberante e verde, mesmo durante os verões mais secos. Dessa forma, disponibiliza água e minerais dos níveis profundos do solo para muitas outras plantas e permeia o solo com veios de húmus.

Utilizamos um cortador de grama e deixamos o material vegetal no chão, a fim de recriar uma camada natural de húmus.

Usando os recursos locais

Há cerca de doze anos, nossa cidade de Belzig nos fornece uma quantidade abundante de folhas de outono. Antes disso, elas eram levadas ao depósito de lixo a cerca de dez quilômetros de distância e ainda era preciso pagar para depositar esse "lixo". Desde o momento em que começaram a nos trazê-las, eles pagam menos, dirigem menos e gastam menos energia. Deixamos essas folhas descansar um pouco e depois as espalhamos sob árvores e arbustos, e, consequentemente, alimentamos pradarias inteiras com a intenção de cultivá-las posteriormente com legumes.

A cobertura vegetal das folhas provou ser particularmente benéfica na floresta, pois, além de melhorar o solo, suprime as temidas ervas. Essa cobertura contém sementes de uma série de outras árvores e arbustos que contribuem para transformar uma monocultura típica de pinho pós-moderna em uma floresta de uso misto, combinando uma variedade de árvores frutíferas com as plantas comuns do sub-bosque. A cobertura de folhas fornece a essas sementes as condições perfeitas para a germinação e o crescimento precoce (estratificação fria/úmida).

Além disso, nas florestas em Zegg, criamos os chamados *Benjes* – sebes de mato – fornecendo um habitat para ouriços, cobras, sapos, anfíbios e pássaros. A lenta decomposição do material orgânico melhora constantemente o solo. Essas coberturas retêm água e diminuem os ventos. Os pássaros pousam sobre elas e deixam cair sementes, que podem brotar e crescer protegidas. Desde que começamos nosso trabalho de restauração do solo, a vitalidade já foi melhorada consideravelmente junto com uma grande variedade de microrganismos, insetos e fungos, pássaros e muitos outros animais, que podem ser observados. Uma dinâmica de cura muito particular foi iniciada, o que é especialmente óbvio durante períodos de seca. Conseguimos reduzir a irrigação ao mínimo, enquanto a vegetação permanece verde por períodos muito mais longos. Enquanto nos esforçamos para melhorar o solo em grande parte de nossa terra, outras áreas são deixadas intocadas como pastagens irregulares, biótopos florestais etc. Raramente entramos nesses refúgios, deixando-os o máximo possível para que permaneçam santuários para os animais e os espíritos da natureza em nosso terreno.

Quando vizinhos e convidados entram em Zegg, logo percebem muito mais pássaros e mais vegetação exuberante do que a apenas 100 metros de distância. Os pássaros prosperam nessa cadeia alimentar mais saudável. Todos os anos, uma variedade maior de pássaros vem para desfrutar disso e nos ajudar com nossa jardinagem. Um herborista descobriu mais de 80 ervas curativas que crescem por aqui. A vida enriquecida do solo nos deu o "Paraíso" e forneceu terreno natural para sustentar uma maior diversidade de plantas, insetos, pássaros e animais – e maior diversidade significa maior resiliência em tempos extremos. Lembre-se: a base de tudo isso é um solo saudável: é a Mãe da saúde para todos que nele vivem.

Referências

Ecker, Achim. *Sustainability and Ecology at the ZEGG Community*. Bad Belzig, 2004. Disponível em: pt.calameo.com/read/0012961508027f611f165.

Ecology et Permaculture. *ZEGG*: Centre for Experimental Cultural and Social Design, Bad Belzig, [2020]. Disponível em: zegg.de/en/community/ecology.html.

Achim Ecker nasceu em 1959 e vive em Zegg há mais de 35 anos. Trabalhou no desenvolvimento do fórum Zegg e treinou e supervisionou grupos na Europa, na América do Sul e nos Estados Unidos. Tem um profundo cuidado com as pessoas e com nosso planeta. Em Zegg, é o paisagista-chefe. Com o uso da intuição e do conhecimento em permacultura, é responsável pela criação de um solo fértil e de uma paisagem comestível sobre a areia glacial. Estudou permacultura com Masanobu Fukuoka na Grécia e com muitos outros na Alemanha. Também trabalha com bioconstrução nos desafios multifacetados de readaptar e isolar com materiais renováveis casas já prontas. É motivado por esse profundo carinho, compaixão e amor pelas pessoas e pela vida. Sempre busca novos desafios para aprender e ensinar. Ensina sobre fórum integral e faz treinamento de conscientização em alemão, inglês e espanhol. O autor possui o *site* oficial zegg-forum.org.

Este artigo sobre as técnicas agrícolas locais praticadas na Konohana Family tem implicações verdadeiramente globais. Michiyo Furuhashi escreve com genuína convicção sobre a importância de seu trabalho. A chave para a vitalidade de todos os sistemas de entrelaçamento da Konohana Family – ecossistema, sistema do solo e biossistemas de plantas e animais, incluindo os humanos – é a produção de Konohana-kin, uma solução com microrganismos. A Konohana-kin é repleta de microrganismos benéficos e é aplicada livremente como a camada nutritiva fundamental; assim, todos os sistemas vivos da Konohana Family compartilham essa fonte de microrganismos. Depois de ler este artigo, você também começará a alimentar todos os seus familiares com a Konohana-kin!

O cultivo de orgânicos para a autossuficiência da comunidade

Michiyo Furuhashi

Konohana Family, Japão

A agricultura da Konohana Family

Criada em 1994, a Konohana Family é uma comunidade agrícola de 71 pessoas que vivem juntas, cruzando as fronteiras das relações de sangue. A base da vida da comunidade é a agricultura orgânica, com o cultivo de vários tipos de produtos, como arroz, cereais, vegetais, aves para os ovos, abelhas para o mel, cabras para o leite, chás e frutas. Também produzimos missô e molho de soja com o método tradicional e vários produtos processados, e vivemos um estilo de vida autossuficiente e rico em variedade. Quase tudo é produzido com nossas mãos, exceto sal, açúcar, algumas especiarias, vinagre e óleo.

Desenvolvemos e participamos de vários negócios e atividades, como a entrega de arroz e legumes usando o esquema de caixa marrom,[1] oferecendo para as pessoas e visitantes locais programas educacionais sobre desenvolvimento de ecovilas e agricultura orgânica, aceitando hóspedes que necessitam de cuidados mentais e cooperando com o projeto Ecovillage Design Education (EDE).

Produzimos alimentos em pequenas quantidades, mas com grande variedade, incluindo dez tipos de arroz, 217 (88 itens) de vegetais, nove (cinco itens) de cereais e 36 (25 itens) de chás e frutas.

Nossa área de produção é de oito hectares de campos de arroz e oito hectares de hortaliças. Essa terra está espalhada por toda a vizinhança e 90% dela são pousios que fomos autorizados a usar gratuitamente. Para alcançar o maior grau de autossuficiência possível, semeamos e cultivamos a mesma terra várias vezes, ajustando o tempo para a colheita contínua de legumes da estação.

Seguimos o caminho da natureza como nosso modelo. A natureza não tem um ego, mantém a harmonia e garante que seus membros confiem uns nos outros. Para viver em harmonia com os outros naturalmente como indivíduos solidários, realizamos reuniões todas as noites para refletir e discutir abertamente quaisquer questões ou pensamentos que possam estar causando preocupação a qualquer um de nós. Nunca pulamos uma única reunião nos últimos dezesseis anos.

A agricultura da Konohana Family, semelhante a nosso modo de vida, usa a natureza como modelo. O solo que pode cultivar culturas saudáveis é um ecossistema rico e com grande biodiversidade.

Geralmente, quando dizemos "solo", referimo-nos à coleção de microrganismos, pequenos insetos, seus excrementos, insetos mortos, folhas secas e outras matérias orgânicas. Um bom exemplo é uma floresta natural saudável, onde seu leito faz barulho e é macio quando se caminha sobre ele. As culturas são cultivadas usando esse lixo gerado pela infinita atividade da vida e outras matérias orgânicas decompostas como nutrição.

As árvores da floresta parecem estar crescendo sem fazer nada; no entanto, elas realmente vivem através da conexão com outras formas de vida. Muitas formas de vida, como microrganismos e pequenos insetos, fazem parte do solo

1 A prática funciona da seguinte maneira: quando se recebe um item dentro de uma caixa marrom lisa, quer dizer que esse item foi originalmente comprado a granel e, em seguida, vendido de forma individual por um distribuidor, e que, portanto, é preciso devolvê-lo. (N. da E.)

de florestas saudáveis. As folhas caídas no chão são decompostas e transformadas em alimento pelos microrganismos e insetos. A Konohana Family tenta replicar as mesmas condições em nossos campos. Além disso, o que faz as plantações crescerem não é apenas o solo: a adição de luz do sol, água, vento, ar e amor humano torna possível a produção de alimentos saudáveis, cheios da energia vital.

Os tipos de fertilizantes orgânicos

Nos últimos quinze anos, a Konohana Family vem praticando um tipo de agricultura orgânica que só utiliza fertilizantes orgânicos obtidos de fontes locais. O quadro ao lado mostra os tipos de fertilizantes orgânicos obtidos localmente, categorizados pela relação C/N.[2] Os materiais com alta relação C/N são usados como adubo, para cobrir a superfície do solo cultivado[3] como cobertura orgânica e/ou para o plantio com os resíduos das culturas a fim de garantir solo novo após a colheita. Os materiais com baixa relação C/N são usados como submateriais para o adubo, como um potenciador para decompor os resíduos da colheita e para o *bokashi* fermentado anaeróbico[4] ou *bokashi* do solo. Como os materiais orgânicos com baixa relação C/N são eficazes, geralmente os deixamos passar por um processo de fermentação com os microrganismos.

Até recentemente, usávamos sobretudo esse tipo de fertilizante. No entanto, a partir de julho de 2009, experimentamos o método de circulação de carbono (CMM; do inglês, *carbon circulation method*). No CCM, não adicionamos nenhum esterco, mas continuamos adicionando materiais com alta relação C/N, como canteiros de cogumelos usados, lascas de madeira e gramíneas. Como resultado, podemos ter duas vezes mais colheita do que o método con-

2 A relação carbono/nitrogênio "pode, entre outras coisas, ser usada na análise de sedimentos e adubo. [...] As relações carbono/nitrogênio são um indicador da limitação de nitrogênio nas plantas e em outros organismos" (Carbon-to-Nitrogen Ratio. *Wikipedia: The Free Encyclopedia*, 7 jul. 2020. Disponível em: wikipedia.org/wiki/Carbon-to-nitrogen_ratio).

3 A parte cultivada do solo em arrozais e campos. A maioria das raízes tuberosas está dentro do solo cultivado, tornando-se uma fonte muito importante de nutrientes e água.

4 *Bokashi* é o que suaviza o fertilizante orgânico fermentado. São várias as fontes de fertilizantes orgânicos: bolo e farelo de sementes oleaginosas, farelo de arroz, estrume de aves e farelo de peixe.

vencional. Observamos bons resultados em nossos campos experimentais e pretendemos mudar continuamente para esse método.

Materiais orgânicos obtidos localmente

C/N alto	palha, pastagem, folhas caídas, junco, grama de relva, lama de papel, carvão vegetal, carvão defumado, folha verde, palha de arroz, palha, palha de trigo sarraceno
C/N baixo	estrume de aves, estrume de vaca, estrume de cabra, farelo de arroz, refugo de *tofu*, refugo de trigo, refugo de soja, água cozida de soja, água de arroz branco lavado, água cozida de macarrão de trigo sarraceno, resíduos de cozinha, folhas frescas

A *Konohana-kin* (microrganismos)

Desenvolvemos materiais baseados em microrganismos usando essas fontes de fertilizantes orgânicos crus para utilizar em nossos campos. Entre eles, eu gostaria de apresentar a *Konohana-kin* (em japonês, *kin* significa "microrganismos"). A *Konohana-kin* é uma solução de microrganismos fermentados, em que os microrganismos adaptados localmente são selecionados por meio de ingredientes naturais e, em seguida, cultivados juntos. Consideramos que é um material básico necessário para uso em qualquer produto orgânico. Os ingredientes usados são sobras de *tofu*, aminoácidos de arroz integral, agulhas de pinheiro, folhas de nêspera, folhas de bambu, ervas, cascas de citros, estévia (produzida por nós), melaço e, finalmente, materiais de microrganismos (EM2, EM3, EM4) que compramos.

Acreditamos que a principal fonte de fermentação são as comunidades microbianas já existentes nos outros ingredientes naturais, uma vez que a proporção adicionada de materiais EM é de apenas 1/100 cada. O processo promove a fermentação láctica acelerada nas comunidades microbianas existentes, como ácidos lácticos naturais e leveduras, com a fermentação sendo induzida pelo EM. Chegamos ao método atual de produção da *Konohana-kin* após um longo período de tentativas e erros, que também recebeu sugestões da tecnologia de produção de saquê. Não é apenas uma solução cultivada de microrganismos, mas pode ser fabricada com alta qualidade, como na produção de saquê e molho de soja. O método de produção é explicado em nosso site (em japonês); agradecemos comentários e oferecemos treinamento.

A *Konohana-kin* é um material indispensável para a produção de adubos e *bokashi*, e alimentamos os frangos e as cabras com a folhagem fermentada misturada com a *Konohana-kin*, além de adicioná-la à comida das abelhas. A matéria orgânica resultante do dia a dia, como a água que sobra da soja cozida e a água do arroz branco lavado, é submetida à fermentação com ácido láctico usando a *Konohana-kin* e é usada para fazer uma solução ativa de microrganismos que borrifamos no solo e/ou misturamos para produzir adubo. Com esses microrganismos eficazes no intestino de nossos animais e na matéria orgânica aplicada a nossos campos de trabalho, esperamos o desenvolvimento de um relacionamento compatível no ecossistema entre as plantações e os animais. Quanto ao gado, conseguimos criá-los sem o uso de antibióticos ou produtos químicos e percebemos uma melhoria significativa nas forragens e no ambiente reprodutivo usando microrganismos.

Nossos princípios sobre o uso da matéria orgânica

Acreditamos que a matéria orgânica atua como uma alavanca para ativar o ecossistema natural no solo. Considerando a situação geral, ter terras agrícolas orgânicas significa circular a matéria orgânica local e converter resíduos orgânicos em recurso útil.

Dizem que o solo não é simplesmente um recipiente para fertilizantes, mas que na verdade é uma sociedade viva e um ecossistema próprio, es seus microrganismos recebem mais de 95% de sua energia e nutrientes pela matéria orgânica do solo. As plantas também têm um sistema para absorver das substâncias geradas pelos microrganismos, as quais circulam no solo, os nutrientes necessários para o crescimento delas. O ecossistema natural possui um mecanismo para as plantas gerarem espontaneamente os nutrientes de que precisam, e a vida de muitas criaturas é sustentada por essas plantas para equilibrar o sistema.

Aplicando esse princípio ao campo, é possível promover a ação dos microrganismos do solo e ativar seu ecossistema coletando e processando várias matérias orgânicas locais e transformando-as em fertilizantes orgânicos no campo. Como resultado, torna-se possível produzir produtos alimentícios seguros e de alta qualidade. A matéria orgânica não é simplesmente um substituto para os fertilizantes químicos; ela é utilizada para ajustar o ecossistema do solo, que é a base da produção agrícola, combinando várias tecnologias ecológicas e colocando-as em prática.

A utilização da *Konohana-kin* na apicultura

Atualmente, em todo o mundo é difícil obter alimentos seguros. Usamos a *Konohana-kin* não apenas na agricultura básica como também na criação de gado e na apicultura. Recentemente, o desaparecimento das abelhas está ocorrendo no mundo inteiro, inclusive no Japão. É o chamado Distúrbio do Colapso das Colônias (CCD; do inglês, *Colony Colapse Disorder*), um fenômeno em que um grande número de abelhas desaparece da noite para o dia sem causa aparente.

Uma das razões possíveis é um vírus. Pela análise das abelhas que ficam nas colmeias, observou-se que seu sistema imunológico está enfraquecido. A resistência ao vírus pode ser melhorada aumentando sua imunidade. Esperamos melhorar o sistema imunológico dos animais e das plantas quando usamos a *Konohana-kin*, e os resultados obtidos foram evidentes. Consideramos que quanto mais usamos a *Konohana-kin*, mais resistência é desenvolvida para várias doenças. O ambiente de reprodução das abelhas também piorou no Japão e, ao aplicar produtos químicos em bactérias e parasitas, como na apicultura convencional, esses organismos ficam mais fortes. Assim, entramos em um círculo vicioso, o que significa que mais produtos químicos precisam ser aplicados. A Konohana Family não usa antibióticos; por isso, a infestação parasitária é muito baixa. Portanto, o uso de produtos químicos contra parasitas em geral é desencorajado. É criado um ambiente que exclui as bactérias nocivas à vida, priorizando as boas bactérias por meio da pulverização da *Konohana-kin* nas colmeias e misturando-a nos alimentos e na água. As enzimas refinadas da *Konohana-kin* têm a capacidade de disseminar a vida; portanto, elas trabalham para a saúde das abelhas de maneira eficaz. Achamos também que a boa bactéria melhora o sistema imunológico das abelhas e cria uma condição de elas resistirem a doenças.

A história das práticas agrícolas da Konohana Family

A Konohana Family começou a converter seu método de produção para o CCM, gradualmente, a partir de julho de 2009. Até então, tínhamos utilizado o fertilizante orgânico que pode ser obtido localmente, como mencionado.

A qualidade da terra local era ruim, sobretudo no início; por isso, aplicamos no solo material orgânico local, como folhas caídas, juncos e esterco de aves. Mais tarde, a área de terra que cultivamos aumentou tanto que não conseguimos obter folhas e juncos suficientes para todos os campos; por causa disso, colocamos 1,5 tonelada de esterco de aves a cada dez acres de terra. Esse método deu bons resultados no início. No entanto, os danos causados por insetos e as doenças nas plantas pioraram. Esses fenômenos nos fizeram perceber que colocamos muito fertilizante; então, reduzimos a quantidade: de 400 a 800 quilos por cada dez acres. Como resultado, não tivemos nenhum problema com a *komatsuna*,[5] as cenouras e os nabos, mas, apesar da redução de fertilizantes, ainda tínhamos problemas com pragas nas couves e nos brócolis. Descobrimos o CCM mais tarde, quando buscamos uma nova solução.

O método de circulação de carbono

Em julho de 2020, começamos a cultivar com o CCM vegetais folhosos, como a *komatsuna*, a rúcula e o repolho. Atualmente (outubro de 2010) estamos colhendo e observamos uma melhora significativa em relação às safras anteriores. Todas as culturas são brilhantes, as folhas são grossas e com cores fortes (o que difere dos resultados obtidos com a aplicação excessiva de fertilizantes) e o sabor é preservado.

O procedimento é o seguinte: triture o adubo verde e misture com o solo, depois adicione a solução de *Konohana-kin* ativada[6] e uma pequena quantidade de farelo de arroz cru, e cave o solo a uma profundidade de cinco centímetros para colocar a mistura. Aguarde uma semana enquanto os microrganismos ativados decompõem o estrume verde e aumentam em número; e mais uma semana para que a mistura alcance até quinze centímetros de profundidade. Duas semanas depois de misturar o adubo verde no solo, ele está pronto para plantar mudas e semear sementes. Aqui, a *Konohana-kin* oferece uma oportunidade para as boas bactérias e as bactérias nativas aumentarem seu número e incentivarem a fermentação, e não a decomposição. Até agora, pensava-se que

5 Vegetal japonês de folhas verde-escuras da família Brassicaceae, semelhante ao espinafre.

6 Solução de *Konohana-kin* ativada: adicione melaço à *Konohana-kin* como alimento e aqueça até 30 graus para maximizar sua atividade.

o esterco verde impedia o crescimento; assim, sempre esperamos três meses depois de cultivar o adubo verde.

A vida e a morte sempre se seguem no mundo natural. Com o CCM, a energia da vida é passada de geração em geração. Por exemplo, digamos que não havia minerais suficientes no solo. Se o sorgo é cultivado no campo, acumulando minerais e usado como adubo verde, a vida útil do sorgo cultivado não é perdida, mas é decomposta por microrganismos. Ao mesmo tempo, fornece minerais e atua como fonte para nutrir novas vidas.

A agricultura da Konohana Family é chamada de "agricultura natural". Isso não significa "não fazer nada" e depender totalmente da natureza, mas envolver o elemento humano como *parte* da natureza. Esse é o caminho de nossa agricultura. Achamos que podemos tornar possível a produção sustentável de alimentos, refletindo sobre o processo: aumentando a circulação, concentração e disponibilidade de materiais na natureza e introduzindo matéria orgânica em momentos apropriados para o clima local e a terra.

Conclusão

A taxa de autossuficiência alimentar do Japão é de 41% em calorias; o que significa que, de fato, 59% depende de importações de países estrangeiros. A autossuficiência de alimentos em uma ecovila não é uma questão só dela. Se a ecovila pode ser autossuficiente e reutilizar o lixo da cozinha como recurso de compostagem, isso pode encorajar moradores locais, além de ser um modelo para a sociedade. À medida que a autossuficiência alimentar se tornar possível em toda a região, ela contribuirá para melhorar a autossuficiência nacional de alimentos e, como resultado, não precisaremos mais importar safras do exterior. Além disso, com a redução de resíduos, podemos contribuir para a redução do aquecimento global. Atualmente, apenas 22% da população mundial vive em países desenvolvidos como o Japão. Escondida por trás da conquista de uma vida alimentar rica para nós, dependente de alimentos importados do exterior, está a exploração de produtores de alimentos dos países mais pobres. Acreditamos que a demonstração da autossuficiência alimentar em uma ecovila terá grande influência como modelo socioeconômico para a sociedade como um todo.

Michiyo Furuhashi é professora de ecologia e fundadora do Japan Ecovillage Promotion Project (JEPP). Desde 2007, vive na Konohana Family (hkonohana-family.org), principal ecovila do Japão. É responsável pela educação em ecovilas e por comunicações internacionais. Também canta na banda Konohana. É membro do conselho do Gaia Education e da Global Ecovillage Network (GEN), vice-presidente da GEN Oceania e Ásia e embaixadora da GEN no Japão. Organizou o primeiro Ecovillage Design Education no Japão, de 2008 a 2009.

O presente artigo traça a história da Damanhur Federation, na Itália, – sem dúvida um dos lugares mais mágicos da Terra – em relação à sua produção agrícola. A autora Capra Carruba, com a ajuda de amigos, cria uma história encantadora que destaca a prioridade da comida em uma comunidade em crescimento. De algumas pessoas visionárias da cidade plantando em terrenos na encosta da colina até a produção atual distribuída em um mercado regional, a história é de determinação, convicção e confiança. Capra fala brevemente dos valores espirituais subjacentes que mantêm a comunidade unida – mas, olhando um pouco mais de perto, você descobrirá que esses valores espirituais são a verdadeira sustentação de Damanhur.

A reconstrução de Cornucópia: como criar uma horta comunitária

Capra Carruba e amigos

Damanhur, Itália

Cornucópia: um símbolo de alimentação e abundância; também conhecida como o alimento da adoração e da santidade.

Uma introdução a Damanhur

A Damanhur Federaion é uma próspera ecossociedade no sopé dos Alpes, no norte da Itália. Damanhur, uma das comunidades intencionais não monásticas mais antigas do mundo, é uma sociedade baseada em valores éticos e espirituais. Sua crescente população de quase mil cidadãos se uniu para criar um consórcio de mais de 80 empresas – incluindo estúdios de arte, serviços diversos, empresas de bioconstrução, cooperativas agrícolas e vários outros modelos de negócios inovadores. O território de Damanhur se estende por toda a região de Valchiusella e Canavese, em Piemonte, e inclui quase 600 hectares (1.483 acres). O coração de Damanhur são Os Templos da Humanidade, um extraordinário complexo subterrâneo, frequentemente descrito como a Oitava Maravilha do Mundo. Essa obra-prima artística é dedicada à espiritualidade universal e ao despertar do divino em todo ser humano. Damanhur é uma comunidade-modelo, baseada na ação, no otimismo e na ideia de que todo ser humano vive para deixar algo de si para os outros e contribuir para a evolução da humanidade como um todo.

Damanhur não nasceu como um projeto agrícola; contudo, a autossuficiência surgiu como um forte objetivo para nós desde o início. Isso levou ao desenvolvimento de uma estrutura elaborada para produção e distribuição de alimentos. Neste artigo, pretendemos compartilhar as lições mais importantes que aprendemos nos últimos 35 anos, incluindo as dificuldades que encontramos e as soluções pioneiras como resultado. Embora grande parte de nossa situação seja única, muitas das soluções são exemplos concretos com aplicações mais amplas.

Eis a história de uma comunidade que começou com apenas algumas pessoas, a maioria de jovens da cidade, inspiradas pelo sonho espiritual de uma nova civilização. Foram visionários que desenvolveram um modelo de sociedade próprio, que incluía a agricultura sustentável como foco. Trinta e cinco anos depois, produzimos não apenas o suficiente para nossa comunidade como também o excedente para a comunidade ao redor, por exemplo, vegetais, vinho, pão, azeite, queijo e carne.

Da horta familiar à autossuficiência

No fim da década de 1970, os primeiros cidadãos de Damanhur compraram um pedaço de terra lamacento e montanhoso e batizaram sua capital: Damjl. Sem nenhuma experiência em agricultura, os fundadores fizeram o possível para criar e cultivar uma horta no estilo familiar. O foco do grupo na época era a construção subterrânea de Os Templos da Humanidade, que foram feitos inteiramente à mão, em segredo. As demandas físicas da construção influenciaram fortemente suas necessidades alimentares e nutricionais.

Logo, por necessidade, certos membros da comunidade começaram a se especializar em agricultura. A produção de alimentos começou a se tornar mais eficiente. Assim como nossos artistas e construtores, que estavam aprendendo suas habilidades, nossos agricultores também estavam começando do zero.

Os damanhurianos foram pioneiros em uma nova civilização e fizeram isso com um senso de urgência. O objetivo de criar um paradigma para a existência humana levou a escolhas radicais. Talvez a mais importante delas tenha sido um experimento de um ano em autossuficiência, que ocorreu em 1985. O projeto, conhecido como Olio Caldo (Óleo Quente), termo retirado de um mito antigo, incluía não apenas alimentos como também roupas, sapatos, ferramentas, bolsas, móveis e transporte. Todo e qualquer material usado pelo grupo participando do projeto foi produzido por eles mesmos.

Esse experimento de um ano se estendeu posteriormente para toda a comunidade. Os ensinamentos dessa experiência impactaram profundamente os valores da sociedade em crescimento. A possibilidade de liberdade da dependência de um sistema de distribuição externo de pessoas e de bens deu à nossa comunidade a confiança de que poderíamos produzir o que precisássemos para nos alimentar. No entanto, também aprendemos lições práticas, incluindo a constatação de que mesmo os indivíduos mais motivados não conseguem sustentar a falta de variedade nutricional por meses ou anos. Talvez isso seja possível em grupos menores, mas não em uma grande escala comunitária.

Ainda hoje, o experimento do Olio Caldo continua tendo repercussão em Damanhur. Damos imenso valor ao que produzimos, que tem importantes ramificações econômicas e sociais. Nesse período, a comunidade tinha cerca de 100 membros. As decisões eram centralizadas e a estratégia econômica priorizou a compra de casas maiores, bem como de terrenos e equipamentos adicionais para a agricultura. Como com todas as preocupações agrícolas, os desafios foram e são imensos. Nossas empresas relativamente pequenas cultivam orgânicos em uma região montanhosa com um período vegetativo curto, o que, por si só, é economicamente desafiador. As condições climáticas impactam ainda mais a situação. Tem sido uma prioridade educar nossa comunidade a comer frutas e legumes da estação.

Como a agricultura sustentável evoluiu e a comunidade cresceu, passamos da produção em escala familiar para a produção em nível profissional. Nos dias de nossas hortas familiares, era bastante fácil adaptar os gostos aos produtos disponíveis na estufa ou nos campos. Se os tomates eram abundantes, encontrávamos novas receitas e maneiras de preservá-los em molhos. Se a salada era escassa, simplesmente comíamos mais de outros vegetais. O que não produzíamos podíamos comprar no mercado – ou, melhor ainda, trocar nossos produtos pelos de nossos vizinhos.

Com o crescimento de Damanhur, nossas necessidades agrícolas se tornaram mais complicadas. Chegaram cidadãos de outras partes do mundo trazendo consigo diversos gostos e expectativas em relação à comida. Entrar em um modelo de sustentabilidade exigiu que os novos cidadãos ajustassem suas expectativas e aceitassem basear suas dietas em produtos orgânicos locais e alimentos sazonais a uma altitude de 480 metros.

A comida pode ser um marco para muitos aspectos de nossas vidas e, de repente, o jantar foi psicologicamente carregado de necessidades que iam muito além do que estava no menu da véspera! Na Itália, o país que inventou o movimento *Slow Food*, as expectativas para uma culinária requintada são especialmente altas. Aceitar o planejamento agrícola e os recursos limitados, satisfazendo nossos gostos diversos – garantindo ao mesmo tempo um resultado econômico suficiente para os agricultores – foram desafios difíceis. Todas essas questões nos levaram a investir recursos significativos em nossa cadeia agrícola.

Nos anos 1990, as empresas agrícolas assumiram a responsabilidade pela produção de alimentos, enquanto a comunidade ainda oferecia um apoio significativo. Produzir para a comunidade significava criar várias cooperativas com trabalhadores qualificados, introduzir mecanização adequada, ter estruturas para armazenar, conservar e criar produtos alimentares, além de veículos adequados para transportar frutas e vegetais frescos. Criar produtos alimentares para vender comercialmente significava que precisávamos de autorização da administração nacional de saúde e de rótulos de alimentos que estavam em conformidade com a lei italiana.

Havia muitos fatores que deviam ser levados em consideração – desde a aquisição do capital de investimento necessário até o desenvolvimento de canais de distribuição adequados. Quando estávamos fazendo marmelada em casa para a família, podíamos fazer o que quiséssemos. Quando decidimos colocar nossos produtos nas prateleiras dos mercados locais, os lucros precisavam cobrir os custos e surgiram dúvidas sobre quantidade e variedade, entrega pontual e uso do excedente de alimentos. Nos primeiros anos, enquanto essas perguntas ainda estavam sendo respondidas, a formação de grupos de consumidores cooperativos foi crítica. Eles se desenvolveram posteriormente na primeira e maior loja de alimentos orgânicos da região, a Tentaty, localizada em Damanhur Crea, que serve como um importante ponto de distribuição de alimentos e produtos feitos localmente.

A produção atual e a agricultura em Damanhur

Hoje, a base de nossa autossuficiência é dupla. Algumas culturas e produção de carne são centralizadas, servindo à comunidade como um todo. Paralelamente, cada comunidade-núcleo cultiva uma horta familiar, com estufa, para satisfazer suas necessidades individuais de frutas e legumes "cultivados em casa". Em uma iniciativa comunitária, a apicultura foi iniciada por cada família damanhuriana, em resposta à crise global do declínio das populações de abelhas.

A autossuficiência é uma estratégia contínua de aprendizado e um projeto com muitas implicações, e estamos gradualmente avançando em direção a nossos objetivos. Atualmente, temos 60 hectares para o cultivo e o feno. Até 2011, seremos 100% autossuficientes na produção de carne; 80% em laticínios; 70% na produção de grãos; entre 70% e 100% em legumes e verduras, dependendo da estação; e 40% em vinho e azeite. Damanhur também possui amplas florestas de castanheiros em uma área que chamamos de Bosque Sagrado.

As várias empresas agrícolas de Damanhur incluem agricultura, produção de vinho, árvores frutíferas, plantas selvagens e ervas, fabricação de queijos, uma padaria e um banco de sementes para preservar a diversidade da vida vegetal local. Completa o quadro um laboratório de biologia molecular para testes que garantem que nossos produtos alimentares sejam absolutamente livres de organismos geneticamente modificados (OGMs).

O espírito da agricultura damanhuriana

A agricultura em comunidade, para quem assume a tarefa, é uma paixão. O que alimenta essa paixão é a conexão direta com energias além deste reino humano, e a colaboração com essas energias não apenas para sustentar nossa comunidade como também para permitir que ela prospere e contribua para a evolução da humanidade neste planeta. A pesquisa constante para manter um ecossistema harmonioso coloca nossos agricultores em contato com os aspectos essenciais da vida, intermediando entre a natureza e nossa sobrevivência física, em colaboração com plantas e animais, nos planos material e espiritual.

Alimentar-se com outros seres, tanto plantas como animais, implica uma grande responsabilidade. Não basta que nossa carne seja orgânica. Os animais que fazem esse sacrifício por nossa mesa devem receber uma alta qualidade de vida e uma morte digna. O tomate e a verdura em nossa salada devem ser reconhecidos e respeitados como forças vitais inteligentes.

O respeito a todos os seres vivos se traduz em métodos agrícolas diversificados e conscientes. Com o denominador comum de "agricultura orgânica", uma variedade de métodos para o cultivo foi explorada na comunidade. Essa pesquisa inclui permacultura, agricultura biodinâmica e culturas radiônica e hidropônica. Além de nossa colaboração com a natureza para nos sustentar fisicamente, também nos envolvemos em contatos fascinantes e experimentais com a natureza, como tocar música para as plantas e criar os meios para que elas se expressem musicalmente. Em Damanhur, também há um campo único de pesquisa envolvendo dispositivos metálicos que direcionam energia vital e inteligente, chamado Selfica.

Um ideal de autossuficiência é criar uma cadeia ininterrupta, em que haja não apenas produção vital como também pouco desperdício: além de carne e leite, as vacas produzem esterco, que, por sua vez, é usado para fertilizar os campos de feno e grãos, que, então, são usados para alimentar as vacas, que, novamente, fornecem carne e leite.

Na história, muitos rituais foram praticados na época do plantio e da colheita. Como comunidade, ecoamos e reforçamos esses rituais antigos e universais de gratidão e colaboração harmoniosa com as energias e inteligências dos reinos vegetal e animal. Além de nossos rituais de plantio e colheita, todos os dias, quando os damanhurianos se sentam para comer, oferecemos uma oração muito antiga e bonita, agradecendo aos frutos da terra, do ar, da água e da terra, aos animais e a todos os elementos de nutrição alquímica para nosso corpo e nossa essência. E pedimos que nosso comportamento seja consciente e digno.

Noi ringraziamo i frutti di terra, di aria, di acqua e di sottoterra, gli animali
e tutte gli elementi nutrimento alchemico al nostro corpo e alla nostra essenza.
Sia il nostro comportamento consapevole e dignitoso.

O presente artigo é resultado do esforço coletivo de muitas pessoas. Gostaria de agradecer a Fauno, Gracchio, Sciacallo, Quaglia e Betsy por suas preciosas contribuições.

Christine Schneider nasceu em 1968 no norte da Alemanha e vive em Damanhur, onde escolheu o nome **Capra Carruba**. Estudou ciências políticas e trabalhou como consultora de formação e desenvolvimento organizacional. Ensina metafísica e construção de comunidades na Damanhur University e trabalha na SOLIOS, empresa fundada por ela. Seu grande interesse de pesquisa é o que faz as comunidades funcionarem e como a transformação pode ser realizada. É secretária da Global Ecovillage Network.

A Ecovillage at Ithaca (EVI) tornou-se um exemplo brilhante de desenvolvimento comunitário sustentável e provavelmente o modelo mais replicável da América do Norte. Neste artigo, a diretora executiva Liz Walker nos conta seus programas agrícolas. No auge do período vegetativo, a West Haven Farm da EVI alimenta mil pessoas por dia em dez acres, principalmente por meio da Agricultura Apoiada pela Comunidade (AAC) [CSA; do inglês, community-supported agriculture], com escoamento para um mercado de produtores. Há também uma tradição de colaboração na Cornell University e no Ithaca College. No entanto, talvez o mais impressionante seja a rede regional de produção local de alimentos e ensino que se desenvolveu com a EVI em seu centro... Liz Walker e sua ecovila estão criando precedentes.

Colheita em casa: a Agricultura Apoiada pela Comunidade (AAC) e a formação de agricultores na EcoVillage at Ithaca

Liz Walker

EcoVillage at Ithaca (EVI), Nova York, Estados Unidos

Estamos em um dia claro de verão em meados de agosto. Jen e John, nosso casal de agricultores residentes, trabalham com uma dúzia de ajudantes para fazer a colheita do dia. Colhem reluzentes tomates vermelhos e três tipos de feijão. Alfaces enormes, folhas verdes e alface-manteiga transbordam em seus recipientes. Abobrinhas, vários tipos de abóboras e berinjelas roxas brilhantes. O ar no celeiro é repleto de aromas de ervas – endro, manjericão e coentro.

Todos trabalham rapidamente. Em breve, os 200 sócios da fazenda vão buscar sua parcela semanal de produtos cultivados organicamente. As pessoas vão parar e conversar com os amigos, enquanto as crianças vão brincar na caixa de areia. E eles escolherão belos buquês no jardim para adicionar cor e perfume às suas casas. A fartura desse local encontrará seu caminho até as cozinhas e as mesas em toda a comunidade da ecovila e além, para a grande área de Ithaca.

A West Haven Farm foi o início da visão da EVI a se manifestar. Estabelecida por Jen e John Bokaer-Smith em 1993, a fazenda de dez acres (quatro hectares) é certificada como orgânica pela Northeast Organic Farming Association (NOFA). Ao contrário de outras fazendas, ela nunca sentirá a pressão dos desenvolvedores ansiosos para criar outra subdivisão, pois é protegida pela servidão permanente de conservação da EVI em 55 acres de terra (cerca de um terço de nossa área total), mantida pelo Finger Lakes Land Trust. Ela também é uma fazenda de Agricultura Apoiada pela Comunidade (AAC).

A Agricultura Apoiada pela Comunidade: estamos todos juntos

Uma fazenda AAC cria uma rede maravilhosa de conexões entre as pessoas e a terra. Ao se juntar à AAC, as pessoas podem desfrutar de alimentos orgânicos sazonais produzidos perto de casa, ao mesmo tempo que ajudam a agricultura sustentável a florescer. Os sócios pagam uma parte das despesas da fazenda e, em troca, recebem semanalmente uma recompensa de vegetais, ervas e flores recém-colhidos durante todo o período vegetativo (do final de maio ao início de novembro no interior de Nova York). Os agricultores se beneficiam de ter um mercado garantido para seus produtos e os consumidores têm a satisfação de comer bem – uma dinâmica que é recíproca e pessoal. Como Jen me disse: "Os relacionamentos que desenvolvemos com nossos membros nos nutrem, assim como a comida que produzimos nutre nossos membros".

A West Haven Farm não é apoiada apenas pelos membros da AAC. Embora 60% das colheitas da fazenda sejam destinadas aos membros, outros 40% vão ao mercado de produtores de Ithaca e 1% é vendido por atacado à EVI (para nossas refeições comunitárias várias vezes por semana) e à Greenstar (uma cooperativa local de alimentos naturais). Isso soma 101%, o que representa com precisão o que o casal coloca na fazenda. Resumindo, a West Haven Farm alimenta cerca de mil pessoas por semana durante o período vegetativo. Como uma horticultora ocasional, acho surpreendente que dez acres possam ser tão intensamente produtivos.

Parte do segredo do sucesso da fazenda tem a ver com a maneira como os agricultores cultivam o solo. John e seu braço direito, o gerente Todd McLane, literalmente alimentam o solo aplicando adubo verde compostado, plantando plantas de cobertura fixadoras de nitrogênio e praticando a rotação de culturas. Seus esforços estão restaurando terras anteriormente esgotadas por anos de práticas agrícolas ruins. E terras saudáveis produzem colheitas saudáveis.

A terra agora produz vegetais com alto valor nutricional. Na verdade, na EVI, um remédio popular para resfriados é a sopa feita com os produtos frescos de Jen e John. Tome a sopa no jantar, diz o ditado, e você se sentirá melhor pela manhã. Tentei e é verdade.

Hoje, a fazenda é uma operação muito bem-sucedida. O casal cultiva 3,4 hectares de vegetais, 0,6 hectare de frutas e um pomar de maçã de 0,4 hectare em uma cidade vizinha (onde trabalham em cooperação com outro agricultor). Eles cultivam 250 variedades de sementes, incluindo cerca de 50 tipos de flores e praticamente todos os tipos de vegetais que você pode cultivar no nordeste do país, exceto aspargos. Eles plantaram muitas árvores frutíferas em 2001 – maçãs, pêssegos, damascos, peras e ameixas – que agora começam a dar frutos.

Sabendo quão deliciosos são os morangos, não fiquei surpresa ao descobrir como as outras frutas são suculentas. Tenho um grande prazer em morder uma maçã crocante ou um pêssego suculento cultivado em nossa própria terra!

Novo modelo de propriedade

Apesar de seu sucesso, a West Haven Farm exigiu grande dedicação e sacrifício de Jen e John e criou uma sobrecarga financeira para seus proprietários. Embora a EVI, Inc., sem fins lucrativos, seja proprietária da terra que cultiva (que a fazenda arrenda por uma taxa muito baixa), eles tiveram que investir cerca de 200 mil dólares do próprio dinheiro para construir um pequeno celeiro e uma estufa permanente, instalar uma bomba e expandir a lagoa existente, adquirir *hoop houses* ("casas de vegetação")[1] para proteger as mudas precoces da geada, instalar uma cerca de três metros e muito mais. Eles tiveram que fazer uma segunda hipoteca da casa e, após 12 anos de agricultura, começaram a se sentir esgotados. Eles tentaram vender a fazenda, mas poucas pessoas preencheram todos os critérios. Eles estavam procurando agricultores experientes, que tinham dinheiro suficiente para comprar o negócio e preferiam

1 Estrutura de arame que serve de apoio para uma cobertura que protege as plantas do frio. (N. da E.)

morar em comunidade. Muitos candidatos visitaram e alguns até pareciam se encaixar no projeto, mas ninguém realmente fez uma oferta. Justamente quando parecia que estávamos perdendo uma empresa agrícola muito importante no local, Jen e John decidiram experimentar um novo modelo e atrair investidores. Eles encontraram um punhado de famílias (a maior parte residente na EVI) que queriam investir em segurança alimentar a longo prazo. Esses investidores conseguiram ajudar a pagar a dívida do casal, em troca de uma parte dos pequenos lucros.

Uma onda de alimentos e agricultura locais

Enquanto isso, a crise estimulou o surgimento de outra visão. Durante anos, a West Haven Farm havia oferecido uma quantidade reduzida de programação educacional para estagiários ocasionais ou passeios para estudantes da Cornell University. O que poderia acontecer, pensamos, se nossa organização educacional sem fins lucrativos, o EcoVillage at Ithaca Center for Sustainability Education (EVI-CSE), trabalhasse em conjunto com a West Haven Farm para oferecer oportunidades educacionais práticas para os agricultores iniciantes? A ideia ganhou força em um jantar especial de arrecadação de fundos, realizado no outono de 2008, que contou com a presença do presidente da Cornell University, David Skorton, e de sua esposa, doutora Robin Davisson, como oradores principais. Eles falaram apaixonadamente sobre a comida local e relataram como a Cornell estava começando a mudar seus hábitos de compra para obter 25% de seus produtos a menos de 160 quilômetros. (Em 2009, a norma mudou para incluir 33% dos produtos comprados pela universidade.) A universidade, que alimenta 24 mil pessoas diariamente, e tem um orçamento anual de 9 milhões de dólares para supermercados, claramente tem muita influência econômica. Um dos problemas levantados pelos palestrantes foi a necessidade de mais fazendas locais, já que a demanda por produtos de origem local se multiplica.

Depois que o jantar terminou, minha amiga e ex-vizinha de ecovila Joanna Green veio até mim e, com o rosto brilhando de convicção, disse: “Liz, sei o que quero fazer de minha vida agora. Quero ser a pessoa que faz essa ideia acontecer”. Sob a orientação de Joanna, “essa ideia” se tornou um programa de rápido crescimento, o Groundswell Center for Local Food and Farming. Joanna se aposentou precocemente da Cornell, onde trabalhou por mais de duas décadas em formação e pesquisa em agricultura sustentável. Com base em sua extensa rede de contatos em alimentos e agricultura locais, montou um excelente Conselho Consultivo, incluindo representantes da Cornell Cooperative Extension (CCE), do Ithaca College, estudantes de pós-graduação, agricultores e muito mais.

> [A missão Groundswell] tem como objetivo ajudar jovens e adultos a desenvolverem as habilidades e os conhecimentos necessários para construir sistemas alimentares locais sustentáveis. Nosso foco é oferecer oportunidades práticas de aprendizado experimental em fazendas e empresas de alimentos reais na área de Ithaca, NY. Com a colaboração de escolas da área, faculdades e universidades, o Groundswell oferece programas de estudo para agricultores, estudantes, membros da comunidade e profissionais.[2]

Depois de mais de um ano de organização cuidadosa, o Groundswell ofereceu seu primeiro Summer Practicum in Sustainable Farming (Curso Prático de Verão em Agricultura Sustentável), no verão de 2010. Catorze jovens adultos passaram oito semanas aprendendo por meio de treinamento prático em três fazendas locais – West Haven (uma fazenda de legumes e verduras), Kingbird (uma fazenda que usa tração a cavalo; nela, o gado é alimentado com capim, carne de porco, aves e ovos, especialização do local) e Northland Sheep Dairy (com produção e *marketing* de queijos *gourmet* feitos com leite de ovelha). O curso incluiu visitas de campo detalhadas para conhecer outros produtores e varejistas locais, alguns estudos acadêmicos e os alunos gostaram de preparar os próprios alimentos locais para o almoço em todos os dias do programa com a ajuda de um nutricionista do Ithaca College. Comeram comida deliciosa e sazonal, que muitas vezes haviam colhido e, em um jantar de encerramento para os apoiadores do programa, vários estudantes notaram que os almoços foram um enorme sucesso. "Foi a primeira vez que aprendi realmente a cozinhar verduras e legumes", disse um jovem de vinte e poucos anos. "Eu descobri que eles eram muito bons." Os alunos ganharam seis créditos por meio da faculdade comunitária local, e mais importantes do que os créditos foram o extenso conhecimento e a apreciação pela alimentação e agricultura locais que obtiveram. Vários estudantes sentiram que o programa havia mudado suas

2 Groundswell: Center for Local Food & Farming. Disponível em: groundswellcenter.org.

vidas.O Groundswell também iniciou um programa inovador que foi desenvolvido pela primeira vez por agricultores no vale do Hudson. O novo Finger Lakes Collaborative Regional Alliance for Farmer Training (CRAFT) oferece treinamento avançado para aspirantes a agricultores em Ithaca. A abordagem do CRAFT baseia-se no treinamento fornecido por agricultores individuais a seus estagiários e funcionários durante o curso no período vegetativo e inclui sessões de treinamento de nove dias em uma das três fazendas mencionadas anteriormente. Essa abordagem tem sido muito bem-sucedida para aumentar a qualidade, a profundidade e a amplitude do treinamento de novos agricultores em várias regiões nos Estados Unidos e no Canadá. As comunidades com um programa CRAFT tendem a atrair os estagiários mais sérios e comprometidos, o que é um grande benefício para as fazendas participantes. Estamos entusiasmados por desenvolver esse programa em Ithaca.

Perguntei para Joanna como ela se sentia sobre o progresso do Groundswell:

> De certa forma, o Groundswell é o resultado de décadas de trabalho – uma mistura de muitas das vertentes existentes no sistema alimentar local com algumas novas, notadamente: a EcoVillage at Ithaca, a Cornell Cooperative Extension, as fazendas, a faculdade comunitária, a Cornell, o Ithaca College e as escolas públicas locais. Acho que é um modelo muito replicável.

Em outubro de 2010, o Groundswell ganhou uma grande doação do Departamento de Agricultura dos Estados Unidos (USDA; do inglês, United States Department of Agriculture) para apoiar o treinamento de novos agricultores e horticultores urbanos.

O projeto de treinamento para novos agricultores do Groundswell visa aumentar o número, a diversidade, a lucratividade e a sustentabilidade ambiental dos agricultores da área, fornecendo treinamento, orientação, apoio ao planejamento de negócios e acesso à terra na EVI.

> Estamos fazendo um investimento de três anos para desenvolver uma forte rede de apoio multicultural, social e econômica para os agricultores iniciantes", disse Joanna. "Reuniremos jovens e velhos, brancos, negros, imigrantes, ricos, pessoas com recursos limitados, agricultores iniciantes e experientes para aprender uns com os outros e fortalecer nosso sistema alimentar local.

Reconhecendo a diversidade de possíveis agricultores em nossa comunidade, o projeto abordará as necessidades de três grupos-alvo:

- ***Start-ups***: aqueles recentemente iniciados na agricultura por conta própria, ainda necessitando de mais treinamento, orientação e suporte ao planejamento de negócios para ter sucesso.
- **Estagiários de agricultura**: aqueles capazes e dispostos a passar dois anos trabalhando e aprendendo em fazendas estabelecidas.
- **Mercado de horticultores**: horticultores urbanos interessados em desenvolver pequenas empresas comerciais para atender aos mercados comunitários locais.

Além de apoiar os agricultores iniciantes em nossa própria comunidade, Green acredita que o projeto fará da área de Ithaca um ímã para agricultores aspirantes em todo o país, que desejam obter experiência e treinamento prático antes de iniciar suas próprias fazendas em outras regiões.

Graças a Joanna, Jen e John, Todd e outros agricultores, o Finger Lakes é um bom lugar para aprender a cultivar alimentos deliciosos e um ótimo local para comer. Fico feliz que nossas terras abundantes nesta ecovila possam ser tão bem aproveitadas.

Liz Walker é uma das fundadoras da EcoVillage at Ithaca (EVI) e diretora executiva do centro sem fins lucrativos EcoVillage at Ithaca Center for Sustainability Education, Nova York (Estados Unidos). O conteúdo deste capítulo foi extraído, em parte, de dois de seus livros: *EcoVillage at Ithaca: Pioneering a Sustainable Culture* e *Choosing a Sustainable Future: Ideas and Inspirations from Ithaca, NY* (New Society Publishers, 2005; 2010, respectivamente).

Para a especialista em permacultura Maddy Harland, a ideia de uma iminente escassez de alimentos seria impensável. Em uma rede de horticultores agroecológicos e propagadores de plantas na Grã-Bretanha, entusiastas como Maddy trocam e compartilham porta-enxertos, sementes e mudas para disseminar uma infinidade de plantas que você nunca encontrará nas prateleiras dos supermercados. De fato, Maddy chama de "patética" a disponibilidade atual de variedades e nutrientes nas sociedades de consumo e nos pede para explorar e experimentar a abundância que a natureza tem a oferecer. A visão que se segue é chamada "a era dos comestíveis" – um futuro sustentável, no qual as famílias e as comunidades cultivam e estabelecem variedades locais disponíveis na loja da natureza em uma prática humana primordial que contribui não apenas para a segurança alimentar como também para a nutrição espiritual.

A era dos comestíveis

Maddy Harland

The Sustainability Center, Inglaterra

Uma preocupação comum que as pessoas compartilham comigo é como vamos nos alimentar quando o suprimento barato e onipresente de comida de supermercado acabar junto com o sistema agrícola e de transporte, que depende tanto do petróleo. Minha resposta é que apenas tocamos a ponta do conhecido *iceberg* quando se trata de comida. O que comemos, em particular em culturas industrializadas, é incrivelmente limitado: em média, alguns tipos de carne, peixe, legumes e frutas comuns e um ou dois grãos. Sim, comemos vegetais e frutas exóticas fora de estação, vindos dos cantos mais longínquos do mundo, mas a base da dieta ocidental convencional é pateticamente limitada e pouco saudável.

Entre 1996 e 1997, trabalhei com Ken Fern em seu livro, *Plants for a Future: Edible & Useful Plants for a Healthier World*.[3] Ken é um pioneiro que pesquisou, cultivou, experimentou e comeu plantas que habitam todos os nichos ecológicos, desde os bosques e as florestas até os campos e as aquáticas. Ele criou um banco de dados de 7 mil plantas comestíveis, medicinais e outras plantas úteis.[4] Ken abriu meus olhos para as plantas pouco conhecidas e me fez pensar em nossa predisposição cultural para comer comida de supermercado, pré-selecionada pela aparência cosmética, além de sua capacidade de armazenamento e durabilidade, para que tenham uma vida útil mais longa nas prateleiras. A indústria pode estar em parte promovendo produtos orgânicos, sazonais e às vezes variedades locais, mas ela ainda seleciona, em sua maioria, monoculturas e sementes híbridas F1. Os resultados são brandos, limitados e corroem nossa compreensão do potencial repertório disponível.

Imagine então o fortalecimento da preservação e da troca de sementes locais, além de uma viagem de descobertas comestíveis por produtores intrépidos e o intercâmbio transnacional de informações, plantas e sementes por permaculturistas e outros pesquisadores. Um movimento global de base está crescendo rapidamente e dará início à Era dos Comestíveis. Que histórias surgirão quando abrirmos nossas mentes para as delícias de novos alimentos duradouros e anuais?

Uma ressalva: ecologistas e especialistas em restauração da terra têm uma preocupação legítima de que os exóticos, ou seja, as plantas não nativas, superam as nativas. Um exemplo salutar é a erva daninha japonesa *knotweed*. Introduzida como uma planta exótica ornamental de jardim (embora comestível), escapou do jardim e agora coloniza a natureza. É quase impossível erradicá-la e cresce através de asfalto e concreto. Outro exemplo é a amora-preta europeia, solta na frágil ecologia da Austrália, onde cresce em grandes matas impenetráveis, superando as espécies nativas. Ao experimentar, precisamos estar atentos onde liberamos as plantas não testadas e incentivamos o ressurgimento do cultivo de comestíveis nativos antigos. Como "Na natureza não há confinamento", devemos experimentar com cautela, especialmente em ecologias frágeis.

3 Fern, Ken. *Plants for a Future: Edible & Useful Plants for a Healthier World*. Hampshire: Permanent Publications, 1997.

4 Plants for a Future. Disponível em: pfaf.org.

É no meu jardim que experimento com cuidado. Não planto espécies invasoras, mas cultivo inúmeras plantas comestíveis incomuns e incentivo outros a expandir suas coleções. Minha história favorita é a de uma variedade rara de maçã, uma da ilha de Bardsey, plantada no jardim agroecológico. O modo como consegui uma árvore incomum dessa indica o potencial oculto de plantas até hoje desconhecidas que esperam para serem encontradas... Durante séculos, os peregrinos (os celtas e mais tarde os cristãos) seguiram o pôr do sol para visitar e frequentemente morrer na remota ilha de Bardsey no final da península de Lleyn, no País de Gales. De fato, três viagens a Bardsey foram consideradas o equivalente a uma peregrinação a Roma.

"Atualmente, a maioria dos peregrinos de Bardsey são turistas que vão para um piquenique rápido e para tirar fotos da abadia medieval em ruínas, das focas e, principalmente, deles mesmos", escreveu Ian Sturrock, um viveirista que rejuvenesceria essa variedade rara. "Nossos amigos emplumados também visitam a ilha e, com eles, surgem os 'observadores de pássaros'" – e Bardsey tem o mais antigo observatório dessas aves do Reino Unido."

Ian conta como seu amigo Andy Clarke, um "observador de pássaros" ou ornitófilo, encontrou uma árvore bem velha crescendo ao lado de uma das casas da ilha. Tanto o fruto como a árvore estavam saudáveis. Uma mordida revelou uma deliciosa maçã crocante com sabor cítrico. Para encurtar a história, Andy trouxe duas maçãs para Ian, um viveirista de Bangor, que não conseguiu identificar a árvore em sua extensa biblioteca de referência, mas soube de imediato que era uma variedade potencialmente deliciosa. Os membros da National Fruit Collection também não conseguiram identificá-la. A árvore solitária era única. Ian recebeu permissão para espalhar a árvore e, assim, preservá-la para a posteridade. Ele enxertou centenas de árvores em vários porta-enxertos diferentes e começou a disponibilizá-las para os fruticultores de toda a Grã-Bretanha, que estariam dispostos a lhe dar um *feedback*.

Na ilha, a árvore é castigada pelos vendavais durante longo período do ano e muitas vezes perde a maior parte de suas folhas por causa do sal e do vento. Consequentemente, só produz frutos de modo ocasional. A árvore está completamente livre das doenças que florescem nas condições mais úmidas do continente, sobretudo a sarna nas frutas e o cancro na madeira. Em 2005, ninguém sabia quando a árvore floresceu e se as flores eram ou não tolerantes à geada. (A ilha não tem geadas.) A árvore produziu uma colheita regular? A árvore-mãe tem colheita irregular porque os vendavais carregados de sal da primavera geralmente matam a flor. Quando foi a melhor época para colher a fruta ou quanto tempo pode ser mantida? Essas e muitas outras perguntas permaneceram um mistério.

Tim Harland e eu estávamos muito interessados em experimentar a árvore enquanto cultivávamos maçãs no calcário em Hampshire Downs, a cerca de vinte quilômetros da costa inglesa. Temos 23 variedades que produzem no início, no meio e no fim da estação O solo calcário não é ótimo para várias de nossas variedades, e tivemos problema com o aparecimento do cancro e da sarna. Ian me enviou uma árvore e a plantamos no inverno de 2005. É uma árvore vigorosa e saudável. Mesmo em sua primeira temporada, em 2006, ela floresceu, mas, para estabelecer nossa preciosa carga, removemos todas as flores por três anos e deixamos a árvore colocar sua energia em suas raízes. Em 2009, deixamos seguir seu curso. A árvore floresceu em maio e deu frutos com sucesso. Não mostrou sinais de fragilidade no vento e nas fortes chuvas e começou a produzir do meio ao final de agosto. No ano seguinte, ela voltou a dar frutos.

Posso confirmar que as árvores e os frutos são resistentes à sarna e, sim, as maçãs são realmente boas: crocantes, doces, razoavelmente grandes e com belos tons de vermelho e amarelo. A casca fica um pouco cerosa depois de uma semana mais ou menos em temperaturas normais, mas a maçã permanece crocante. Não sei por quanto tempo é possível armazená-las e duvido que descubra até que a árvore seja maior. Elas são simplesmente boas demais para guardar. Devo ser mais científica na próxima safra! Minha gratidão para Andy por perceber que ele havia encontrado uma joia e para Ian por sua habilidade com enxertia e por generosamente ter nos deixado plantar uma das árvores. Elas estão no topo de minha lista de maçãs e quero ir à ilha de Bardsey e conhecer a árvore-mãe.

Além das maçãs de Bardsey, tenho experimentado outros comestíveis menos comuns, como o tubérculo sul-americano oca (Oxalis tuberosa), as *honeyberries* (do gênero Lonicera) e as trufas de verão inoculadas em avelãs. Outro comestível que colhemos ano após ano em nosso jardim agroecológico sem muito trabalho é a pera-asiática ou *nashi*. Elas são vendidas nos supermercados como uma pera exótica de preço *premium* na Grã-Bretanha, mas é muito fácil de cultivar em casa. É baixa, mas tem um lindo crescimento e propagação, ressonante de suas origens orientais, lindas flores brancas na primavera e quase não precisa de poda. As peras têm a forma de maçãs, são crocantes e suculentas. São gostosas para comer e fazem um excelente vinho.

Menos estética, mas igualmente útil é uma couve que me foi dada por amigos da permacultura no País de Gales. Enquanto admirava o jardim agroecológico, deparei com um saudável arbusto de couve e Andy simplesmente retirou algumas couves mais baixas e me aconselhou a colocá-las em um vaso com adubo, sem a necessidade de técnicas de propagação complicadas. Elas se enraizaram entusiasticamente, e eu as plantei no início da primavera. Na primeira temporada, foram mastigadas por lesmas e assoladas por pombos famintos. Cobri-as com uma proteção feita de grandes garrafas de água com o fundo cortado e no outono elas haviam se recuperado. No final de outubro e novembro, as plantas fornecem à família verduras saudáveis semanalmente, uma época em que a maioria de nossos legumes anuais termina e a estufa produz plantas para o "abismo de fome" na primavera. Desde que estabeleci essa couve, cortei mudas e as passei para outros amigos na região mais fria da Inglaterra. Eles também ficaram satisfeitos com a produtividade e o gosto da planta. Essa é uma planta para a qual todo hortelão de climas frios e temperados deve ter um lugar.

Outra favorita é uma planta mais modesta, a beldroega-de-rosa (Claytonia alsinoides. C. sibirica), que me foi dada por Ken Fern. É um pequeno comestível atraente que gosta de lugares úmidos e sombrios de meu jardim, onde quase nada que posso comer crescerá. Tem gosto de brotos de ervilha, é espontânea e tem lindas flores rosa. É um complemento útil para saladas e é fácil de cultivar. Meu tipo de comestível!

Este ano também plantamos um novo lote de árvores do Agroflorest Research Trust (ART), como pimenta-do-nepal (Zanthoxylum alatum), corniso-chinês (Cornus kousa chinensis), chifre-amarelo (Xanthoceras sorbifolium) e plantas rasteiras como Rubus nepalensis. O corniso-chinês me interessa particularmente como um comestível porque é uma árvore muito bonita. Não vejo razão para que hortas e jardins agroecológicos não sejam lugares de beleza, assim como funcionais. Precisamos alimentar o espírito, assim como o corpo.

Uma visita ao jardim agroecológico de Martin Crawford no ART em Devon (Inglaterra) e uma leitura completa de seu maravilhoso catálogo revelam que existem muito mais plantas que podemos cultivar e experimentar, mesmo em climas frios e temperados. Não tenho espaço para uma nogueira ou mais árvores comuns em meu jardim agroecológico – está cheio! –; por isso, estou gradualmente adicionando plantas perenes menores que posso inserir nas camadas de arbustos e plantas rasteiras. A cada ano também experimento novas variedades de verduras ou legumes, em geral dadas por um amigo que salvou a semente. Minhas experiências com produtos comestíveis são apenas uma fração do que é possível e sei que meu jardim eclético é uma gota em um vasto oceano de possibilidades maravilhosas.

A moral dessas histórias é que estamos apenas tocando no potencial de produtos hortícolas, frutas e nozes que podem ser cultivados em nosso planeta. Pense em quantos comestíveis ainda não descobertos aguardam para serem encontrados, propagados e compartilhados. Imagino a crescente rede global de entusiastas de plantas compartilhando informações e mudas, experimentando policulturas orgânicas de baixa manutenção e abrindo a mente de outros para um mundo emocionante de possibilidades culinárias. Vamos anunciar a Era dos Comestíveis e celebrar o potencial para mais novas descobertas.

Referências

Agroforestry Research Trust. Disponível em: agroforestry.co.uk.
Bardsey Island Apple. Disponível em: bardseyapple.co.uk.

Maddy Harland é uma das fundadoras e editora da revista *Permaculture* (permaculture.co.uk) e da Permanent Publications (permanent-publications.co.uk). Em 1995, colaborou na fundação do The Sustainability Center, uma base naval reciclada de 55 acres em South Downs, Hampshire (Inglaterra), agora um próspero centro educacional e comunitário. Maddy Harland também é fundadora do Gaia Education. Em 2008, a empresa de Tim e Maddy ganhou o The Queen's Award for Enterprise por sua "dedicação irrestrita à promoção internacional da sustentabilidade".

O veterano em permacultura Chris Evans apresenta um relatório de sua vasta experiência em projetar e implementar sistemas de captação de água em escala de aldeia no Nepal. As conexões entre captar, armazenar e usar com eficiência o recurso precioso da água na produção de sistemas alimentares autossuficientes locais são nítidas. A concepção de permacultura de sistemas completos, também integrada aos projetos, é brilhante. O relatório do autor fornece um testemunho otimista de que os moradores de todo o mundo têm as técnicas para restaurar e revitalizar suas paisagens degradadas; o que é necessário é uma aplicação mais ampla de programas educacionais, como o Ecovillage Design Education (EDE), para levar esse conhecimento para onde é necessário.

A captação de água em escala de aldeia no Nepal

Chris Evans

Designed Visions, País de Gales

Histórico

As colinas e montanhas do Nepal contêm milhares de áreas de bacias hidrográficas muito distintas, caracterizadas por encostas íngremes entre cumes altos, suaves e acidentados e por fundos de vale com planícies aluviais de vários tamanhos, dependendo de sua altura na bacia hidrográfica. O solo nas encostas relativamente jovens do Himalaia é extremamente suscetível à erosão, em especial durante as monções, e os nutrientes são facilmente lixiviados. O fundo do vale atua como um canal natural para essa fertilidade lixiviada, levando a terras planas férteis, onde a produtividade das culturas é geralmente alta. Enquanto isso, nas encostas, há uma luta constante para que os agricultores mantenham uma fertilidade valiosa, e a mão de obra necessária para tentar substituir os nutrientes perdidos é alta. Isso é feito principalmente por meio do estrume animal produzido depois que as árvores são cortadas para forragem, a qual é transportada muitas vezes por longas distâncias de florestas, que são sempre degradadas, e usada como alimento de animais como vacas e búfalos, junto com o lixo das folhas usado como base. O adubo resultante é então transportado para os campos.

Os problemas de erosão do solo jovem em encostas íngremes são exacerbados pelas monções, quando de 80% a 90% das chuvas do país (média anual de 1.600 milímetros) caem em apenas quatro meses entre junho e setembro. Geralmente, há uma pequena quantidade de chuva no inverno que cai como neve em altitudes elevadas (acima de 2 mil metros), seguida por uma longa estação de seca de fevereiro até as monções começarem novamente em junho.

Nas monções, o solo fica rapidamente saturado com água. Em áreas cultivadas ou de pastagens com menos vegetação permanente, há menos capacidade de armazenamento no solo e na biomassa, e nesses locais os solos são erodidos e lixiviados com mais rapidez. O escoamento dessas encostas é carregado de terra, tornando os rios turvos e causando assoreamento dos leitos e das planícies mais abaixo na bacia hidrográfica. As bacias hidrográficas bem arborizadas têm uma capacidade muito maior de captar e armazenar água, e o escoamento dessas áreas é mais transparente.

As aldeias nas colinas e montanhas geralmente estão situadas em uma "linha-chave", onde a inclinação muda de côncava para convexa, e as nascentes permanentes são as fontes de água limpa. Nas encostas mais altas, são encontradas fontes que não são permanentes; elas aparecem durante as monções, mas secam quando as chuvas param. A tabela ao lado descreve fatores limitantes e oportunidades oferecidas por esse tipo de terreno.

Planejamento da elevação em torno do ponto-chave (área-chave)

	Borda do platô	Parte superior da encosta	Meio da encosta (ponto-chave)	Parte inferior da encosta	Planície fluvial
Características do local	- solos finos - plana/suavemente ondulada - ventoso, geada úmida - temperatura baixa - menos superfície - água	- muito íngreme - boa Luz - frio mas não geada - drenagem do ar frio - solo fino - nascentes	- boa luz - sem geada - drenagem do ar frio - solo mais espesso nascentes - bem drenado	- assentamento de geada - protegido/menos vento - temperaturas extremas (quente/frio) - bem drenado - solo profundo	- plano - solo profundo - inundação - temperaturas extremas (quente /frio) - coleta do escoamento da água
Fatores limitadores	- erosão do solo - perigo de incêndio - danos pelo vento e geada - difícil acesso	- risco de incêndio - erosão do solo - difícil acesso - drenagem do ar frio	- erosão do solo - poluição da água	- geada - erosão do solo - poluição da água	- dano pelo vento - inundação - erosão na margem do rio - o escoamento da água pode conter poluentes
Oportunidades	- plantações, fruta - pasto - armazenamento de água profunda para beber, energia (HEP) - acesso - energia eólica	- reflorestamento, pomares - armazenamento de água - energia eólica - >18% de inclinação sob as árvores	- área de assentamento - min. lavoura - pequenas barragens para coletar água/ distribuição - agro silvicultura/ pomares - HEP	- terraceamento - agro-silvicultura - fácil irrigação - cultivo - HEP	- cultivo - fácil irrigação - armazenamento de água superficial - aquicultura

O armazenamento de água

Nas regiões mais áridas ou uniformemente distribuídas pelas chuvas, o armazenamento de água em represas e lagoas é uma característica produtiva essencial do projeto relacionado à água. As condições nas regiões íngremes das estações das monções e estações secas são peculiares, em razão do grande volume de água em períodos relativamente curtos. Aqui, é de fato necessário desviar o escoamento da água de solos propensos a erosão ou lixiviamento para cursos de águas, já que o solo fica saturado. Estruturas de armazenamento de água, como represas, lagoas ou tanques, ficam cheias em poucos dias após o início das monções e têm pouco uso adicional até que as monções terminem, quando rapidamente se esgotam e não podem ser reabastecidas durante a estação seca. Embora haja benefícios, é pouco provável que elas compensem os custos de capital e mão de obra envolvidos na construção. Existe o risco adicional de corpos de água criados em terrenos inclinados causarem erosão por causa do peso e da saturação excessiva do solo. Precisariam ser cuidadosamente selecionados locais onde esse risco seja mínimo e ser priorizados os sistemas em pequena escala.

Portanto, a principal estratégia de coleta e armazenamento de água está na biomassa e no solo: manter um dossel e/ou uma cobertura permanente no solo, com bastante biomassa para absorver a precipitação – três polegadas de cobertura vegetal morta podem absorver uma polegada de água. Os métodos para fazer isso, como a agrossilvicultura, a cobertura morta e os adubos verdes são descritos na sequência. Assim, o solo é coberto, o escoamento por terra é reduzido e existe um benefício adicional: há muita matéria orgânica para alimentar a vida do solo, composta de macro e microrganismos como minhocas, bactérias e fungos.

A conservação e o uso da água

Nas colinas e montanhas do oeste do Nepal, o Himalayan Permaculture Centre (HPC) desenvolveu algumas maneiras inovadoras e integradas de lidar com a conservação e o uso da água em seu trabalho. Algumas são descritas a seguir.

A água potável sem cimento

O HPC utiliza uma maneira de construir sistemas de água potável sem a necessidade de cimento, desenvolvida por seus técnicos nos últimos 20 anos. Em vez de utilizar cimento para construir os tanques, são usados recursos locais como pedras e madeiras, junto com certo tipo de musgo que é plantado na argamassa de barro das paredes dos tanques, tornando-os à prova de vazamentos. Geralmente, uma pequena fonte local é identificada e direcionada para um tanque afundado no chão e revestida de pedra usando argamassa de argila, onde o musgo é plantado. O tanque é coberto, a área ao redor é protegida do gado e as árvores são plantadas. O tubo de polietileno de alta densidade leva a água da nascente para a vila – pode haver tanques extras no caminho se a inclinação for íngreme e/ou longa –, onde em geral de um a três postos com torneiras (dependendo do tamanho da nascente) são construídos, também usando pedras e madeiras em vez de cimento convencional. Uma vila pode usar mais de uma nascente para abastecer sua água potável, e as nascentes podem ser usadas mesmo que sejam sazonais. Isso significa que os sistemas podem ser construídos com 10% do custo dos sistemas convencionais de cimento, por não precisar de cimento, areia ou técnicos qualificados para construí-los (o que será necessário novamente se parar de funcionar). Os sistemas que não são de cimento, no entanto, são baratos de construir e manter, e ambos podem ser feitos pelos próprios moradores, pois usam as mesmas ferramentas locais e os mesmos recursos usados para construir os sistemas em primeiro lugar (isto é, lama, rocha e madeira). As águas residuais das torneiras são direcionadas para áreas que necessitam de irrigação, como hortas e viveiros florestais. Esses fatores se combinam para tornar a tecnologia mais participativa, produtiva, econômica e sustentável. Depois da construção, os grupos de beneficiários das comunidades são incentivados a estabelecer esquemas de microfinanciamento, nos quais cada família coloca uma pequena quantia por mês (geralmente de cinco a dez rúpias nepalesas ou cerca de doze centavos de dólar) que eles usam se novos tubos ou torneiras forem necessários, ou seja, se eles não puderem conseguir com os recursos locais. Desde 1990, mais de 40 sistemas de pequena e média escala para cerca de 2 mil famílias (cerca de 12 mil beneficiários) foram estabelecidos em várias aldeias nas colinas dos distritos de Surkhet, Jajarkot e Humla, e a maioria ainda está em boas condições de funcionamento. Esse sistema inovador foi indicado para o Water Globe Award 2003, na Áustria.

A microirrigação para hortas, viveiros, pomares e agrossilvicultura

Os sistemas utilizados combinam a água potável com a microirrigação, a fim de aumentar e diversificar os resultados de cada atividade. Desse modo, a água potável é canalizada para torneiras dispostas em torno da periferia de cada aldeia. A partir daí, tubos mais curtos, acopláveis às torneiras, fornecem água para irrigação por gotejamento e aspersão para áreas de hortas e viveiros para produção de mudas frutíferas e agroflorestas. Enquanto isso, a água residual das torneiras também é usada para fins de irrigação. Esse trabalho envolve a modernização e o reparo de sistemas de água potável existentes que necessitam de conserto, bem como a construção de novos sistemas.

As atividades de conservação de água: cobertura morta

A cobertura morta é um método bem conhecido de conservação de água, onde a biomassa retirada de áreas adjacentes é colocada como uma cobertura no solo. Isso o protege da seca causada pelo sol, pelo vento e pelo impacto das gotas de chuva. Além disso, são fornecidos nutrientes extras para os macro e microrganismos do solo e são controladas as ervas daninhas. Talvez seja pouco conhecido o fato de que as rochas produzem uma excelente cobertura morta – como uma cobertura de biomassa, elas cobrem e protegem o solo, conservam a água e controlam as ervas daninhas. Há o benefício adicional da absorção de calor, criando um microclima quente ao redor e abaixo da rocha, que é benéfico para a vida do solo. Elas são especialmente úteis para plantar em torno de árvores importantes, como as mudas de árvores frutíferas.

Os adubos verdes / as culturas de cobertura

São culturas feitas especificamente para beneficiar o solo e conservar a água da mesma maneira que a cobertura morta (na verdade, elas também podem ser chamadas de “cobertura viva”). Um exemplo é a mostarda, que pode ser cultivada durante um período de pousio entre duas outras culturas e semeada (ou cortada e plantada) no solo. Os nutrientes acumulados e presos na planta durante seu crescimento retornam ao solo, além de cobrir o solo para fornecer benefícios, conforme descrito antes sobre a cobertura morta.

As valas de infiltração

Foi descrito anteriormente por que nem sempre é a melhor estratégia reter a água no terreno, onde a saturação do solo pode levar ao deslizamento da terra. No entanto, nas encostas que não são muito íngremes nem muito longas e em sistemas de pequena escala, pode haver vantagens em cavar a terra. As valas de infiltração são cavadas no contorno que resulta na diminuição do fluxo de água por terra e no subsolo, permitindo que ela penetre no solo. Elas são ainda melhores quando acima e abaixo delas se plantam grama, arbustos e árvores como parte de pomares e sistemas agroflorestais que absorvem a água extra e a acumulam na biomassa. Isso pode então ser reciclado de volta para a terra como cobertura morta ou dado ao gado e devolvido como adubo. Também podem ser obtidas outras culturas, como lenha, madeira, forragem de abelhas etc. As valas de infiltração também podem ser integradas aos quebra-ventos.

Os quebra-ventos arbóreos

O cinturão de proteção de árvores e arbustos de alturas variadas age para proteger os campos do efeito de secagem do vento. Isso é especialmente verdade quando os campos são lavrados e não há biomassa no solo. Essas linhas de plantas, geralmente nas bordas do terraço e nos limites das fazendas, têm uma infinidade de outras funções úteis, como fornecer forragem, lenha, madeira e estacas, material de cobertura vegetal, néctar para as abelhas etc., reduzindo assim a dependência de recursos florestais muitas vezes esgotados.

O uso de águas residuais

Além da reciclagem de águas residuais de torneiras para viveiros, hortas etc., conforme descrito anteriormente, o HPC desenvolveu maneiras de usar as águas residuais de uso doméstico, o que demonstra e ensina para os moradores locais. Geralmente, a água é transportada de torneiras ou fontes em recipientes e usada para cozinhar, lavar louça e realizar as tarefas domésticas. A água residual desses usos costuma ser descartada com pouco ou nenhum uso adicional. Ao localizar estrategicamente a área de lavar as mãos e a louça perto de uma horta ou colocar um cano que a leva para lá, essa água também pode ser reciclada para fins produtivos. Também é feita uma limpeza sobre as pilhas de compostagem para fornecer umidade para uma quebra mais rápida da biomassa durante a estação seca. Dessa forma, o que era um fator limitante da água foi associado a um resíduo que não havia sido usado.

O cultivo de arroz com baixo consumo de água

Existem muitos tipos de cultivo que podem ser usados como parte das estratégias de conservação da água. Um deles, o sistema de intensificação do arroz (SRI; do inglês, *system of rice intensification*), é uma técnica relativamente nova para o cultivo do grão. Envolve quatro grandes mudanças em relação à sua produção convencional:

1. As mudas cultivadas nos canteiros são transplantadas depois de apenas oito a doze dias ou no estágio de duas folhas;
2. As mudas são transplantadas individualmente, e não em montes;
3. As mudas são transplantadas em um espaçamento amplo, de 25 a 50 centímetros de separação;
4. Muito menos água é mantida nos arrozais e o solo pode secar ("rachar") de tempos em tempos.

O arrozal gerenciado pelo SRI mostrou bons aumentos no rendimento. Não é difícil obter rendimentos duplos e alguns agricultores atingiram até quatro vezes seu rendimento normal. Os benefícios são listados a seguir:

- Há aumento da produção de arroz (até 16 toneladas por hectare foi documentado);
- É necessário menos água (mínimo em torno de 15% a 25% da prática normal);
- São necessárias menos sementes (cerca de 12% da prática normal);
- Não são necessárias entradas externas extras;
- Há uso de sementes locais/tradicionais;
- Há uso de mais palha;
- Há, devido a uma melhor gestão do solo e da água:
  - menos pragas e doenças;
  - grãos de melhor qualidade;
  - solo mais fértil.

O SRI também tem um grande potencial para combinar com outros métodos, como plantio direto (método Fukuoka), cobertura morta e adubos verdes na cultura do arroz, bem como o cultivo associado com outras culturas.

Os estados montanhosos do Himalaia de Himachal Pradesh e Uttarakhand alcançaram um dos mais rápidos aumentos do uso do SRI até o momento. Começando com apenas 40 agricultores em 2006, havia 597 agricultores usando os novos métodos em 2007, enquanto em 2010 existem cerca de 13 mil agricultores.[1]

Conclusões

As colinas e montanhas do Nepal oferecem grande potencial para diversos sistemas de cultivo anuais e perenes. Esse potencial pode ser alcançado por meio da gestão sustentável dos recursos hídricos nas bacias hidrográficas dos rios que correm pelo país. Começando com a conservação e regeneração dos recursos existentes em florestas, nos solos, na água e na biodiversidade, existem muitas técnicas que podem ajudar a aumentar a umidade do solo em benefício da diversificação das culturas e melhoria da produtividade. O design de permacultura pode ajudar a integrar esses métodos nos sistemas culturais e sociais tradicionais para criar uma economia próspera e a autossuficiência doméstica.

Desde 1985, **Chris Evans** vive e trabalha no Nepal. É um dos fundadores do Jajarkot Permaculture Programme (JPP), uma série de projetos realizados em 65 aldeias com adesão de muitos agricultores. Trabalha como consultor do Himalayan Permaculture Centre (himalayanpermaculture.com) e publicou o livro *The Farmers' Handbook* (2001), que apresenta mais de 40 tecnologias adequadas para o agricultor. Além de sua experiência no Nepal, Chris ensinou permacultura no Reino Unido, na Índia, nos Estados Unidos e no México.

1 Para mais detalhes sobre o SRI, ver: Cornell International Institute for Food, Agriculture, and Development. Disponível em: ciifad.cornell.edu/sri.

No presente artigo, Suzanne Foote descreve com eloquência tocante como sistemas alimentares localmente adaptados são vitais para a manutenção de culturas indígenas tradicionais – pode-se dizer que sistemas alimentares locais são a base dessas culturas. Por meio de seu trabalho com a nação Sioux, Suzanne desenvolveu vários programas para restaurar práticas de agricultura baseadas no local. Esses programas têm resultado em melhoria na saúde, orgulho na comunidade e um senso de autodeterminação. Suzanne fala da crença Sioux de que a comida é sagrada e de que como, consequentemente, sua produção e entrega não podem ser confiadas a elementos de fora da comunidade. Há lições profundas aqui para todos os que têm adotado a prática de cultivar os próprios alimentos.

Revivendo o passado para sustentar o futuro: o sistema agrícola dos nativos Sioux

Suzanne Foote

Manitou Institute, Colorado, Estados Unidos

Todos os anos, espécies de plantas nativas e práticas de agricultura tradicionais desaparecem cada vez mais globalmente. Desde o início dos anos 1500, bem mais da metade de todas as espécies de plantações nativas foram perdidas, assim como o conhecimento de práticas de agricultura tradicionais. Um esforço coletivo deve ser feito agora para salvar as espécies de sementes remanescentes e revitalizar as práticas de agricultura tradicionais a fim de garantir segurança alimentar futura e integridade cultural.

Anos atrás, Sam Moves Camp, um curandeiro Sioux, disse para a nação Lakota que eles deveriam retornar às suas dietas básicas tradicionais de milho, feijões e abóboras nativas, assim como aos alimentos indígenas selvagens do povo Lakota. Sam deu instruções bem específicas e apresentou uma mensagem envolvente a seu povo:

> devemos retornar à terra – essa é a prioridade. Devemos reconhecer as relações e tradições do povo Lakota, baseadas na espiritualidade e ecologicamente responsáveis, e as espécies de plantas que fazem parte de nosso desenvolvimento e das quais dependemos. Juntos, devemos preservar nossas plantações de alimentos primitivos para nossa sobrevivência futura como povo.

Ele também declarou: "Se essas plantações de alimentos tradicionais se tornarem extintas, nossa cultura e nosso espírito também se extinguirão".

A mensagem de Sam se correlaciona com várias profecias, como as de Padmasambhava, ou guru Rinpoche, como é conhecido. No Tibet do século VIII, ele alertou que certas condições se manifestariam em nosso tempo por causa de padrões de comportamento da humanidade. Pessoas morreriam de inanição, mesmo havendo alimentos, porque a comida se tornaria sem vida.

Em resposta direta a esse tipo de mensagem, uma organização não governamental de indígenas dos Estados Unidos – a Ta S'ina Tokaheya Foundation – foi estabelecida em 1989 na reserva Pine Ridge. Ta S'ina Tokaheya, que quer dizer "primeiro manto", é o nome em Lakota do fundador: Michael Burns Prairie Sierra, um membro do povo Oglala Sioux. Michael vem buscando, por muitos anos, uma forma de expressar as condições de vida de Terceiro Mundo presentes em Pine Ridge.

A Ta S'ina Tokaheya Foundation promove autossuficiência econômica por meio de agricultura orgânica e sustentável, banco de sementes baseado em práticas de agricultura tradicionais e desenvolvimento Ti O'sapaye (desenvolvimento comunitário sustentável baseado em modelos tradicionais do povo Lakota). Construções sustentáveis e iniciativas de energia eólica também foram incorporadas. Ao utilizar alternativas de estilos de vida econômicos e sustentáveis, e ao revitalizar e incorporar princípios tradicionais do povo Lakota, esse modelo tem servido como exemplo e oportunidade para melhorar a qualidade de vida de comunidades de reservas e de não reservas.

Um componente essencial do trabalho da Ta S'ina foi a criação do banco de sementes dos indígenas dos Estados Unidos para preservar espécies de sementes antigas. Estas são vitais para oferecer uma fonte de alimentação consistente, confiável e saudável. Tradicionalmente, o povo Lakota era nômade e obtinha sua alimentação em especial da caça a búfalos e da plantação de alimentos selvagens. Em algum momento, adotou práticas de agricultura nativas de povos de planícies vizinhas. Nas reservas, hoje em dia, no entanto, a dieta do povo Sioux, como a da maioria dos povos ao redor da América do Norte, é altamente dependente de produtos alimentares fornecidos pelo governo federal. Cada membro registrado do povo Sioux recebe açúcar, farinha branca, leite em pó, ovos, banha, café e carne enlatada.

À medida que as tradições culturais se deterioravam nas reservas e os subsídios governamentais de alimentos substituíam o incentivo às práticas de produção sustentável de alimentos, dietas tradicionais baseadas na caça, na coleta de alimentos e na agricultura desapareciam. Como resultado direto, as taxas de mortalidade decorrente de diabetes, obesidade, doenças cardíacas e câncer dispararam entre os indígenas deste país. No entanto, estudos preliminares indicaram que essa tendência pode ser revertida com o retorno à dieta paleolítica e indígena ancestral de proteínas e fibras encontradas no milho, em feijões, na abóbora, em grãos, em verduras, em veados, em bisões e outros alimentos selvagens. A dieta tradicional, rica em fibras e proteínas, normaliza os níveis de açúcar no sangue, inibe o desejo por alimentos processados e reduz de forma significativa a ocorrência de doenças relacionadas à dieta.

Ao longo das últimas duas décadas, a Ta S'ina Tokaheya Foundation tem focado em atividades de coleta e cultivo de espécies de sementes em risco de extinção, a fim de preservar plantações que se desenvolveram nas culturas indígenas dos Estados Unidos. O valor fundamental de bancos de sementes nativas é preservar a memória genética inerente que elas possuem. Essa memória contém uma resistência natural às condições climáticas hostis e uma resistência inerente a pragas e doenças. Essas sementes são extremamente robustas e estáveis e são naturalmente aclimatizadas a biorregiões particulares; elas também têm um valor nutricional alto. Já que essas sementes eram a fonte de sobrevivência alimentar para os povos das planícies, seu cultivo e sua perpetuação são essenciais não apenas pelo valor nutricional como também para a segurança alimentar futura. Esses esforços vêm oferecendo formas para simultaneamente reivindicar a tradição indígena nativa e melhorar as condições de saúde. Além disso, a venda do excedente das colheitas e de produtos relacionados que também agregam valor tem contribuído para uma economia local crescente ao criar fontes de renda para os membros participantes da comunidade Lakota.

O ameaçado Native American Seed Preservation Project (Projeto de Preservação das Sementes dos Indígenas Estadunidenses), da Ta S'ina Tokaheya Foundation, pesquisou métodos científicos de plantio tradicional usados pelos povos das planícies há centenas de anos. Esses métodos incluem técnicas para a prevenção de polinização cruzada, como a utilização de várias barreiras de plantas para separar lotes agrícolas. O plantio companheiro também foi utilizado. Por exemplo, vagens seriam plantadas com milho para fixar os níveis de nitrogênio no solo. Planícies aluviais e terrenos nas margens de rios eram normalmente selecionados para lotes de hortas.

O projeto de sementes implementou principalmente técnicas agrícolas do povo Hidatsa, já que as mulheres dessa etnia estavam entre as ecologistas e as fazendeiras mais avançadas dos povos das planícies. As nações Hidatsa e Mandan conheciam a importância de manter linhagens de milho e de abóbora puras porque cada variedade tem um uso especial. Há nove variedades principais de milho que eram cultivadas pelos povos das planícies: *Ata'ki tso'ki* – milho branco duro; *At'ki* – milho branco macio; *Tsi'di tso'ki* – milho amarelo duro; *Tsi'di tapa* – milho amarelo macio; *Ma'ikadicake* – milho gomoso; *Do'ohio* – milho azul; *Hi'ci ce'pi* – milho vermelho-escuro; *Hi'tsiica* – milho vermelho-claro; e *At'ki aku'hi'tsiica* – milho rosa superior. O povo Hidatsa se referia à polinização cruzada do milho como o "milho viajante". Para manter a integridade das variadas linhagens, configurava seus campos para prevenir polinização cruzada por meio da criação de barreiras de girassóis e da separação dos campos de milho por variedades.

A Ta S'ina Tokaheya Foundation começou o projeto de sementes pela seleção de cinco acres de um lote nas margens do rio, fora de Oglala, um local que tinha o solo mais rico na reserva. O lote foi escavado à mão por membros do povo Lakota, desde crianças a idosos da comunidade. As hortas fizeram com que os membros da comunidade se unissem e promoveram um senso de orgulho. Uma horta mandala de meio acre foi projetada no formato de uma estrela-d'alva e uma horta de roda medicinal foi projetada e plantada com ervas medicinais. A horta mandala representa a crença dos Lakota de que toda a vida do povo Lakota se originou de uma estrela-d'alva.

Os criadores da fundação (a autora; seu marido na época, Michael Sierra; e sua irmã Kristina Mayo) se engajaram em uma vigorosa campanha de coleta e localização de sementes em 1992 e começaram com uma carta para a Seed Savers Exchange (SSE), requisitando as espécies de sementes crioulas dos indígenas estadunidenses. O pedido por sementes crioulas foi publicado posteriormente em *Seed Savers Exchange Harvest Edition* de 1993. A resposta foi impressionante. Sementes raras foram doadas por indivíduos, por bancos de sementes e por universidades ao redor dos Estados Unidos, do Canadá, da

América do Sul e da África. Da reserva indígena Fort Berthold, foram recebidas muitas variedades de milho, feijões e abóboras nativas que datavam do século XVI. Essas sementes em particular eram originárias de povos das nações Hidatsa, Mandan, Arikara e Sioux. Outras sementes foram localizadas e coletadas das instalações de armazenagem de sementes do Departamento de Agricultura dos Estados.

Fomos capazes de adquirir e plantar as noves variedades de milho mencionadas anteriormente. As sementes do milho gomoso foram as mais difíceis de serem obtidas, talvez porque essa era uma das variedades menos apreciadas entre as usadas pelos povos das planícies. Por todos os milharais da Ti O'spaye,[1] o plantio companheiro foi usado por meio do cultivo de múltiplas variedades de feijões secos do tipo trepadeira. Uma das variedades mais prolíficas e saborosas é o "feijão em formato de escudo", que era cultivado pelo povo Hidatsa há 150 anos. Feijões secos sobem pelos talos de milho enquanto fixam os níveis de nitrogênio no solo.

Pragas, como gafanhotos, têm sido um grande problema nas planícies e têm destruído plantações inteiras ao redor do Nebraska e da Dakota do Sul. Para resolver isso, perus, galinhas-d'angola e galinhas perambulam livremente pelas hortas, eliminando os gafanhotos e depositando esterco. Eles também fornecem ovos e carne para o consumo dentro da Ti O'spaye, ao passo que o excedente é vendido para a comunidade local.

O povo Lakota vê a comida como algo muito sagrado. Os grupos das "três irmãs" – milho, feijão e abóbora – são usados para motivos cerimoniais. Durante a época da colheita, uma "cerimônia de agradecimento" é realizada. As mulheres preparam um grande banquete usando todas as colheitas da horta, enquanto comidas cerimoniais são colocadas na natureza para mostrar gratidão pela abundância de alimentos e sementes. Todos da Ti O'spaye (comunidade) se reúnem para essa celebração. As crianças e os idosos são, inevitavelmente, os participantes mais entusiasmados. Tanto os homens como as mulheres vão para a tenda do suor para rezar e agradecer. Por várias semanas, após a última colheita, sementes são coletadas, secas e armazenadas. Os vários tipos de abóboras são fatiados e secos para preparar sopas durante os meses do inverno.

1 *Ti O'spaye* é a palavra em Sioux para comunidade. Ta S'ina Tokaheya é uma das muitas *Ti O'spayes* (comunidades) na reserva.

A horta da Ta S'ina é aprimorada por uma estufa de 30 por 36 pés (9 por 10 metros) para propagar as mudas e aumentar o período de cultivo. A polinização das plantações é melhorada por duas colônias de abelhas adjacentes que produzem vários quilos de mel anualmente, além de oferecer derivados como o própolis, a cola que mantém a colmeia das abelhas unidas e a cera de abelhas. Muitos outros produtos que podem ser vendidos e que adicionam valor são feitos com base na horta, e uma linha de cosméticos está sendo desenvolvida.

A Ta S'ina também começou um projeto de moradia alternativo. Bem próximo à horta, dois modelos de casas – um de tijolos crus e outro de fardos de palha – foram construídos com materiais locais, ambos fazem uso da energia solar. Esses modelos são muito importantes porque, assustadoramente, mais de 80% das casas existentes na reserva não possuem sistema de aquecimento ou isolamento suficiente e foram construídas com materiais tóxicos.

Os programas da Ta S'ina Tokaheya estabeleceram um modelo comunitário funcional e sustentável, se preferir, uma "ecovila", com base na integração de valores e conhecimentos tradicionais e por meio da renovação de um senso de identidade cultural. Atualmente, o foco está em sistemas e produções de energias sustentáveis. A fundação está trabalhando de forma bem próxima com povos nessas áreas, e o resultado tem sido a criação de uma economia completamente nova na reserva.

Para finalizar, gostaria de compartilhar a mensagem de Michael Sierra para a Ta S'ina Tokaheya Ti O'spaye:

> Quando começamos a nos unir como jovens mulheres e homens, começamos um processo de restauração de nossos costumes e tradições. Como resultado, tornamo-nos mais saudáveis e restauramos nosso próprio orgulho e dignidade por causa da plenitude e beleza intrínseca em nossa forma de vida.
>
> Por causa de nossa cultura, aprendemos a trabalhar para a construção de um futuro melhor para as próximas sete gerações. No entanto, podemos ver a realidade das condições às quais nosso povo tem sido subjugado nos Estados Unidos. Percebemos que será necessário nosso total comprometimento e devemos começar aceitando que nós mesmos devemos ser responsáveis por mudar nosso ambiente.
>
> A Ta S'ina Tokaheya se tornou o foco de nossos esforços para modelar um modo de vida que incorpore uma fundação com base em continuar os esforços e as práticas restauradoras de nossa espiritualidade, que engloba

nosso papel de "cuidadores da Mãe Terra", que utiliza conceitos e tecnologias sustentáveis e renováveis e permite nos empenhar em alcançar autossuficiência econômica.

No início dos anos 1990, **Suzanne Foote** ajudou a fundar e estabelecer a Ta S'ina Tokaheya Foundation, tornando-se depois uma de suas diretoras. Em 1995, formou o Earth Origin Seeds, um programa ligado ao Manitu Foundation and Institute and Conservancy, onde também é diretora, que tem como foco a agricultura sustentável e a preservação de sementes. Desde 1988, a Manitu Foundation, que abriga o Manitou Habitat Conservation Program, um projeto local de conservação de terra, tem oferecido subsídios em terra e apoio financeiro a várias tradições de conhecimento para centros de retiro contemplativo, grupos educacionais e projetos ecologicamente sustentáveis.

MÓDULO 3

Tecnologia apropriada: energia e infraestrutura

Este artigo de abertura do Módulo 3 foi escrito por Gunnar Olesen, coordenador europeu da International Network for Sustainable Energy (INFORSE). Gunnar relata sua experiência projetando, instalando e administrando um sistema de energia eficaz em escala comunitária. O ponto central do sistema é o "motor Stirling", que, quando ligado a um boiler de lascas de madeira, oferece uma combinação de aquecimento e energia. O importante conceito de "aquecimento urbano pulsante" é, assim, introduzido. Especificações detalhadas também são oferecidas, fazendo deste artigo uma leitura interativa para aqueles que estiverem interessados em comparar essas soluções com seus próprios sistemas.

Motor Stirling: aquecimento eficiente para ecovilas

Gunnar Olesen
Andelssamfundet i Hjortshøj (AiH), Hjortshøj, Dinamarca

Visão geral

O sistema de aquecimento na Andelssamfundet i Hjortshøj (AiH), perto de Aarhus, na Dinamarca, é um exemplo extraordinário de um sistema de aquecimento local. Foi projetado para atender a 105 casas energeticamente eficientes, além dos prédios comunitários e uma instituição. O sistema fornece energia por meio de um *boiler* com lascas e pelotas de madeira e uma pequena planta (35 quilowatts de energia elétrica), que combina aquecimento e energia elétrica usando um motor Stirling. O esquema também inclui um aquecimento solar passivo descentralizado, permitindo que a rede seja desativada durante o verão. Para reduzir a perda de calor ao longo da rede, 23 casas utilizam aquecimento urbano pulsante.

Estrutura organizacional

AiH é uma comunidade intencional que foi iniciada em 1991, na vizinhança da vila Hjortshøj, localizada perto da pequena cidade dinamarquesa de Aarhus. O objetivo da comunidade é que pessoas capazes e interessadas da região de Aarhus vivam um estilo de vida que respeite o meio ambiente, incluindo o uso de fontes de energia locais renováveis e a criação de um espaço de convivência com mais atividades comunitárias do que normalmente são encontradas nos subúrbios existentes. A ecovila é organizada em torno de "grupos de casas". Cada organizador de um grupo de casas é alguém ou é um coletivo de pessoas que comprou terra na comunidade do município, dona anterior do terreno, com o objetivo de construir casas. Há quatro tipos de grupos de casas: 1) grupos em que os membros da comunidade compraram a terra juntos; 2) dois grupos de casas construídas socialmente (alugadas); 3) um grupo organizado ao redor de um plano de *cohousing*; e 4) um grupo que consiste em casas individuais desenvolvidas por uma empresa de construção local. O fornecimento de energia para essa mistura social complexa é gerido por uma associação de aquecimento com o *status* de "cooperativa com responsabilidade limitada" e reconhecida de acordo com a lei regulatória dinamarquesa como uma entidade fornecedora de aquecimento. Para que os primeiros grupos pudessem se estabelecer, a cooperativa de aquecimento operava à base de uma isenção da obrigação de ter o aquecimento fornecido pelo distrito municipal, enquanto nas novas construções a cooperativa de aquecimento tem o direito exclusivo de fornecer aquecimento de acordo com a regulamentação dinamarquesa para fornecimento de energia.

A cooperativa de aquecimento é gerenciada por um conselho formado por um representante de cada grupo de casas. Esse conselho é responsável pelas questões financeiras da cooperativa e por projetos de extensão. O trabalho no conselho é voluntário; a cooperativa como um todo paga um contador. Às vezes, no entanto, membros do conselho são pagos por trabalhos relacionados a novos empreendimentos. Esse foi o caso para a preparação e instalação do motor Stirling e para o novo projeto usando fornecimento de calor pulsante. Um engenheiro consultor tem assessorado o conselho em novas expansões usando o motor Stirling e o fornecimento de energia pulsante.

A estação de aquecimento opera automaticamente, enquanto os ajustes, a manutenção geral e a resolução de pequenos problemas é feita por um grupo de voluntários, um ou dois de cada grupo de casas. Uma vez que o trabalho é voluntário, as tarefas são divididas em alguns grupos de casas, de forma que as pessoas envolvidas com a estação de aquecimento não têm outras obrigações no grupo durante esse período. Um "limpador de chaminé" tem a responsabilidade geral de operar a estação de aquecimento. Quando a estação está em operação, ele limpa os *boilers* e opera verificações de segurança a cada semana ou a cada duas semanas, dependendo da estação do ano.

Desenvolvimento e *status* atual

Até 2002, o aquecimento foi fornecido unicamente por um *boiler* de pelota de madeira; no entanto, em 2002 foi decidido melhorar a estação de aquecimento com um *boiler* de lascas de madeira e um motor Stirling para produção combinada de calor e energia elétrica. O motor Stirling foi instalado em 2007-2008, mas por causa de problemas técnicos não entrou em funcionamento total até mais tarde. Ao final de setembro de 2009, a produção de energia total estava um pouco acima de mil quilowatts-hora. Depois de várias melhorias, incluindo medidas para reduzir vibrações e barulho, o motor está sendo testado. Esperamos ter operação automática em breve, incluindo troca automática entre operação e modos de espera.[1]

Em 2008, foi decidido abastecer 23 novas casas em uma expansão da ecovila com um fornecimento de energia alternativo – chamado aquecimento urbano pulsante – em que o calor é fornecido em apenas parte do dia. Durante esse período, um tanque de aquecimento em cada uma das casas é carregado para armazenar calor para o resto do dia. Isso economiza 50% da perda de calor na rede. Todas as novas casas são separadas individualmente; então a perda na rede era potencialmente alta usando a tecnologia existente quando comparada com a economia de calor disponibilizada com o método pulsante. A primeira das 23 casas foi conectada ao método pulsante em dezembro de 2008. Até outubro de 2009, oito casas estavam conectadas à nova tecnologia de aquecimento, e as restantes devem ser conectadas ao longo de 2010. Essas novas casas também estão sendo conectadas a um sistema de controle do aquecimento pulsante e a um medidor de aquecimento remoto. O controle automático dos

1 O presente artigo foi originalmente escrito em 2010, ano a que o autor se refere na passagem. (N. da E.)

pulsos e o medidor remoto foram instalados durante o mês de outubro de 2009. Para a temporada de aquecimento de 2009-2010, vários modos de aquecimento pulsante serão testados, e os resultados serão coletados com uma medição remota detalhada.

Planos futuros incluem:

- **Compra de um carro elétrico para o clube de compartilhamento de automóvel da comunidade**: o carro será colocado na vaga de estacionamento da comunidade, ao lado da estação de aquecimento, e será carregado a partir do motor Stirling, quando este estiver funcionando. O clube do automóvel está começando a analisar custos, disponibilidade etc. Uma decisão quanto a este ponto deve ser tomada até o final de 2010.
- **Compra de um painel solar de energia fotovoltaica que possa produzir energia elétrica no verão, quando o motor Stirling estiver desligado**: isso será feito em escala de casas individuais, e não pela associação de aquecimento como um todo. Atualmente, uma casa instalou um pequeno sistema fotovoltaico, com apenas algumas outras casas planejando fazer o mesmo em breve.

Economia

Para participar da cooperativa do aquecimento, cada membro paga 135 coroas dinamarquesas, incluindo 25% de imposto sobre valor agregado (IVA) por metro quadrado de área aquecida, mais o custo do medidor. O preço do aquecimento é estabelecido para cobrir os custos, incluindo a depreciação dos investimentos. Há tarifas separadas para os meses do verão e do inverno, fazendo com que os que possuem bons sistemas solares passivos se beneficiem, já que os preços são mais altos durante o verão. Os preços atuais são 0,85 coroa dinamarquesa por quilowatt-hora (0,1139 euro por quilowatt-hora) durante o inverno e uma coroa dinamarquesa por quilowatt-hora (0,1340 euro por quilowatt-hora) durante o verão. Todos os pagamentos são determinados de acordo com o consumo; taxas fixas não são cobradas. O maior investimento foi a estação de aquecimento original (548 mil coroas dinamarquesas ou 57 mil euros em 1995); a nova estação de aquecimento com o motor Stirling, incluindo instalações (4,662 milhões de coroas dinamarquesas ou 622 mil euros em 2002-2004); componentes da rede, incluindo novas expansões com aquecimento pulsante (500 mil coroas dinamarquesas ou 66 mil euros); totalizando 5,710 milhões de coroas dinamarquesas ou 761 mil euros. Os investimentos foram cobertos por um financiamento para a estação de aquecimento original de 548 mil coroas dinamarquesas (57 mil euros); um financiamento para a estação de aquecimento aprimorada com o motor Stirling, com uma garantia municipal de 1,850 milhão de coroas dinamarquesas (247 mil euros); subsídios/apoio para a estação de 2,570 milhões de coroas dinamarquesas (343 mil euros); subsídios para o aquecimento pulsante de 97 mil coroas dinamarquesas (13 mil euros); e pagamentos de adesão de 645 mil coroas dinamarquesas (86 mil euros). Os custos operacionais são principalmente o de combustível (139 mil coroas dinamarquesas ou 19 mil euros), enquanto custos diversos (operação, manutenção e administração) totalizam por ano 83 mil coroas dinamarquesas ou 11 mil euros.

Descrição técnica

A estação de aquecimento inclui um *boiler* de pelotas de madeira de 185 quilowatts; um *boiler* de lascas de madeira de 160 quilowatts, suportando até 40% de umidade em lascas de madeira; um motor Stirling de 35 quilowatts de energia elétrica e 115 quilowatts de calor; um depósito de lascas de madeira de 70 metros cúbicos, construído de forma a acomodar o despejo de caminhões com lascas; um depósito de pelotas de madeira de dez metros cúbicos; e um tanque de depósito de água quente de oito metros cúbicos. A rede de calor distribuído é feita de tubos duplos de plástico previamente isolados, de dois por 50 milímetros para as linhas principais e de dois por 16-25 milímetros para as conexões para as casas individuais. A demanda por energia em 2007-2008 (um ano) foi de 617 megawatts-hora, incluindo as perdas na rede dentro de cada grupo de casas. A perda total da rede foi de 52 megawatts-hora (8%) na rede da cooperativa de aquecimento (entre o grupo de casas).

Ligações com políticas nacionais e da União Europeia

O motor Stirling é conectado à rede elétrica como um produtor de energia independente. Pagamos apenas custos adicionais na instalação. O motor Stirling receberá uma tarifa de alimentação de 0,75 coroa dinamarquesa (0,10 euro) por quilowatt-hora. Isso está de acordo com a legislação dinamarquesa que aplica a Diretiva de Energia Elétrica Renovável da União Europeia.[2]

Gunnar Olesen é engenheiro mecânico e possui mestrado no campo. É coordenador europeu da International Network for Sustainable Energy (INFORSE) e coordenador político de energia na Vedvarende Energi – organização dinamarquesa de energia renovável. Desde 1994, mora com sua família na Andelssamfundet i Hortshøj (AiH).

2 Para descrições do banco de dados INFORSE – Europe, acesse: Good Practice Case Study Database. Disponível em: inforse.org/europe/success/SU_About.htm.

No presente artigo, John Vermeulen e Kevin Velasco, ambos de um projeto de ecovila anfitriã do Ecovillage Design Education (EDE) nas Filipinas, fazem uma conexão importante entre a disponibilidade de tecnologias alternativas e sua adequação em regiões fora do ponto de produção. Eles descobriram que um gaseificador produzido na Califórnia precisava de atenção especial quando usado nos trópicos, enquanto um fogão da Itália tinha aplicações mais universais. Nos dois casos, os autores enfatizam a importância de reconhecer as dimensões culturais quando se tenta transferir tecnologias do Primeiro Mundo para ambientes no Terceiro Mundo.

Tecnologia apropriada: buscando o ajuste adequado

John Vermeulen e Kevin Velasco
Tuwâ the Laughing Fish, Filipinas

Introdução

É sempre intrigante quando se fala de energia e seu aproveitamento. As pessoas têm se ocupado por séculos em capturar essa força vital em potencial de várias maneiras diferentes. Atualmente, parece que a energia elétrica é a forma mais aplicável de fazer isso. O acesso é um grande problema em países em desenvolvimento, já que essas localidades não têm a infraestrutura estabelecida no Primeiro Mundo –, para não mencionar os serviços de apoio envolvidos. A maior questão mundial é o *armazenamento* da energia gerada, já que baterias de chumbo-ácido e qualquer outro tipo de células de armazenamento são caras para produzir, têm uma vida útil reduzida e geram efeitos nocivos ao meio ambiente.

Então, a pergunta passa a ser: é possível que um sistema energético de pequena escala e descentralizado funcione para as pessoas sem que haja muitos desafios?

A ênfase em "soluções tecnológicas" na maioria das ideias que foram levantadas para ajudar um país rural ou para melhorar o desenvolvimento de países do Terceiro Mundo são muito nobres; no entanto, há muitas vezes uma concepção errônea sobre o que as pessoas realmente precisam ou requerem. Em muitos casos, projetamos um produto com necessidades operacionais simples, mas a compreensão do equipamento pode na verdade estar além do domínio do usuário, sem mencionar a adequação ao clima em que se pretende usá-lo. Em busca por uma fonte de energia alternativa para a região tropical das Filipinas, a ideia era introduzir um gaseificador que pudesse funcionar com bambu, já que este é um recurso amplamente disponível e é neutro em carbono.

O básico da gaseificação

Uma abordagem de caixa-preta para a gaseificação é essencialmente o processo de transformar material orgânico em energia utilizável. É claro que isso não é particularmente novo, já que a gaseificação foi usada de forma extensiva durante a Segunda Guerra Mundial. O que a gaseificação faz é muito diferente dos mecanismos de geração de energia convencionais. A maior parte da geração de energia envolve a transferência de energia de uma fonte de combustível específica para um fluido que carrega a energia por uma turbina que, por sua vez, alimenta um gerador. Isso vale para combustíveis fósseis, gás natural, energia nuclear e energia geotérmica. A gaseificação, em contraste, funciona por meio de um "sistema operacional" de fogo propriamente dito.

Primeiro, imagine um fósforo aceso. O que você percebe é uma chama vermelha incandescente na ponta da haste de madeira do tamanho de um palito de dente. No entanto, há na verdade vários processos que constituem a chama. A chama visível não é o palito queimando, mas algo diferente. Há quatro processos fundamentais que compõem a chama: secagem, pirólise, combustão e redução.

A secagem é um processo bem direto, é a desidratação do combustível em questão. O material é aquecido até uma temperatura específica até que a água comece a evaporar. No sistema do palito de fósforo, esse é o primeiro processo a ocorrer, bem na ponta do palito.

A pirólise é um processo subestimado que é responsável pela chama visível no palito de fósforo. A pirólise é a decomposição acelerada em altas temperaturas. O que acontece aqui é que a madeira começa a se quebrar em alcatrão e carvão. Outras substâncias que estão na madeira também são liberadas nesse processo. No sistema do palito de fósforo isso ocorre logo abaixo da chama visível. É a combustão (oxidação) dos gases liberados, alcatrão e outras substâncias voláteis que são responsáveis pela chama visível no palito de fósforo. A combustão desses materiais produz dióxido de carbono e vapor de água.

A redução é o processo central em gaseificação. Durante a pirólise, gás, alcatrão e carvão são formados e depois oxidados. A redução acontece na superfície do carvão que foi formado durante a pirólise. O carvão, em temperaturas muito altas, é composto de grandes quantidades de carbono. Quando o dióxido de carbono e o vapor de água reagem com o carvão, o carbono no carvão pega os átomos de oxigênio do dióxido de carbono e da água. Isso faz com que se fique com monóxido de carbono e, nosso principal interesse, gás hidrogênio. Esta última substância é conhecida como "gás de síntese" e é usada para alimentar um motor que, por sua vez, impulsiona um gerador.

Há vários tipos de gaseificadores. Em geral, um gaseificador parece um foguete cilíndrico com aberturas para combustível e ar. Uma das formas mais simples é a do "gaseificador *updraft*". O combustível é colocado no topo, o ar entra por baixo e o gás de síntese é retirado por equipamentos localizados no topo. Esse tipo de gaseificador pode ser comparado com um cigarro. A ponta é onde a combustão ocorre, seguida da zona de redução, da zona de pirólise e então da zona de secagem. Esse "fumador", como resultado, respira gás de síntese e alcatrão.

Importando a tecnologia

O gaseificador usado em Tuwâ the Laughing Fish, baseado em Cabiao, Nueva Ecija, nas Filipinas, é o Kit Experimentador de Gaseificador (GEK; do inglês, Gasefier Experimenters Kit) produzido pela empresa ALL Power Labs, baseada em Berkeley, na Califórnia. O GEK é um gaseificador *downdraft*. O combustível é inserido no topo, o ar vem de bocais de dentro do gaseificador e o gás de síntese é retirado pela base. O gás é então usado para operar um motor Kohler de 26 cavalos-vapor de potência, que impulsiona um gerador de 10KVA.

O GEK usado em Tuwâ incorporou um sistema projetado pela ALL Power Labs chamado Torre de Integração Térmica Total (TOTTI; do inglês, Tower of Total Thermal Integration). Esse sistema faz uso do calor em excesso gerado durante o processo de gaseificação. Em um circuito de *feedback* básico, o calor do escape liberado pela máquina depois da combustão e o gás de síntese são usados para acelerar a secagem e a pirólise do combustível. O escape da máquina é usado para acelerar a pirólise, enquanto o gás de síntese quente é usado para secar o combustível. Em algumas configurações, incluindo a de Tuwâ, vários componentes são controlados por computadores. A Unidade de Controle do Gaseificador (GCU; do inglês, Gasefier Control Unit) controla a proporção entre ar e combustível, assim como monitora a temperatura e a pressão dentro do GEK.

Desafios de localização

A gaseificação é uma excelente fonte de energia alternativa; no entanto, a gaseificação tem várias limitações. Os gaseificadores são muito específicos quando se trata de combustível. Os combustíveis em diferentes localizações e altitudes têm níveis variados de umidade. Como sabemos, a região tropical tem uma estação de chuvas torrenciais e isso pode impor um desafio para manter a matéria-prima seca, especialmente quando uma grande parte dela precisa ser armazenada.

Temos algumas suposições sobre os materiais combustíveis que foram, em última instância, dissipados quando a máquina chegou às Filipinas. Os gaseificadores requerem que o combustível seja, de preferência, processado em pedaços de cinco centímetros. Isso é para garantir o processamento completo do material. No entanto, foi apenas quando a máquina estava sendo testada que descobrimos que, em razão da estrutura longa dos pedaços do bambu, é praticamente impossível cortá-lo no tamanho requerido para o GEK. Se isso pudesse ser feito, seria com equipamento pesado que geraria grande impacto financeiro.

Também assumimos que outro material combustível adequado para gaseificação – lascas de madeira de galhos e cascas de árvores – seria um recurso prontamente disponível porque poderia ser encontrado nas beiras de estrada. Entretanto, como descobrimos, esse recurso estava sendo usado por pessoas como combustível para cozinhar em fogões; portanto, não era tão fácil achar galhos de árvore como pensamos inicialmente.

Há também abundância de cascas de arroz em nossa região, que são consideradas atualmente um material residual da agricultura. Se fôssemos usar cascas de arroz para o gaseificador, elas precisariam ser compactadas em briquetes para assegurar que houvesse densidade adequada do combustível para um tempo de combustão suficiente – e também para produzir espaço suficiente entre os materiais combustíveis, já que as cascas podem ser muito densas se forem despejadas diretamente no funil, o que acarreta obstrução mais adiante no sistema de exaustão.

Então, a pergunta passa a ser: há alguma tecnologia disponível que funcione em um ambiente tropical e se baseie em materiais combustíveis facilmente disponíveis?

Tecnologia mais apropriada

Com os materiais residuais naturais, como folhas, cascas, lascas de madeira e subprodutos do arroz encontrados na região, o Lucia Stove (fogão Lúcia) desenvolvido na Itália é uma solução genial para as necessidades energéticas quando se trata de cozinhar. Os vários combustíveis podem ser convertidos em calor apropriado para cozinhar através de um cilindro de paredes duplas que utiliza o princípio de pirólise. A eficiência é dez vezes maior do que a dos fogões convencionais que as pessoas usam atualmente, e o sistema é muito fácil de montar: requer apenas algumas latas ou pedaços de chapa metálica para construir um modelo típico. O programa para o Lucia Stove é projetado para capacitar pessoas a desenvolver a própria subsistência, por meio da fabricação de fogões e do fornecimento de combustível e composto.

Além da grande economia de combustível consumido durante o aquecimento de uma refeição, o usuário tem a opção de trocar biorresíduos por briquetes de combustível comprimidos. Um ponto de coleta central é estabelecido, onde uma massa de combustível pode ser trazida e trocada pelo valor equivalente em briquetes. Sempre haverá um peso líquido maior de biorresíduos, já que a energia investida para fazer o briquete precisa ser compensada. Depois do processo de queima, o resíduo no fogão de casca de arroz é capaz de melhorar o solo. Esse recurso pode então ser trocado por itens necessários ou guardado para uma coleta mais tarde como material de composto. O negociante ou o ponto de coleta central então tem a opção de espalhar um bom fertilizante orgânico pela região. Esse fertilizante de alta qualidade areja o solo, mantém melhor a umidade e cria casas nas cavidades do material para microrganismos que são cruciais para a melhor construção de solos.

Com esse sistema de transação local, dinheiro pode ser eliminado do cenário. Um sistema de economia e troca é estabelecido, em que o comprador de um fogão pode trazer um grande suprimento de combustível para meses ou semanas anteriores à compra, aumentando dessa forma o crédito e, ao fazer isso, capacitando-se como uma parte ativa do sistema econômico local. Muitos sistemas foram recomendados para ajudar comunidades desfavorecidas a saírem de suas situações, mas nesses sistemas o dinheiro geralmente tem um papel desproporcional. Com o exemplo do Lucia Stove, as pessoas têm o poder de avançar em vários planos: inclusão de economia nos custos de combustível; enriquecimento do solo para criar plantações melhores; e aumento de autonomia local.

Infelizmente, há uma tendência atual de ignorância, já que vários recursos valiosos são perdidos pela queima de "resíduos" em pilhas, apenas para se livrarem deles. Vão ser necessários programas educacionais comunitários e a introdução de tecnologias viáveis na região, como o Lucia Stove, para ajudar a eliminar consequências lamentáveis como poluição do ar, perda de recursos e contaminação do corpo de águas em decorrência do despejo de materiais residuais orgânicos e inorgânicos, que poderiam de outra forma ter sido separados e usados para fins produtivos.

Lições aprendidas

Muitas vezes, são os desafios econômicos em países em desenvolvimento que determinam se uma tecnologia está prontamente adaptada e pode ser usada pelo público em geral. O gaseificador e o Lucia Stove são baseados na tecnologia de pirólise, mas variam de escala em sua aplicação.

Condições climáticas também determinam o sucesso da adaptação da tecnologia em novos ambientes. A maior parte dos testes de material combustível para o gaseificador GEK foi feita usando casca de noz, amendoins e lascas de madeira no local de teste, em Berkeley, na Califórnia. Implícito no custo de importar a tecnologia está a necessidade de determinar a adequação de outros materiais regionais como fonte de combustível alternativa. Na verdade, foi por meio de nossos testes nas Filipinas que determinamos a adequação de materiais disponíveis e, no processo, descobrimos o combustível ideal para essa unidade. Esse combustível, criado por uma unidade governamental filipina local, se chama *basuling* – uma esfera perfeita de cinco centímetros feita de resíduos sólidos carbonizados. Esse material foi testado com sucesso em nossas provas e oferece um recurso potencial que pode fechar o processo do ciclo energético.

O gaseificador e o Lucia Stove são ambas tecnologias de "fonte aberta"; elas oferecem espaço para melhorias contínuas ao longo do tempo ao serem testadas em aplicações regionais variadas, proporcionando apoio técnico contínuo de retaguarda. São essas considerações que nos ajudam a enxergar o potencial educacional de adaptar tecnologias ocidentais para que se adéquem aos cenários tropicais do Terceiro Mundo. Agora estamos plantando nossa fonte de combustível para o gaseificador, de forma a garantir um fornecimento substancial e sustentável. Materiais utilizáveis de nosso primeiro teste estarão disponíveis em dois anos. Estamos igualmente entusiasmados com a possibilidade de estabelecer um projeto-piloto do Lucia Stove em nossa cidade. Esse é um exemplo de tecnologia apropriada adaptada a um cenário real.

John Vermeulen nasceu na África do Sul, mas tem origens na Dinamarca, e viveu em ambos os países por um longo período. Durante um estágio como engenheiro mecânico para a marinha mercante, navegou pelo mundo e foi exposto a várias culturas edificantes. Depois de ter trabalhado na instalação e produção de sistemas de logística por vários anos, completou o mestrado em desenho industrial – tridimensional. No Design Indaba, conferência ocorrida em 2006, em Cape Town (África do Sul), ganhou o prêmio pelo design mais inovador com um modelo de triciclo para um projeto de transporte rural sustentável afiliado ao South African Bureau of Standards (SABS). Baseado nas Filipinas desde 2008, projetou, construiu e concluiu um projeto de dois anos de uma pousada ecológica e centro de resiliência, em Caiao, chamado Tuwâ the Laughing Fish. Vive de forma autônoma, promove um estilo de vida de baixo carbono e é um facilitador ativo do Ecovillage Design Education (EDE).

Kevin Velasco é formado em cinema e audiovisual pela University of the Philippines. É filho de Penelope Reyes e, desde a infância, foi estimulado a desenvolver um pensamento crítico. Sempre teve interesse em eletricidade, eletrônica e energia. Em Tuwâ, estudou gaseificação com Jim Mason do ALL Power Labs, onde trabalhou na programação da Unidade de Controle de Gaseificação (GCU; do inglês, Gasifier Control Unit) ao lado de Bear Kaufman.

Conversas atuais sobre tecnologia adequada dentro de um ambiente de comunidade sustentável geralmente negligenciam a arena importante de tecnologia de comunicações – talvez porque nos tornamos tão acostumados com a internet que nem nos damos conta. Segundo Jonathan Scherch, a internet é um sistema frágil de energia intensiva que pode facilmente se tornar incerta em vários cenários futuros possíveis. Por essa razão, Jonathan expõe seu pensamento a respeito da instalação de estações de "radioamador" – uma tecnologia de alcance global, escala comunitária, descentralizada e reparável – como parte de um projeto de permacultura abrangente. Dicas para estabelecer seu sistema também serão dadas a seguir.

Divulgando inovações em sustentabilidade por meio de comunicações de radioamador

Jonathan Scherch, PhD

Antioch University Seattle (AUS), Estados Unidos

Introdução

Os impactos benéficos de esforços em sustentabilidade local através do global, originários em comunidades de profissionais de design em permacultura, estão cada vez mais ganhando visibilidade e popularidade. Ao redor do mundo, as pessoas estão se engajando em esforços locais para melhorar os sistemas de alimentação, água e energia, construindo casas e relacionamentos comunitários saudáveis e, em essência, mostrando através de ações um estilo de vida sustentável.

No entanto, muito precisa ser feito para promover formas de expandir visões, compartilhar perspectivas e construir colaborações em nossas comunidades. As ferramentas empregadas para isso geralmente incluem cursos de treinamento e *workshops*, material impresso e/ou recursos de internet, e necessitam de vários investimentos físicos, tecnológicos e financeiros para sua manutenção. Que tal adicionarmos uma nova ferramenta à nossa coleção, uma que possa acrescentar resiliência, flexibilidade e engajamento comunitário ao mesmo tempo? Proponho que coloquemos a comunidade radioamadora internacional a serviço de nossa sustentabilidade global.

Sou professor no programa de meio ambiente e comunidades na Antioch University Seattle (AUS) e venho ministrando cursos regionais e internacionais sobre trabalho social, mudança social e design em permacultura por mais de vinte anos. Recentemente, lancei na AUS uma área de concentração em sistemas alimentares sustentáveis e design em permacultura. Em meus cursos, complementei as 72 horas-padrão de conteúdo de design em permacultura com uma nova dimensão geralmente não coberta na maioria desses cursos (ou livros didáticos temáticos sobre vida sustentável, *homesteading* urbano/rural etc.) – uma orientação sobre os sistemas radioamadores de comunicação e os benefícios de serviços comunitários a eles relacionados. Com isso, reconheci o valor e a importância em potencial do radioamador para esforços em sustentabilidade individuais, de bairros, de comunidades, regionais e globais.

Sou operador de radioamador licenciado desde 1990 e possuo a licença superior estadunidense Amateur Extra Class. Minha estação de rádio é composta de equipamentos antigos e novos, e alimentada por um sistema solar fotovoltaico que projetei e instalei para fornecer uma fonte de energia redundante (e limpa). Sou examinador voluntário credenciado para apoiar sessões de testes para o licenciamento de novos operadores de radioamador e sou um dos diretores dos cursos do Seattle Amateur Radio Training. Também sou voluntário no Auxiliary Communications Service (ACS) no Emergency Management Department, na cidade de Seattle, e afiliado a muitos clubes e organizações de rádio.

Ao longo dos anos, encontrei operadores de radioamador de todos os cantos do mundo e aprendi muito com eles sobre suas culturas, comunidades e interesses comuns em sustentabilidade e tecnologias adequadas – geralmente durante refeições fantásticas! Então, em conjunto com a diversão de meu *hobby*, o avanço do conhecimento tecnológico e as contribuições a serviços emergenciais e de prontidão, novos papéis estão surgindo para os cerca de 4 milhões de operadores de radioamador internacionais e suas habilidades. Com investimentos escaláveis em equipamentos e dependendo de aulas de licenciamento (o que define privilégios de acesso a bandas e modos de transmissão), operadores de radioamador se comunicam com outros ao redor do mundo (e em suas comunidades locais) usando voz, código Morse e/ou outros modos de dados digitais que incluem teletipo, fax, TV de varredura lenta, entre outros.

Por que radioamador se temos internet e celulares?

O radioamador é um serviço mundial como nenhum outro. Gerações de operadores de rádio vêm demonstrando liderança na criação de relacionamentos, organizações e protótipos reais que hoje são a base de sistemas de comunicação comuns. O termo "amador" não deve sugerir algo de segunda classe; as habilidades, os serviços e o desenvolvimento tecnológico de operadores voluntários de radioamador são geralmente iguais aos esperados de profissionais remunerados. Suas criações iniciais incluem ferramentas agora comuns, como e-mail e sistemas de internet, sistemas de telefonia celular, tecnologias de dados digitais e de computadores, entre outras.

Além disso, operadores de radioamador não "transmitem" para audiências anônimas (como estações comerciais de rádio); mais propriamente, eles transmitem de pessoa a pessoa para outros operadores licenciados, identificados por seus sinais de chamada únicos. Os operadores de radioamador mantêm redes de serviços públicos e educacionais no ar, discutem ciência, cultura, tempo e outros temas, mas não tocam música, conduzem negócios ou outras atividades como uma estação de rádio comercial faria. Então, por que devemos considerar o radioamador para progredir com a sustentabilidade se existem tantas outras ferramentas de comunicação?

O sistema pode ser usado a serviço de esforços atemporais de cidades em transição,[1] em que programas de sustentabilidade comunitária são coordenados para a resiliência do pós-pico do petróleo. O estabelecimento de sistemas de comunicação de energia renovável, descentralizados e confiáveis pode oferecer e estimular uma variedade de vantagens. Por exemplo, em momentos

1 Hopkins, Rob. *The Transition Handbook: From Oil Dependency to Local Resistance*. White River Junction: Chelsea Green, 2008.

de emergência, Ward Silver,[2] N0AX, observa que "em virtude de seu número e sua infraestrutura descomplicada, radioamadores são capazes de reagir rapidamente quando um desastre natural ou outra emergência faz com que a comunicação em canais regulares se torne impossível".[3] Sistemas de radioamador podem oferecer alternativas de comunicação duradouras ou servir como complemento de sistemas corporativos e comerciais.

Já os sistemas de internet e celulares são, na verdade, bem frágeis, caros e usam energia de forma intensiva. Formado por muitos tipos de tecnologias de *hardware* e *software* e representando vários usos e origens de recursos naturais, essas redes atuam bem quando tudo está indo bem, em que sistemas de *hardware* redundantes, *backups* rotineiros e sistemas de segurança, entre outras particularidades, criam uma experiência confiável de alta tecnologia e alto desempenho. No entanto, em caso de instabilidade econômica, transições energéticas e impactos da mudança climática global, essas operações complexas necessitam de contribuições energéticas e financeiras cada vez mais escassas para atender a expectativas e demandas.

Adicionalmente, a evolução rápida e a obsolescência de muitas tecnologias, como telefones, *modems*, computadores, periféricos e semelhantes, criam volumes imensos de equipamentos novos e abandonados. Todos participamos dos impactos de vida útil da tecnologia moderna (de forma ideal, de berço a berço), de forma que o uso e a conveniência devem ser calibrados por fardos previsíveis para as gerações futuras.

Em terceiro lugar, interrupções de serviços em razão de corte de energia, falhas de *hardware*, cadeias de fornecimento com ciclos de reparações longos e/ou emergências que motivam a necessidade de serviços governamentais assumirem o controle de sistemas de comunicação vitais podem interferir ou reduzir o uso operacional normal. Sistemas de radioamador não são uma panaceia para essas e outras questões, apesar de que eles podem potencialmente trazer os seguintes benefícios:

- custos reduzidos de equipamento, construção de equipamentos *homebrew* usando materiais locais disponíveis, desenvolvimento de sistemas de apoio financeiro cooperativo e compras em volume por meio de organi-

2 Silver, Ward. *Ham Radio for Dummies*. Hoboken: Wiley, 2004.

3 *Ibidem*, p. 13.

zações comunitárias e clubes para distribuir custos e minimizar encargos individuais;
- uso reduzido (renovável) de energia em operação e uso mais prolongado de equipamentos duráveis e reparáveis;
- sistemas de comunicação projetados de acordo com os princípios da permacultura, em que elementos únicos de comunicação desempenham múltiplas funções e elementos múltiplos formam "associações de comunicação" resilientes, permitindo que a integridade do sistema se sustente em caso de interrupções ou necessidades críticas.

Revelando uma história longa de serviço comunitário

Em 2012, a comunidade radioamadora vai celebrar 100 anos de contribuições às relações internacionais, às comunicações, à inovação tecnológica e ao serviço comunitário. As origens da conexão do radioamador com tópicos de vida sustentável e resiliência comunitária não são novas. Nos anos 1970 até o início dos anos 1980, Copthorne MacDonald, VY2CM, escreveu a série popular New Radio Directions em *Mother Earth News*. E, mais ou menos na mesma época, residentes da The Farm, perto de Summertown, no Tennessee, publicaram livros sobre comunicações de rádio e usaram radioamador para se conectarem com outros ao redor do mundo como parte de seus projetos Plenty de desenvolvimento internacional e restauração.

Isso ocorreu porque os radioamadores operam em muitas bandas, facilitando conexões que podem alcançar alguns ou milhares de quilômetros, através de comunidades locais, regiões, países e ao redor do mundo. Utilizando ferramentas para comunicações "linha de visão" e efeitos atmosféricos de "salto", os operadores aprendem quando e como usar seus sistemas de rádio para desempenho e benefício ótimos.

Da minha casa, no oeste de Seattle, em Washington, fiz contato recentemente com operadores de radioamador em Tóquio, no Japão; Kona, no Havaí; Portland, no Oregon; e Palmer, no Alasca – assim como com um pessoal ao redor do estuário de Puget.

Isso também possibilita aos operadores que se envolvam em importantes atividades de serviço público ao redor do mundo, incluindo esforços de socorro de desastres internacionais decorrentes de terremotos, furacões e outras emergências. Para fazer isso, eles treinam continuamente e aprendem como estabelecer e manter efetivamente sistemas de comunicação emergenciais (EMCOMM) com líderes comunitários locais, regionais e nacionais, profissionais de saúde e médicos, entre outros.

O começo

Ao misturar tecnologias antigas com novas, operadores de radioamador estão bem posicionados para se juntar aos designers de permacultura a fim de construir sistemas de comunicação resilientes a serviço de comunidades sustentáveis. Na verdade, uma das características dos operadores de radioamador (como a maioria dos designers de permacultura) é sua sagacidade em implantar estações seguras e baratas. Ao compreender os tipos de rádio, antenas e acessórios que formam as estações, os operadores conseguem minimizar os gastos enquanto otimizam o desempenho, seja em um apartamento, seja na cidade, seja em uma fazenda rural.

Para começar, operadores de rádio em potencial precisam prestar atenção a regras e regulamentos, tecnologias, ciência e culturas do radioamador. A maioria das pessoas acessa clubes de radioamadores locais e/ou utiliza uma variedade de aulas de treinamento e estuda materiais para apoiar seu aprendizado e sua preparação.

Apesar de algumas regras e regulamentos para a operação de radioamador variarem de país a país, todas as estruturas de licenciamento governamental são sancionadas pela International Amateur Radio Union (IARU) e então possuem um entendimento similar a respeito da teoria do rádio e de requisitos de qualificação. Nos Estados Unidos, a Federal Communications Commission (FCC) supervisiona o licenciamento de estações de radioamador, a alocação de sinais de chamada únicos e a manutenção e aplicação de regulamentos estipulados na parte 97 do livro de regras.

Licenciamento: recebendo seu "ingresso"

Cada operador de radioamador deve ser aprovado em um exame de nível básico para adquirir uma licença de estação de radioamador. Ao redor do mundo, clubes e grupos de rádio oferecem uma variedade de programas de treinamento para apoiar a educação relacionada ao rádio. Existem muitos materiais que atendem a estilos de aprendizado e ensinam de forma criativa e divertida as habilidades de serviços de radioamador competentes.

Ao completar com sucesso o exame, cada operador recebe um sinal de chamada único dependendo de seu país de origem (nos Estados Unidos, cada licença começa com uma das seguintes letras A, K, N ou W). Ao se identificarem por meio de seus sinais de chamada – se por voz, usando um alfabeto fonético internacionalmente reconhecido –, os operadores de rádio se comunicam inicialmente em inglês e depois trocam para outra língua, se quiserem.

Sinais de chamada geralmente refletem a aula de licenciamento que foi recebida e, por extensão, as licenças de estar no ar determinado pela autoridade de licenciamento governamental. Enquanto os sistemas de licenciamento variam um pouco de país a país, eles geralmente compartilham um sistema de incentivo de licenciamento que encoraja operadores a aprimorarem seus conhecimentos e habilidades para expandir suas gamas de autorizações. Há um gráfico produzido pela American Radio Relay League (ARRL) que descreve a distribuição de bandas e suas respectivas autorizações para as classes de licença estadunidense – técnico, geral, avançada e amador extra.

Esse plano de banda é uma referência útil para os operadores garantirem que estão operando dentro de suas respectivos licenças. E eles podem fazer isso usando vários modos de transmissão de forma coordenada para evitar interferência e facilitar as conexões no ar.

Te vejo no ar!

Seguindo em frente, as iniciativas locais através do global, para atingirem as expectativas de vida sustentável e o desenvolvimento comunitário, se beneficiarão ao expandir as oportunidades para pessoas e organizações compartilharem informações sobre elas. O radioamador pode oferecer um conjunto de ferramentas oportuno, útil e inclusivo para apoiar essas comunicações. Elas incluem:

- atualizações, iniciativas e esforços a respeito do desenvolvimento de ecovilas e comunidades intencionais;
- compartilhamento de habilidades interdisciplinares;
- sistemas alimentares e práticas de agricultura, como informações sobre métodos de plantação orgânica, desempenho e resultados sazonais, reserva de sementes e compartilhamento do excedente;

- colaborações entre diferentes culturas e climas;
- conexão entre fazendas e coordenação de Willing Workers on Organic Farms (WWOOF);
- compartilhamento de ferramentas, tecnologias e conhecimento, treinamento e oportunidades educacionais etc.

Espero ter sido capaz de transmitir algumas das muitas possibilidades do radioamador a serviço de futuros sustentáveis. Vejo vocês no ar.

Referências

American Radio Relay League (ARRL). *US Amateur Radio Bands*. Newington: ARRL Publishing, 2007.

West, Gordon. *Technician Class 2010-2014*. Niles: Master Publishing; Arlington: The W5YI Group, 2010.

Jonathan Scherch, PhD, foi membro do Western Washington DX Club (WWDXC), do West Seattle Amateur Radio Club (WSARC) e um dos diretores do Seattle Amateur Radio Training. Monitora regularmente as bandas HF, VHF e UHF (para mais informações, ver o *blog* DesignTrek (designtrek.net). Fez parte do corpo docente do programa de meio ambiente e comunidades da Antioch University Seattle (AUS) por mais de dezesseis anos, onde orientou entusiastas de ecovilas na criação de programas de mestrado. É fundador e diretor executivo da Pacific Bamboo Resources e membro da Resource Fiber LLC.

Há várias formas de abordar o Módulo 3. Uma delas, que deve ser considerada em qualquer curso do Ecovillage Design Education (EDE), é a tecnologia de "terras úmidas construídas" – tratada aqui habilmente por Michael Shaw. Michael aborda o assunto como um verdadeiro engenheiro e descreve o processo de construção passo a passo, oferecendo o contexto biológico e ecológico para justificar as decisões de design a serem tomadas. Embora o espaço aberto disponível deva ser considerado, não há dúvida de que a terra úmida construída é uma tecnologia adequada na escala de ecovila.

Terras úmidas para ecovilas

Michael Shaw

Biomatrix Water Technology LLP, Escócia

A partir da solidão um pelo outro
dois juncos, ou talvez duas sombras, dão uma guinada
para a frente e se tornam repentinamente uma vida
levantada da madrugada ou da chuva. É
o selvagem voltando novamente, uma lagoa
com nossa cidade refletida em seus olhos.
Vivemos pela fé em tais presenças.

É um teste para nós, delgado
mas real, uma figura ondulante que promete,
"Se mantiver a fé, existirei
na extremidade, onde sua visão encontra
a luz do sol e a chuva: cabeças na luz,
pé que vai fundo na lama, onde está a verdade."

William Stafford[1]

1 Stafford, William. Spirit of Place: Great Blue Heron. *In*: ______. *Even in Quiet Places: Poems*. Lewiston: Confluence Press, 1996. (Tradução nossa.)

O que é uma terra úmida construída?

As terras úmidas construídas tratam esgoto por meio da passagem de água poluída por uma base de cascalho de cerca de 70 centímetros de profundidade em que plantas crescem. O cascalho é colocado sobre um revestimento ou um fundo de argila. O esgoto é alimentado na terra úmida em uma extremidade e leva vários dias para chegar à outra, onde é coletado e descartado. Um tanque séptico é instalado à frente da terra úmida para coletar plásticos e outros materiais não orgânicos e oferecer o tratamento anaeróbico do esgoto, em outras palavras, sem oxigênio. A concentração de sólidos suspensos totais (SST) é reduzida, assim como a poluição é medida como demanda bioquímica de oxigênio (DBO). A DBO é um índice da quantidade de poluição orgânica na água influente da ecovila.

Há dois tipos de terras úmidas construídas – as de fluxo superficial e as de fluxo subsuperficial. A primeira permite que as águas residuais circulem horizontalmente através dos caules das plantas crescendo no solo, inundado por águas residuais. Apesar de ser menos cara para construir, há desvantagens associadas com a água exposta, como o perigo para crianças e animais, e a reprodução de mosquitos. Para o tratamento de esgoto em ecovilas, recomendam-se terras úmidas construídas de fluxo subsuperficial. Nesse tipo de terra úmida, as raízes das plantas e o cascalho oferecem substrato para biofilmes bacterianos e a água circula cerca de dez centímetros abaixo da superfície de cascalho, o que oferece um sistema mais seguro, sem odores da terra úmida e sem mosquitos, já que não há água na superfície.

As principais vantagens das terras úmidas construídas são que elas oferecem um tratamento passivo; a construção é relativamente simples e a operação é mínima. No entanto, elas ocupam uma quantidade significativa de terra e precisam de um local plano. O tratamento das águas residuais é geralmente uma compensação entre energia e terreno. A operação e a manutenção são primordialmente relacionadas para manter a ecologia plantada em boas condições e garantir o funcionamento de equipamento mecânico auxiliar. As terras úmidas possuem uma das menores pegadas de carbono no tratamento de águas residuais em sua operação. A energia integrada e a pegada de carbono de construção também podem ser baixas desde que materiais a granel, como cascalho, possam ser obtidos localmente. Nos treinamentos do EDE, essa tecnologia é geralmente usada como o método básico para o design e a construção de sistemas naturais de tratamento de esgoto.

Projetando e construindo uma terra úmida construída

O tamanho de uma terra úmida depende do número de pessoas a que serve, mais quaisquer águas residuais extras de outras fontes da ecovila, como processamento de alimentos. A água de lavar louça e de preparar alimentos, de banhos em banheiras e chuveiros, e de descarga em sanitários está incluída na contagem por pessoa. A temperatura baixa da água no inverno é relevante, já que quanto mais quente a água estiver até os 30°C, menor será o tamanho da terra úmida. Apesar da eficácia do tratamento diminuir em temperaturas de água fria, as terras úmidas podem continuar a operar em temperaturas do ar abaixo do congelamento, desde que haja algum afluente todos os dias do ambiente construído. As plantas morrem e caem na superfície da terra úmida como cobertura vegetal isolante. Uma camada de neve reforça o isolamento térmico.

A seguir, há uma tabela comum para dimensionar uma terra úmida construída para entre 100 e mil pessoas de um efluente DBO de quinze miligramas por litro em várias temperaturas de água.

Dimensionamento de terras úmidas de fluxo subsuperficial para tratar DBO de 15mg/l depois do pré-tratamento no tanque séptico[2]

Volume 200l/pe 5pe=1m³	DBO em mg/l	TSS em mg/l	NH_4 em mg/l	Inverno temp °C	Estimativa pessoa área/pe	Área m²/ m³ de esgoto	HRT em dias	DBO saída mg/l	TSS saída mg/l	NH_3 saída mg/l
1m³	160	100	35	10	4,0	20,1	5,8	15,0	11,1	9,3
1m³	160	100	35	15	3,0	15,0	4,3	15,0	11,2	13,2
1m³	160	100	35	18	2,5	12,5	3,6	15,0	11,4	31,4
1m³	160	100	35	20	2,3	11,2	3,2	15,0	11,5	13,6

A terra úmida é dimensionada para condições de inverno quando a vida microbiana está em seu nível mais baixo. O tamanho é a área de tratamento em profundidade máxima na terra úmida. Deixe 30% de terreno extra para

2 Os números são aproximados. Adicione 30% para a pegada bruta mais a área do tanque séptico.

as laterais inclinadas, bermas e acessos. O comprimento não deve ser mais do que duas vezes a largura. O motivo para isso é garantir que o afluente não sobrecarregue a frente mais estreita da terra úmida com a chegada de sólidos em suspensão que podem causar entupimento. É recomendado que, antes de começar sua construção, as especificações de tamanho e material para a terra úmida proposta sejam checadas por um engenheiro qualificado.

Em geral, a terra é escavada e a terra tirada da escavação é usada para criar bermas. Um bordo livre suficiente deve ser deixado acima do cascalho para aguentar o evento de uma grande tempestade. Quando isso acontece, a terra úmida inunda e gradualmente drena quando a tempestade diminui.

Um revestimento evitará que a água poluída contamine a água subterrânea. Ele é geralmente feito de polietileno de alta densidade com espessura de um milímetro. Esse material costuma ser obtido em rolos de cinco metros de largura. Juntar as folhas vai exigir equipamento de soldagem especializado, e é melhor que isso seja realizado por um empreiteiro qualificado. O geotêxtil, como polietileno de um ou 1,5 milímetro, deve ser instalado abaixo e acima do revestimento para protegê-lo da penetração de pedras pontiagudas e cascalho.

O tubo influente do tanque séptico passará através do revestimento usando um dreno, o que novamente deve ser instalado por um empreiteiro especialista em polietileno de alta densidade. Esse afluente é conectado ao coletor com tubos de limpeza. Esse coletor possui vários buracos ao longo de seu comprimento para distribuir o afluente através da largura da terra úmida. Um coletor de efluente similar é instalado na extremidade da terra úmida. Sobre cada coletor, pedras de cerca de 75 milímetros são usadas para ajudar a distribuir a chegada de esgoto através da largura da célula da terra úmida. Entre elas, o cascalho de 25 milímetros é instalado a uma profundidade de 70 centímetros. Uma camada de cinco centímetros de cascalho-ervilha pode ser colocada em cima do cascalho de 25 milímetros para facilitar o plantio.

É importante proteger o revestimento da luz do sol nas extremidades, já que ele vai se degradar lentamente com a luz ultravioleta. O revestimento pode ser coberto, onde ele sai do cascalho, com uma camada externa de geotêxtil, e este com pedras.

Um reservatório com ajuste de nível precisa ser instalado dentro da terra úmida ou na tubulação efluente no ponto em que ela sai da célula da terra úmida. Esse dispositivo permite que se estabeleça o nível da água. Se o tanque séptico – ou tanques – estiver abaixo da terra, ele terá tubos efluentes para alimentar a terra úmida. Se o tanque séptico estiver acima do nível do solo, o reservatório com ajuste de nível controlará o nível do tanque séptico através da terra úmida.

A célula pode então ser inundada, preferencialmente de forma total ou parcial, com água de rio ou lago, que virá com vida aquática. As plantas da terra úmida são instaladas em uma densidade de aproximadamente cinco delas por metro quadrado. Taboa (*Typha*), caniço (*Phragmites*), junco (*Juncus*) e carriço (*Carex*) são, em geral, as espécies escolhidas. Use plantas que sejam cultivadas e adaptadas localmente sempre que possível. Procure plantas perenes de terras úmidas com sistemas de raízes profundas, densas e fibrosas, e com tolerância ao inverno. É geralmente possível coletar essas plantas de rios, lagos e valas locais. De outra forma, elas podem ser plantadas em potes enquanto a terra úmida é construída. Plantas que dão flores, como a canácea, podem ser colocadas ao redor das beiras da terra úmida para adicionar cor enquanto colher flores cortadas é um bônus. À medida que as plantas crescem, é geralmente recomendável abaixar o nível da água na terra úmida gradualmente usando o reservatório com ajuste de nível. Isso vai encorajar as raízes das plantas a procurarem a água e crescerem profundamente na célula.

Introduza o esgoto de forma lenta para que ele substitua a água do rio ao longo de uma ou duas semanas. Vai levar até três meses no verão para o sistema alcançar um estado regular em capacidade máxima e levará mais tempo no inverno. No entanto, a tecnologia oferecerá muitos anos de tratamento com um custo operacional baixo. Se espécies não plantadas tomarem conta da terra úmida, talvez seja necessário retirar as ervas daninhas; no entanto, as espécies da terra úmida são bem dominantes, especialmente o caniço. Se as árvores produzirem as próprias sementes, retire-as porque as raízes de árvores grandes podem penetrar o revestimento.

O efluente tratado pode ser reciclado para irrigação de paisagens, principalmente árvores. Usar efluente tratado em verduras e legumes não é recomendado. Sistemas de irrigação por gotejamento são econômicos e podem ser instalados sem se desinfetar o efluente tratado. Se a desinfecção for necessária para a reciclagem para os vasos sanitários, por exemplo, equipamentos ultravioleta oferecem uma solução livre de químicos e com impacto relativamente baixo.

É bom monitorar o desempenho do sistema de forma regular. Em um nível básico, isso pode ser feito ao se testar o afluente e o efluente com o pH e um verificador de faixa de amônia. Se um medidor de oxigênio dissolvido estiver disponível, as medidas podem ser tomadas no reservatório com ajuste de nível e nos tubos de limpeza do coletor. As terras úmidas construídas são robustas, já que possuem considerável "*momentum* biológico" por causa do relativamente longo tempo de retenção hidráulica (TRH). É importante prestar atenção aos indicadores e efeitos que mudanças repentinas possam ter no desempenho do tratamento e as ações apropriadas possivelmente necessárias.

Uma das questões de operação mais comuns ocasionalmente encontradas é a carga de choque, que é um grande aumento ou diminuição repentina de DBO e/ou da concentração de amônia ou do fluxo hidráulico. Para as terras úmidas construídas, um decréscimo a curto ou médio prazo na carga afluente é raramente um problema. Alguns dos indicadores de um evento de carga de choque incluem:

- mudança de pH do normal;
- aumento de odores;
- níveis de oxigênio dissolvido decrescentes no reservatório de nível ajustável do normal;
- concentrações de DBO, demanda química de oxigênio (DQO), NH_3 e/ou SST aumentadas.

O efluente deve ser reciclado na parte da frente da terra úmida durante um evento de choque. A recirculação de organismos do final do processo aumenta a recuperabilidade do sistema inteiro.

Valores de pH afluentes normais devem ficar dentro da faixa de 6,5 a 8,0. A maioria dos organismos aquáticos no sistema prosperou dentro dessa faixa, e condições mais ácidas ou alcalinas afetam os organismos de forma adversa. Se as mudanças no pH forem graduais, geralmente não haverá nenhuma mudança séria no processo até que o pH alcance o limite externo do que é necessário para o crescimento microbiano. Um exemplo de uma mudança gradual no pH é a depressão do pH por causa do processo de nitrificação.

A nitrificação biológica é um processo aeróbico que converte as formas orgânicas e de amônia do nitrogênio em nitrato. A extensão da nitrificação que ocorre durante o tratamento depende da medida em que os microrganismos nitrificantes estejam presentes. A nitrificação biológica consome a alcalinidade e produz ácidos. Se o pH for maior do que seis, é provável que a alcalinidade residual permaneça. A alcalinidade das águas residuais também pode ser checada por um verificador de faixa – se o pH influente for menor do que seis, a adição de alcalinidade pode ser necessária na forma de carbonato de cálcio (cal). Uma queda brusca em pH, acompanhada por perda de nitrificação, é quase certamente causada pelo consumo de alcalinidade.

Mudanças em pH repentinas ou abruptas por causa de derrames no sistema de águas residuais são as mais perigosas e podem resultar na destruição de alguns ou de todos os microrganismos no sistema. O isolamento e a reciclagem da água dentro da terra úmida e a diluição com água fresca são os melhores procedimentos para lidar com esse problema.

Em operação estável, a terra úmida construída não deve emitir odores. O odor próprio é similar ao de um solo de jardim saudável. Odores desagradáveis temporários geralmente resultam de atividade anaeróbica em locais destinados a tratamento aeróbico. As mais prováveis fontes são o tanque séptico e os poços de bombeamento afluentes que serão anaeróbicos/anóxicos.

Se a energia falhar, a armazenagem no tanque séptico e na terra úmida propriamente dita permite a operação a curto prazo sem energia. No sistema de tratamento, o espaço de armazenagem é fornecido pelo bordo livre da terra úmida. Embora a água possa vir à tona na terra úmida, esses níveis serão reduzidos quando a energia for restaurada.

Uma motivação central para usar terras úmidas construídas é o relativo baixo custo de capital, a pequena exigência para energia externa, a facilidade de manuseio de resíduos ao se bombear o tanque séptico a cada período de alguns anos e a mão de obra mínima necessária para a operação. Isso resulta em baixo custo de ciclo de vida.

Como e por que as terras úmidas construídas funcionam?

As terras úmidas que ocorrem naturalmente purificam e filtram a água fresca da Terra ao redor do mundo. As terras úmidas são um dos principais ecossistemas no planeta para a reciclagem de elementos essenciais da vida (carbono, hidrogênio, oxigênio, nitrogênio e fósforo), assim como micronutrientes. Habitats aquáticos encontrados em terras úmidas sustentam o alto nível de biodiversidade que é bem adaptada e especializada para absorver os nutrientes em excesso e quebrar sólidos e patógenos. O tratamento é, sobretudo, uma desagregação em vez de um processo de captação. Apesar de as plantas absorverem alguns nutrientes e metais, o processo principal é a quebra microbiana de poluentes orgânicos. Os biofilmes, que são colônias de bactérias, se formam nas raízes das plantas e nas superfícies do cascalho, e são o motor desse processo de tratamento de "crescimento anexado". As zonas de raízes das plantas superiores possuem um papel central no processo e oferecem algumas das fontes endógenas de carbono para manter a vida microbiana. Plantas de caule oco, como o junco e a taboa, transportam oxigênio para suas raízes, oferecendo um ambiente aeróbico nos pelos das raízes para bactérias aeróbicas. As plantas também oferecem uma função mecânica ao formar constantemente novas rotas para a água circular pelas terras úmidas.

As terras úmidas construídas contam com as ecologias complexas do lago, do pântano e do prado para converter carbono e nitrogênio em formas gasosas (dióxido de carbono, metano, gás nitrogênio) e redistribuir os átomos de carbono, hidrogênio, oxigênio, nitrogênio e fósforo em formas mais publicamente aceitáveis, como as biomassas vegetais (por exemplo, paisagens e florestas plantadas) ou animais (por exemplo, animais microscópicos e peixes), do que resíduos.

O esgoto contém amônia, que é tóxica para plantas e é tratada por processos chamados nitrificação e desnitrificação. As bactérias nitrificantes – *Nitrosomonas* e *Nitrobacter* – são responsáveis pela conversão microbial da amônia em nitrito e de nitrito em nitrato. Essas bactérias ocorrerão naturalmente na terra úmida desde que ela atinja uma condição estável contínua. A etapa final na remoção de nitrogênio é a desnitrificação, que é a conversão biológica do nitrato em gás nitrogênio.

As terras úmidas construídas possuem um número considerável de caminhos, que são capazes de se organizar, reparar e reproduzir, e têm uma habilidade enorme de se adaptar às mudanças em condições afluentes. Seus benefícios fazem das terras úmidas construídas um sistema de tratamento de esgoto excelente para ecovilas.

Michael Shaw é um dos membros-fundadores de The Ecovillage Institute, em Findhorn, e administrador residente da Findhorn Foundation. É um dos pioneiros da ecovila e comunidade de *cohousing* Ten Stones, em Vermont (Estados Unidos). Engenheiro de formação, já esteve envolvido em todas as fases de desenvolvimento e implementação de tratamentos naturais de águas residuais e sistemas de biorremediação, incluindo Restorers desde 1989 com a Ocean Arks International (OAI). Com John Todd, PhD fundador da OAI, é autor de duas patentes de tratamento de águas residuais.

Nesta introdução sobre design de sistemas de energia sustentável para ecovilas, o consultor independente Jeff Clearwater resume 32 anos de experiência. Jeff nos implora: "Comecem pela conservação!". E então discute os prós e os contras das cinco fontes básicas de energia renovável: solar, eólica, hidroelétrica, geotérmica e de calor residual. Por último, essas fontes são integradas em um pacote de sistema único que certamente ajudará a esclarecer tudo que está de fato envolvido na geração de energia de uma ecovila. Jeff recomenda que se procure a orientação de um profissional experiente antes de se engajar nessa tarefa complexa. Dessa forma, muitos problemas futuros serão evitados e a viabilidade econômica de seus esforços será a melhor possível.

Energia renovável e design de sistemas elétricos para ecovilas

Jeff Clearwater

Village Power Design, Oregon, Estados Unidos

Introdução

Quando pensamos no design de sistemas inteiros, no contexto de ecovilas, tentamos criar o habitat humano ideal que integre perfeitamente com a natureza. Para muitos, a vida em uma ecovila se iguala a uma "vida simples" ou a um "retorno à natureza"; por causa disso, tendemos a pensar em "ferramentas simples" para atingir essa integração homem-natureza. No entanto, para a maioria de nós, a vida que buscamos criar – no que Albert Bates chama de Civilização 2.0 – inclui, espera-se, algumas das não tão simples criações da Civilização 1.0, como luz, aparelhos de som, câmeras, computadores, torradeiras, liquidificadores, telefones e internet. Oferecer uma fonte de energia elétrica renovável e sustentável para ecovilas alimentarem essas cargas não é uma questão simples. O que pretendo fazer neste curto ensaio é destilar a sabedoria essencial de design resultante de 32 anos de projeção e instalação de sistemas energéticos renováveis para o atendimento de ecovilas ou pelo menos apresentar uma introdução a este assunto.

Tecnologia apropriada

O condutor principal da concepção de um sistema de energia elétrica renovável é a cultura que as pessoas querem criar. É essencial que o designer explore na comunidade o que "tecnologia apropriada" significa para eles, fazendo algumas perguntas básicas: apropriado de que forma? Como as "ferramentas" conduzidas eletricamente que usamos atendem à nossa missão e aos nossos valores? O que é essencial? De que outras formas podemos satisfazer qualquer necessidade? Quem fará a manutenção no sistema? Que porcentagem de nossos recursos devemos empregar em que nível de energia elétrica? Acreditamos na rede elétrica ou devemos depender dela? Devemos abolir gradativamente seu uso? Encontre respostas a essas perguntas antes de continuar com o design. O entendimento comunitário mútuo dessas questões e um plano de curto e longo prazos ajudarão muito!

Na rede elétrica ou fora dela?

Considerando que você tenha acesso à rede elétrica, a primeira decisão fundamental em seu design é se você a utilizará, abolirá seu uso gradualmente, a usará apenas como apoio ou a adotará plenamente. Para muitos, o termo "fora da rede" se equipara a tudo que é bom e o termo "na rede" a tudo que é ruim ou não sustentável. Primeiro, deixe-me esclarecer as duas visões. Sistemas fora da rede geralmente dependem de baterias de chumbo-ácido que devem ser trocadas periodicamente. Até que os preços de baterias não tóxicas de lítio fiquem mais baratos, a vida fora da rede vai continuar a se equiparar ao gasto de cerca de uma tonelada de chumbo para uma comunidade de tamanho comum. A indústria do chumbo é altamente tóxica – e mesmo a manufatura de painéis solares e conversores envolve metais e práticas tóxicas. Dessa forma, "fora da rede" não é exatamente ecologicamente benigno.

A energia elétrica na rede atual é altamente insustentável, ecologicamente destrutível e uma das maiores contribuidoras para o aquecimento global.

A maioria da energia na rede vem do carvão, do gás natural e da energia nuclear; no entanto, há um movimento crescente para tornar a rede mais "verde" com a distribuição de fontes de energia solar, eólica, de calor residual e micro-hidrelétricas. Vai demorar um pouco, mas está acontecendo. Ligar a rede elétrica com o sistema de energia renovável de sua comunidade pode contribuir para o movimento de "esverdear a rede".

A vida fora da rede requer uma abordagem cuidadosa e frugal com relação ao uso de energia elétrica muito mais do que a maioria de nós está acostumada. Para comunidades existentes que começaram fora da rede, esse uso frugal já é instintivo agora. Para as comunidades que construíram sua infraestrutura na rede elétrica, é provável que a conversão para fora da rede exija um significativo investimento adicional em eletrodomésticos, práticas e estilo de vida muito eficientes em se tratando de energia.

Se estiver construindo uma nova comunidade com acesso à rede elétrica, recomendo muito que você projete sua carga elétrica como se fosse fora da rede e planeje a geração de energia renovável o máximo possível. Considerando que possa arcar com isso, a eficiência prevalece! Mas, como acontece na maioria dos designs de sistemas integrais, um bom design pode reduzir ou eliminar muito dos custos extras. Você pode então usar a rede elétrica apenas como apoio ou para oferecer uma ponte para o futuro sustentável que você possa criar.

Como fazer isso?

Utilizações finais e eficiência

Primeiro precisamos analisar as utilizações finais que devem ser atendidas com energia elétrica e aquelas que são mais bem atendidas de outras formas. Conservação é tudo. Para cada dólar que você gastar em eficiência energética, economizará de quatro a cinco dólares no sistema de produção de energia renovável. Então, vamos começar com determinação!

Os maiores consumidores de energia em qualquer comunidade são aquecimento e resfriamento de ambientes, aquecimento de água, refrigeração, bombeamento de água e cozimento – geralmente nessa ordem. Projetar para atender a essas necessidades de forma passiva e sustentável, que talvez nem sequer necessitem de energia elétrica, é a prioridade número um. Então, primeiro você vai precisar de prédios verdes que sejam muito bem isolados termicamente e usar sistemas passivos de aquecimento e resfriamento de água. Isole muito bem os prédios existentes e procure formas de remodelar abordagens de aquecimento e resfriamento passivas. No entanto, adaptar o antigo só vai até certo ponto. Às vezes, você precisará construir novos prédios. A arte de projetar prédios muito eficientes está agora produzindo edificações de energia zero ou *zero-net-energy* (ZNE). Esses prédios, com uma pequena contribuição de energia solar ou de outras fontes renováveis, não requerem mais energia de fontes externas.

Você também precisará instalar aquecimento solar de água por toda a comunidade. É altamente eficiente – tanto do ponto de vista econômico como ecológico. A não ser que você tenha bastante energia hidrelétrica no local, não há forma melhor de aquecer água para uso doméstico. E não se esqueça da questão da conservação: instale chuveiros de baixo fluxo. Antes de mais nada, economize água!

Se você estiver na rede e não tiver alternativas, então a queima de propano ou gás natural para aquecer a água ou ambientes diretamente (eficiência de 85% a 92%) faz mais sentido ecologicamente do que usar a energia elétrica que foi feita em uma usina baseada em hidrocarbonetos (eficiência de 35%). E, se for obrigado a queimar hidrocarbonetos ou madeira no local, então o faça por meio do novo motor Stirling, que combina sistema de energia e aquecimento para maximizar a eficiência – você terá energia, aquecimento dos espaços e água quente por meio de um aparelho.[1]

Refrigeração? Abordagens passivas e outras não elétricas existem e têm sido usadas por milhares de anos. Em climas mais frios, aberturas simples, controladas de forma termostática em caixas térmicas isoladas estão voltando a ser usadas. Há energia solar direta para sistemas de refrigeração (absorção e adsorção) e mesmo circuitos de refrigeração passiva que armazenam o frio do inverno até o verão. Produzir grandes quantidades de gelo no inverno, que são armazenados e usados ao longo do verão, é outra abordagem já testada. Pode-se também usar hidrocarboneto, proveniente da agricultura, ou gás hidrogênio em refrigeradores de propano. Na falta dessas abordagens mais inovadoras, refrigeradores supereficientes são essenciais se você for usar energia elétrica para refrigeração.

1 Para mais informações sobre o motor Stirling, ver o artigo de Gunnar Olesen neste módulo (pp. 201-06).

Em todos os cenários de design mencionados, lembre-se de pensar: conservação primeiro! Reduza a necessidade de água, calor e energia em geral – então você não precisará gerar tanta energia elétrica para começar.

Fontes renováveis

Atualmente há cinco fontes de energia renováveis que uma ecovila pode sistematicamente considerar quando projetar um sistema elétrico de energia renovável.

Energia solar

A energia solar é de longe a fonte mais disponível universalmente. Mesmo nos climas mais nublados, a energia térmica solar – como a água quente solar – e a energia elétrica solar – como a energia solar fotovoltaica – funcionam bem. É um equívoco comum achar que climas nublados não possuem sol suficiente para usar energia solar.

A energia térmica solar é a mais eficiente e deve ser usada para compensar a necessidade de geração elétrica sempre que possível. A energia solar fotovoltaica não é barata, mas painéis fotovoltaicos podem durar de 50 a 100 anos e se pagam muitas vezes (leva três anos para um painel solar fotovoltaico pagar a energia elétrica usada para produzi-lo). Painéis solares praticamente não têm custo de manutenção, são leves e fáceis de instalar. Dependendo de quanto o clima for ensolarado, um quilowatt de painéis solares fotovoltaicos produz em média de 60 a 130 quiilowatts-hora de energia por mês.

Energia eólica

O vento é uma excelente fonte de energia; no entanto, é altamente dependente das condições locais e do microclima de sua área exata. Seu vizinho pode ter um vento bom, mas você não.

Com a tecnologia atual, é preciso uma velocidade de vento mínima em média de cerca de 4,5 metros por segundo (dez milhas por hora) para o vento ser economicamente viável. Você pode usar ventos mais lentos para bombear água ou moer grãos. Se você tiver uma velocidade média de 4,5 metros por segundo, você pode esperar cerca de 40 a 60 quilowatts-hora por mês por quilowatts de capacidade instalada. Alguns metros por segundo a mais e o resultado pode ser maior do que 150 quilowatts-hora por mês por quilowatts de capacidade instalada. A energia sobe como o cubo da velocidade média do vento e, dessa forma, o monitoramento profissional do local é crucial para os propósitos de planejamento.

O vento pode ser barulhento; então você deve querer situá-lo a alguma distância dos locais de encontros sociais e locais sagrados. E esteja preparado para os custos de manutenção regular: sistemas eólicos enguiçam e precisam que os rolamentos sejam substituídos regularmente. Achar um bom fabricante e instalador de gerador eólico também é um desafio. A indústria hoje não possui mercado suficiente para produzir máquinas de alta qualidade a um preço razoável; então não há máquinas suficientes disponíveis. A Europa é talvez a melhor fonte. A África e a Ásia estão começando a produzir algumas máquinas boas. Os Estados Unidos ficaram para trás.

Micro-hidrelétricas

Pequenas hidrelétricas podem ser a melhor fonte de energia renovável para uma ecovila. E você pode se surpreender com o tão pouco de água que é necessário para produzir uma quantidade significativa de energia. As vantagens das micro-hidrelétricas são muitas: por um investimento modesto você adquire energia 24 horas por dia e, em muitos casos, 365 dias por ano. Ela pode ser uma excelente fonte de energia mesmo se o fluxo for sazonal, oferecendo energia durante os meses chuvosos, quando a captação solar diminui. Se estiver procurando terra para uma nova ecovila, vale a pena fazer com que um recurso de micro-hidrelétrica viável faça parte de seus critérios de busca.

Pode ser produzido um quilowatt de micro-hidrelétrica de aproximadamente 6,3 litros por segundo (100 galões por minuto) em uma queda de 30 metros (100 pés). Isso seria considerado uma micro-hidrelétrica de "cabeça alta" e usaria uma turbina de roda Pelton. Ou você pode passar dez vezes mais água através de uma turbina de "cabeça baixa" com um décimo da mudança de elevação e produzir o mesmo um quilowatt de energia.

A economia da micro-hidrelétrica pode ser fabulosa. Digamos que você tenha um quilowatt de potencial de micro-hidrelétrica. Com mil watts (um quilowatt) funcionando 24 horas por dia por um mês inteiro você terá 720 quilowatts-hora por mês. Nada mal para um sistema que pode custar menos que 6 mil dólares! Um sistema eólico produzindo a mesma quantidade poderia custar de três a quatro vezes isso e um sistema solar equivalente poderia custar de seis a oito vezes mais.

Energia geotérmica

Há dois tipos de energia geotérmica. Uma é a do calor latente na terra ou no lençol freático que pode ser extraído com uma bomba térmica. O uso de bombas térmicas pode ser de duas a quatro vezes mais eficiente do que o uso de um elemento de aquecimento elétrico direto, mas envolve mais equipamento e complexidade, com seus respectivos custos de manutenção. O outro tipo de energia geotérmica se refere a fontes termais. Se você tiver a sorte de ter uma fonte suficiente dessa energia, poderá oferecer energia à sua ecovila inteira.

Calor residual

Com o advento de motores Stirling práticos e acessíveis, o calor residual agora se torna uma fonte de energia elétrica renovável para a vida na rede ou fora dela. Um motor Stirling de pistão livre pode transformar o calor residual de fogão a lenha, forno, tubo de escape – ou mesmo de um processo de fermentação – em energia elétrica utilizável. Unidades disponíveis recentemente queimam gás natural ou propano e produzem todo o calor, a água quente e a energia elétrica de que uma comunidade precisa.

Fontes de backup

Os melhores designs de sistema de energia renovável precisam de algum *backup*, mesmo se apenas por algumas semanas ao ano ou algumas horas ao dia. A rede pode ser esse *backup*, mas a tentação de usá-la mais como uma fonte primária pode comprometer um design bom e supereficiente. Contudo, não faz sentido investir em muitas baterias de chumbo-ácido para ficar "fora da rede" e então usar a rede como um *backup* intermitente. É melhor instalar um sistema robusto solar, eólico ou de motor Stirling, vinculado à rede que possa usá-lo como sua "bateria".

Se você estiver inteiramente fora da rede, quando suas fontes renováveis não estiverem atingindo suas necessidades ou quando suas baterias estiverem vazias, o uso de um gerador de *backup* se torna essencial. Você pode usar um gerador Stirling relativamente silencioso, movido a gás natural ou propano, ou pode usar um gerador de combustão interna que utilize gás natural, propano, gás verde produzido na agricultura, hidrogênio ou biodiesel.

Design de sistema completo

Muito bem, agora é hora de colocar tudo junto em um pacote de design integrado. Novamente, é melhor consultar um profissional – porém, quanto mais trabalho de pesquisa e prática de design você fizer, mais fácil o processo será para todos.

Orçamento energético

Para todos os prédios e fontes, você precisará de um orçamento energético. Quantos quilowatts-hora por dia, por mês e por ano cada prédio requer? Isso é um valor crítico e geralmente um dos mais difíceis de obter – mas faça isso! Não há substituto para essa contabilidade; sem ela, você está adivinhando o design. Use uma planilha detalhada que liste praticamente cada lâmpada e uso final de energia que você tenha, determinando os watts-hora por dia e, consequentemente, por mês, de cada uma. Faça isso para o inverno e o verão. Você não se arrependerá.

Também caracterize os potenciais de suas fontes em detalhe: faça uma avaliação sobre energia solar, micro-hidrelétrica, calor residual e energia eólica. Com quantos quilowatts-hora por dia ou mês você pode contar dessas fontes? Não economize nesse processo também. Quantifique-o.

Localização de fontes e usos

Mapeie a localização dos prédios de sua comunidade e outros usuários de energia, assim como todos os locais potenciais de fontes. Decisões críticas de design em termos de distância e grau de centralização dependem disso. Caracterize as fontes e as cargas no mapa, de forma que você saiba quanta energia vem e quanta energia vai e para onde. Que prédios podem ter painéis solares? Há um local para um sistema solar que seja instalado no solo ou em postes? Para micro-hidrelétrica e energia eólica, onde estão os melhores locais para uma turbina? E não se esqueça de marcar as possibilidades de expansão futura no mapa.

Descentralizar ou centralizar?

Criar sua própria "minirrede" elétrica, com um medidor central, pode ser uma melhor alternativa do que permitir que a companhia de energia local traga energia a cada prédio. Dependendo das políticas de sua companhia de serviços local, isso pode resultar em mais controle sobre a energia que você gera, além de fazer com que o *backup*, quando a rede cai, seja muito mais fácil.

Se você estiver fora da rede, essa minirrede, que cobre a extensão da ecovila, pode ser muito superior do que um sistema independente para cada prédio. Se seu plano de *layout* for em três ou quatro "módulos", separados por alguma distância, então talvez três ou quatro subsistemas sejam melhores. O grau ideal de centralização depende da quantidade de energia que cada prédio usa e/ou gera e das distâncias entre eles. Também depende de quantos locais de fontes renováveis você tem.

De forma geral, cheguei à conclusão de que, exceto para ecovilas bem grandes de mais de 100 pessoas ou onde as distâncias entre os assentamentos sejam maiores do que um quilômetro, centralizar seus recursos energéticos renováveis se pagará a longo prazo. Isso não quer dizer que cada sistema de cabine fora da rede existente ou cada prédio precise estar nessa "rede" centralizada; mas, em geral, com um sistema centralizado você potencializará mais suas fontes, seu *backup* e seus equipamentos de energia renovável. Isso pode ser atingido mesmo se você estiver operando agora em sistemas independentes separados.

Integração dos sistemas

O ponto fundamental para integrar fontes múltiplas de energia renovável – solar, eólica, micro-hidrelétrica e/ou motor Stirling – é criar uma "espinha dorsal" de energia através da comunidade. Essa minirrede permite que se adicionem cargas ou fontes renováveis em qualquer lugar em vez de ter que se levar todas as entradas de fontes para uma localização central.

Se você estiver na rede, essa minirrede se torna simplesmente um cliente elétrico para a rede de serviço público com um medidor centralizado. Se o serviço precisar de medidores individuais nos edifícios, você ainda pode criar essa espinha dorsal para *backup* ou para se desligar da rede. Se você estiver construindo uma nova ecovila, isso significa instalar condutos entre todos os prédios, e isso vale muito a pena. Com essa abordagem, entradas de energia renovável ligadas à rede podem ser usadas para virar o medidor central para trás ao fornecer energia, em qualquer lugar na minirrede, com inversores *grid-tie* (ligados à rede) solares, eólicos, hidrelétricos ou de motor Stirling.

Se você estiver fora da rede, então essa minirrede se torna uma forma muito boa de potencializar recursos renováveis. Uma empresa, a SMA da Alemanha, oferece um conjunto de inversores integrados *grid-tie/off-grid* (na rede/fora da rede) que permite que você forneça energia solar, eólica, hidroelétrica ou de motor Stirling de qualquer prédio ou localização diretamente na minirrede, permitindo assim um gerador e um conjunto de baterias centralizado. Dessa forma, cada entrada de energia renovável fica disponível para toda a comunidade. Para mais informações sobre essa solução "máxima", veja o sistema Sunny Island/Sunny Boy da SMA. Outras empresas de inversores estão trabalhando em sistemas de minirrede similares.

Resumo

Projetar um sistema elétrico ou energético para a extensão de uma ecovila não é tarefa fácil. Você precisará dar a isso a mesma atenção e dedicação que investe em seu processo de consenso ou em suas práticas de criação de crianças, sua produção de comida ou práticas de construções sustentáveis, a fim de que consiga atingir uma verdadeira sustentabilidade. O design de sistemas de energia é uma peça fundamental que precisa de significativas contribuições e processos da sociedade, assim como consulta e design profissional. Ele pode sofrer os efeitos negativos do design incremental, assim como qualquer outro aspecto da vida na ecovila. Se bem promovido, ele pode ser parte integral de uma empreitada gratificante que as ecovilas representam e pode se tornar um exemplo brilhante para o mundo novo que estamos criando. Bem-vindo à Civilização 2.0!

Jeff Clearwater tem desfrutado de uma carreira de mais de 40 anos no campo da energia renovável como engenheiro, designer, empreiteiro, consultor, porta-voz e professor. Formou-se em engenharia solar em 1979, foi dono de seis empresas de energia renovável e participou do conselho de outras seis empresas sem fins lucrativos voltadas à energia. Já prestou consultoria e realizou trabalhos de design e instalação de energia solar, eólica, micro-hidrelétricas, sistemas integrados e veículos elétricos para empresas, governos e organizações ao redor do mundo: América do Norte, Nepal, Sri Lanka, Turquia, Guatemala, Costa Rica, Colômbia, Brasil e México. Ajudou a fundar a Ecovillage Network of the Americas (ENA). Sua verdadeira paixão é trabalhar em comunidades e delas participar, além de se empenhar na construção de um mundo pacífico, ecologicamente sustentável e culturalmente criativo. Seu trabalho e atuação podem ser vistos no *site* The Visionary Commons (visionarycommons.org). É diretor executivo da organização cívica e social VillageLab (Oregon, Estados Unidos).

Imagine uma Aldeia Solar, um local de pesquisa, treinamento e experimentação onde "pensadores, inventores e planejadores" de todos os tipos se unem para colaborar na criação de tecnologias para o futuro muito necessárias, de baixa intensidade de energia e baixo investimento de capital. Esse é o quadro que a jornalista independente, adepta do jornalismo para a paz, Leila Dregger, tece neste ensaio poético. Certamente, isso é porque ela estava escrevendo para o Módulo 3 do Ecovillage Design Education (EDE). Outra aplicação de sua escrita poderia a ter levado a pintar um panorama diferente, já que Tamera é uma aldeia de paz global multifacetada e o protótipo de um biótopo de cura.

A Aldeia Solar de Tamera: conhecimento técnico e ecológico para aldeias para a paz ao redor do mundo

Leila Dregger

Biótopo Tamera[1], Portugal

Introdução

Alentejo, sul de Portugal, mês de agosto...

Atrás de uma costa bonita, colinas marrons e cinza se ondulam sem fim. Não há rios. Nem córregos. Nem florestas. Em muitas aldeias, metade das casas tornara-se ruínas. As plantações extensivas de sobreiro – antes orgulho da região – estão sendo substituídas pelo eucalipto das grandes fabricantes de papel. Colinas negras com milhares de esqueletos de árvores cobertas por cinzas foram o que sobrou depois de muitos incêndios florestais.

1 Tamera: localizada em Centro Monte do Cerro, 7630 Colos, Portugal. E-mail: solarvillage@tamera.org; *site* oficial: tamera.org.

Ao assistir ao húmus se tornar poeira e receber o sopro de ventos quentes, pode-se imaginar facilmente que o Saara está crescendo para o norte, que se estendeu até Gibraltar e está entrando lentamente na península Ibérica. Essa terra está chorando, e suas lágrimas são feitas de poeira.

A desertificação não é apenas uma tragédia portuguesa. O Peloponeso, o sul da França, o sul da Itália e a Andaluzia – regiões que costumavam alimentar o continente todo – hoje importam 80% de sua comida. O que comeremos e beberemos quando o sul da Europa se tornar um deserto? Estratégias locais são urgentemente necessárias, soluções que possam ser aplicadas em muitos lugares, com o conhecimento e a experiência para que comunidades locais possam satisfazer, por conta própria, as necessidades mais básicas e se tornar independentes dos grandes sistemas de abastecimento.

O centro de pesquisa de paz Tamera, localizado na parte mais quente do Alentejo, iniciou o projeto Aldeia Solar, uma aldeia experimental para o fornecimento autônomo de energia, alimento e água limpa, usando tecnologias de fácil montagem, que possam ser construídas em *workshops* regionais. Tamera, uma comunidade intencional com 180 trabalhadores e estudantes, é um centro de treinamento e pesquisa para o desenvolvimento de vilas de paz ao redor do mundo. Iniciada em 1995 pelos ativistas e escritores alemães Sabine Lichtenfels e Dieter Duhm, oferece projetos de paz ao redor do mundo e um programa de treinamento para a não violência e para a criação de comunidades. A essência do trabalho e pesquisa de Tamera é a ciência da "confiança" – reconciliação e cooperação com a natureza e entre os seres humanos, verdade, transparência e amor livre de medo. Este artigo, no entanto, foca no trabalho da dimensão ecológica e em tecnologia em particular.

A paisagem da água de permacultura de Tamera: água é vida

Quando os visitantes chegam a Tamera no verão, percebem rapidamente os efeitos da cooperação com a natureza. Mesmo em agosto, há arbustos verdes de frutos silvestres, árvores frutíferas e hortas exuberantes. Um lago de formato natural encontra-se na entrada – a paisagem da água de permacultura de Tamera ou *lakescape*. Em seus terraços e margens, girassóis, milho, grãos e alfaces crescem em abundância. Um bando de patos e gansos está dormindo em uma pequena praia; e, com um olhar mais atento, podem-se ver peixes coloridos no lago.

"Água é vida", declara Bernd Mueller, membro da equipe de ecologia.

> No inverno, temos abundância de chuva; no verão, é muito seco para qualquer coisa se desenvolver. Por causa das formas erradas de cultivo nas últimas décadas, o solo perdeu sua habilidade de armazenar água. Para trazer de volta a vida, precisamos manter a água da chuva do inverno no local. As bacias de retenção de água preenchem o solo seco por meio de pressão capilar e assim trazem de volta a fertilidade. O princípio é claro, mas foi preciso que um visionário de fora percebesse plenamente as possibilidades.

Em março de 2007, a comunidade convidou o fazendeiro de montanha e especialista em permacultura australiano Sepp Holzer para visitar Tamera e lhe perguntou: "Se esta fosse sua terra, o que faria com ela?". A resposta foi fácil: "Eu construiria uma paisagem da água. Na realidade, eu já a vejo, em frente a meus olhos internos".

Tamera seguiu a visão de Sepp. Foram removidas 10 mil toneladas de solo. Foram necessários vários meses de trabalho pesado com grandes máquinas e muitos ajudantes, chuva de um inverno e meio e muita competência. O conhecimento sobre o solo e como construir um leito de lago sem folhas plásticas e concreto, assim como o conhecimento sobre vento, água, animais e plantas, pedras e temperaturas, foi necessário para criar um sistema aquático de autopurificação e fertilidade. Diferentes zonas microclimáticas para biótipos diferentes foram criadas – locais para viveiros, verduras e legumes, e recreação. Grandes pedras naturais de mármore preservam o calor e ajudam na criação de jardins tropicais. Sepp diz: "Se parece natural, então foi feito certo". Quatro ou cinco vezes ao ano, ele oferece seminários sobre permacultura em Tamera.

Bernd adiciona: "Depois de dois anos de existência, vizinhos, turmas de escola, membros universitários e fazendeiros vieram ver nosso *lakescape*. Não é apenas um bom exemplo de agricultura orgânica, é também um ponto de acupuntura para a cura da paisagem".

No dia 1º de agosto de 2009, a comunidade de Tamera convidou vizinhos e amigos, e 500 pessoas então "abraçaram o lago" – uma cerimônia de boas-vindas para a vida e a água do local.

Abundância de energia e captação solar

Talvez as crianças do futuro fiquem chocadas ao saber, em suas lições de história, que um dia guerras foram iniciadas por causa de recursos de energia.

"Mas por que eles fizeram isso?", elas vão se perguntar. "O sol irradia 50 mil vezes mais energia para o planeta do que usamos. Todos que precisam de energia podem simplesmente captá-la." Essas crianças provavelmente viverão em comunidades que satisfarão suas necessidades energéticas de forma independente. Nem grandes indústrias nem o Estado serão capazes de monopolizar os recursos energéticos, já que aprenderemos a produzir energia localmente – pelo sol, pela água, pelo vento, pelas marés ou pelos movimentos dos altos das árvores.

Barbara Kovats, coordenadora da equipe da Aldeia Solar em Tamera, explica: "Estamos trabalhando em sistemas de energia descentralizados, usando primordialmente tecnologia solar que possa ser construída de forma independente das grandes indústrias".

O Campo de Testes da Aldeia Solar é uma aldeia com casas pequenas feitas com materiais locais como argila e madeira. Podem viver juntos ali 50 trabalhadores e membros da comunidade. A partir do uso diário, eles podem melhorar continuamente as tecnologias energéticas: fogões solares, aquecedores, bombas de água e produção de energia elétrica.

No meio da aldeia-teste, há uma praça com sombra, para a qual o arquiteto de Tamera, Martin Pietsch, desenvolveu uma grande cobertura material. A interação entre a cobertura e o design ecológico de árvores frutíferas e pequenas hortas cria vários locais de encontro – grandes e pequenos – para a vida social no Campo de Testes. No meio da aldeia, há uma fonte. Quatro jatos de água estão pulsando constantemente e alimentam um pequeno córrego artificial, que flui pela aldeia, até uma floresta minúscula e de volta para o lago.

"Essa fonte mostra o trabalho de uma de nossas principais tecnologias", diz Paul Gisler, líder técnico da equipe da Aldeia Solar. É a chamada SunPulse Water, um módulo da Aldeia Solar. A máquina robusta e redonda fica ao lado do lago e soa como um coração suave palpitante. Como ela funciona? Paul Gisler explica:

> O ar dentro da SunPulse se alterna entre quente e frio, e então ela se expande e se contrai. As mudanças da pressão resultante movimentam um pistão operacional que está fixado a uma membrana e transmite a energia para uma bomba de água, gera energia elétrica, absorve o oxigênio ou possui outras aplicações úteis.

A SunPulse pode ser reproduzida em qualquer oficina de metal europeia de médio porte. A única energia de que precisa é a luz solar direta, que é abundante em Portugal. "Rapidamente tivemos a visão de deixar a máquina SunPulse pronta para a produção e de forma economicamente viável", Paul acrescenta. "Essa é uma das coisas na qual estamos trabalhando."

A SunPulse e a maioria dos outros sistemas solares foram desenvolvidos pelo inventor alemão Jürgen Kleinwächter, um físico que se dedicou a inventar tecnologias que fazem a vida das pessoas mais pobres no mundo mais fácil. "Muitas mulheres em vilas africanas precisam caminhar 20 ou 30 quilômetros por dia para achar lenha", diz Jürgen. "Para elas, desenvolvi um sistema solar que pode ser construído com meios locais e que pode ser usado para a maioria das necessidades mais urgentes, como produzir calor para cozinhar, energia para bombear e limpar a água, e energia elétrica."

A equipe da Aldeia Solar em Tamera trabalha em estreita cooperação com Jürgen para desenvolver ainda mais suas invenções em condições de vida real. Jürgen acrescenta: "Dessa forma, soluções práticas surgirão e serão adequadas para o futuro enquanto melhorarão simultaneamente a qualidade de vida". O núcleo da Aldeia Solar é uma estufa energética de 25 metros de comprimento. Sob seu teto, fileiras de lentes transparentes são montadas – lentes de Fresnel que focalizam a luz solar em um tubo. Por esse tubo, circula óleo vegetal, aquecido pelo sol a mais de 200. O óleo quente é então armazenado em um tanque e pode ser usado para cozinhar durante o dia e à noite. Chamado de SunPulse Hotoil (óleo quente Sunpulse), também pode ser usado para oferecer energia elétrica (1,5 quilowatt) de energia térmica.

Além disso, a cozinha comunitária da Aldeia Solar usa quatorze refletores parabólicos, compartimentos para cozinhar, e o refletor Scheffler. Grande, imponente e brilhante, o espelho Scheffler é uma parábola de dez metros quadrados – um refletor solar com um foco fixo, o que significa que a luz solar é concentrada em um ponto fixo, que é o fogão. Ele é projetado de forma que o ponto de combustão permanece fixo e não varia ao se ajustar constantemente à posição do espelho com relação ao sol. O alemão Wolfgang Scheffler inventou esse mecanismo de ajuste baseado nos princípios do relógio mecânico, feito de partes de bicicletas. Em um dia ensolarado, o foco fixo para um fogão solar, por exemplo, pode funcionar sem a necessidade de nenhum ajuste manual. Com esse foco fixo do espelho Scheffler, a construção de cozinhas solares é possível, já que o espelho fornece energia contínua de luz condensada.

A ideia básica que levou ao desenvolvimento do espelho Scheffler foi o desejo de tornar o cozimento solar o mais confortável possível e disponível em ambientes fechados. Dependendo da estação do ano, o rendimento de um refletor com uma superfície de dez metros quadrados varia entre 2,2 quilowatts durante o verão e 3,3 quilowatts durante o inverno com uma entrada de raio de sol de 700 watts por metro quadrado.

Outro sistema solar em Tamera que é usado basicamente durante a época da colheita é o secador solar. Um telhado de plástico é montado por cima de uma rede onde tomates, maçãs, ervas e laranjas secam. Um ventilador movido a energia solar mantém o ar seco e limpo e previne o desenvolvimento de mofo. "O secador solar foi construído em um período muito curto praticamente do zero", declara Barbara Kovats. "Agora ele nos proporciona frutas secas o ano todo. Permite que preservemos a abundância do verão. Para uma aldeia, isso pode ser um pequeno negócio."

Para Paul Gisler, esses sistemas fáceis de serem construídos são meramente o começo.

> Estou sonhando com um laboratório do futuro, um *playground* criativo para o desenvolvimento de sistemas de alta tecnologia para o futuro, lugares onde tecnologistas, pensadores, inventores e planejadores internacionais de todos os tipos se reúnem, dividem conhecimento e desenvolvem suas visões de forma cooperativa – especialmente pioneiros que nunca foram aceitos nas universidades e corporações. Tamera está ajudando com o conhecimento humano e a experiência comunitária, e juntos vamos chegar aos resultados mais inesperados.

O plano é criar uma plataforma de Tecnologia, Treinamento e Transferência (TTT) para uma comunidade descentralizada baseada em pesquisa de alta tecnologia. Algumas invenções criativas e bem singulares estão sendo testadas. Palavras como "lago quente", "pesquisa de vórtice", "combustão enriquecida com oxigênio" nos dão apenas uma prova das possibilidades futuras.

O que é Tamera?

O Biótipo de Cura 1, em Tamera, no sul de Portugal, é um local de treinamento e experimentação internacional para o desenvolvimento de aldeias de pesquisa de paz e biótipos de cura ao redor do mundo. Sob o lema "Pense Localmente, Aja Globalmente", aproximadamente 180 pessoas vivem, trabalham e estudam em Tamera. O objetivo de Tamera é desenvolver um exemplo de modelo para a coexistência não violenta entre as pessoas e entre as pessoas e a natureza. As principais tarefas de Tamera são: a educação de jovens no estudo de paz na região do Monte do Cerro, a construção de um modelo de aldeia chamado Aldeia Solar, que produz sua própria comida e energia solar, e o *networking* global chamado GRACE.

Leita Dregger é uma jornalista independente baseada em Tamera – Centro Internacional de Pesquisa para a Paz. Seu sonho é estabelecer uma escola para essa vertente do jornalismo em Tamera e no Oriente Médio. Desde 2011, trabalha para a Global Ecovillage Network (GEN) e contribui para diversas publicações em alemão, inglês e português.

Não é interessante que alguns dos princípios básicos de permacultura, design ecológico e design de ecovila podem ser fundamentados cientificamente? O conceito de EMERGIA é um exemplo disso. A EMERGIA é um denominador comum que pode ser aplicado a todas as formas de energia disponível. David Holmgren considerou que valia a pena incluir uma seção sobre EMERGIA em seu livro *Permaculture: Principles and Pathways beyond Sustainability.*[1] Este artigo foi incluído na dimensão ecológica para oferecer aos alunos do Ecovillage Design Education (EDE) uma compreensão ampliada de energia ao abordarem seus designs. Esta é uma consideração muito importante, que tanto o físico como o mediador diriam: "Energia é fundamental".

EMERGIA e ecovila

E. Christopher Mare

Village Design Institute, Cascadia, Estados Unidos

Introdução

Neste artigo, pretendo apresentar aos estudantes o importante conceito de "EMERGIA" como formulado por Howard T. Odum na University of Florida. A EMERGIA (palavra escrita com um "m") pode ser considerada uma "memória energética" ou a quantidade total de energia – tanto do meio ambiente como humana – introduzida e utilizada por um sistema ao longo do tempo. Se pensarmos na ecovila como um sistema total, então parte da entrada de energia será sol, vento, chuva, dinheiro, bens e serviços da economia

1 Holmgren, David. *Permaculture: Principles and Pathways Beyond Sustainability.* Hepburn: Holmgren Design Services, 2002. (Tradução brasileira: *Permacultura: princípios e caminhos além da sustentabilidade.* Trad. Luzia Araújo. Porto Alegre: Via Sapiens, 2013.)

global, conhecimento importado de outras ecovilas, herança genética das plantas etc. A pergunta seria: "Como podemos comparar o valor de todas essas contribuições quando elas usam diferentes tipos de mensurações?". Odum soluciona esse problema com sua análise do conceito: a EMERGIA usa um denominador comum, o EMJOULE, que pode ser traduzido em um valor comum, o EMDÓLAR. Odum diz: "Ao selecionar escolhas que maximizam a produção e o uso da EMERGIA, políticas e julgamentos podem favorecer essas alternativas ambientais que maximizam a riqueza real, a economia inteira e o benefício do público".[2]

A seguir, há a representação de uma análise da EMERGIA. Neste caso, o sistema em consideração é um típico pântano salgado. Como este é um "diagrama de sistemas", a primeira coisa que fazemos é criar um limite ao redor do sistema a ser observado. Então notamos as entradas de energia ambiental que se originam fora do sistema – "maré", "sol, vento" e "chuva, rio". Elas fornecem energia para os *produtores primários* de "processos do pântano". Os produtores primários armazenam energia corporificada nos *reservatórios* com "formato canal" e "solos turfosos". O produtor primário também alimenta diretamente o *consumidor* com "animais pequenos" e esse consumidor, por sua vez, alimenta o consumidor secundário com "peixes". Há um *portal de interação* onde "peixes" interagem com uma fonte externa adicional de "pesca" para finalmente produzir um resultado energético, saindo da janela. De acordo com a Segunda Lei da Termodinâmica, todos os componentes em um sistema, no processo de produzir tarefas, canalizam energia degradada para uma *dissipador térmico,* ou solo. Essa visão geral dos sistemas ilustra claramente a inter-relação entre todas as partes e entre as partes e o todo. A partir daqui seria possível adicionar cálculos energéticos específicos, em EMJOULES, para cada um dos componentes e processos, para chegar a um valor econômico total para esse pântano salgado em EMDÓLARES.

Preste atenção especial às setas no diagrama de sistemas. Elas exibem graficamente as *interconexões* feitas entre componentes no sistema. Essas setas representam caminhos ou *linhas de influência.* De importância particular são

2 Odum, Howard T. *Environment Accounting: EMERGY and Environmental Decision Making.* Nova York: Wiley, 1996. Não se preocupe se isso tudo parecer muito técnico no momento. Meu propósito aqui é introduzir alguns conceitos básicos, de forma que mais tarde possamos aplicá-los ao design de ecovilas. Do mesmo autor, ver também: *Environment, Power, and Society.* Nova York: Wiley, 1971.

as setas que estão se movendo para trás. Elas representam *circuitos de feedback*. Um circuito de *feedback* mostra como parte da energia de um componente no sistema é devolvida de volta à sua fonte. Em tal situação, a energia que está sendo retornada ajuda a reforçar ou amentar o desempenho desse componente. Mais tarde veremos como circuitos de *feedback* podem ser *concebidos* em um sistema para aumentar o desempenho total – e isso é feito o tempo todo sem que as pessoas realmente pensem sobre isso nesses termos.

Análise EMERGIA para um típico pântano salgado

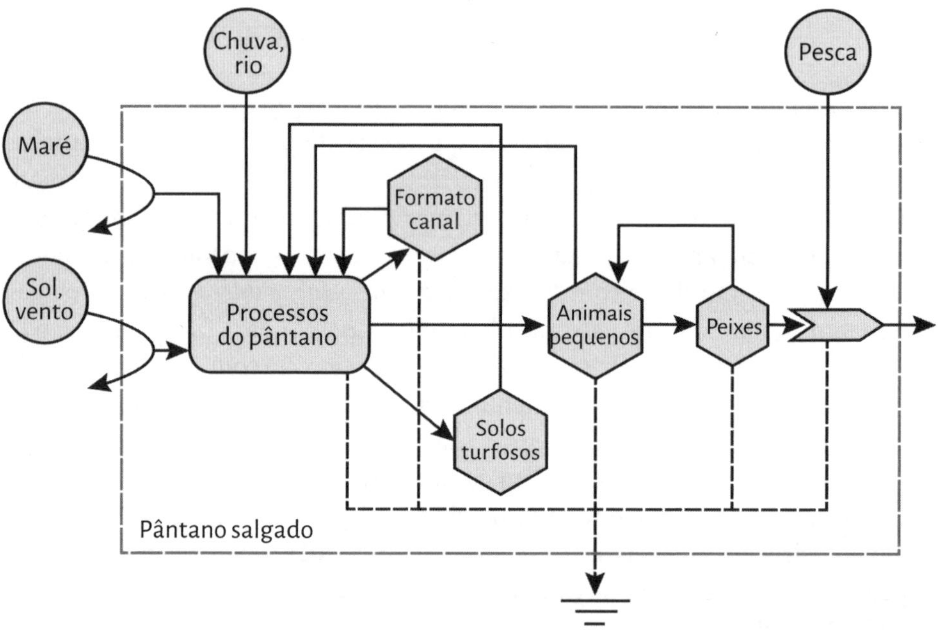

Mais uma característica do diagrama de sistemas precisa ser explicada antes que avancemos para aplicar esses conceitos ao design de uma ecovila. Em todos os diagramas de sistemas, fontes ambientais renováveis e de alta qualidade – como sol, vento, chuva, calor geológico etc. – são representadas no lado *esquerdo* da janela, como entradas de energia primária. Sua eventual e gradual degradação, ao longo do tempo, no decorrer do trabalho econômico, tanto ambiental como humano, é explicada pelos símbolos e caminhos que se movem para a *direita* do diagrama. Em termos de EMERGIA, essa degradação energética é chamada de *transformidade*. Todos os processos energéticos na Terra, em última instância, se originam com a entrada solar pura e inicial – isso é fundamental. A entrada solar é utilizada pelos processos biogeofísicos em passos sucessivos ao longo do caminho econômico até que seja finalmente consumida; mas a cada passo a entrada solar inicial (energia disponível) produz algo para o sistema como um todo. A transformidade, então, é a medida do estágio da degradação solar e, subsequentemente, quase de forma paradoxal, investimento energético. "Bens e serviços que requisitaram mais trabalho para serem feitos e têm as menores energias possuem as transformidades mais elevadas."[3] À esquerda do diagrama de sistemas está a energia potencial elevada, mas baixa transformidade; à direita do diagrama, depois de estágios sucessivos de uso, está a baixa energia consumida, mas alta transformidade. A EMERGIA é o cálculo da *energia total* usada no processo, e ela não degrada ou diminui, mas acumula.

Você percebe como essa ideia pode ser útil ao determinar o valor das entradas de energia de uma ecovila? Pense neste livro que você está lendo. Ele incorpora transformidade *extremamente* alta, mas relativamente baixa energia. Quantas décadas de estudo e experiências acumuladas foram necessárias para que todos os colaboradores finalmente colocassem suas palavras no papel? Quantas refeições os autores consumiram durante todos esses anos? Quantas plantas individuais foram cultivadas e colhidas para produzir tais refeições? Qual foi, então, a *entrada de energia solar total* necessária para produzir este livro – mesmo antes que tenha ido para a fase de consumo de energia do design, impressão e distribuição? Enquanto a economia de mercado talvez atribua a este livro o valor equivalente de, diga-se, dez refeições e 50 plantas colhidas, o valor verdadeiro – o que Odum chama de *riqueza real* – é muito, muito maior. Como outro exemplo, qual é a verdadeira riqueza – em termos de entrada de energia solar total – da herança genética de plantas que levaram *milênios* para se adaptar a um nicho específico? Percebe aonde quero chegar? Uma economia *sustentável*, uma que não é subsidiada por combustíveis fósseis, vai precisar começar a prestar atenção a essas transformidades energéticas. Uma ecovila sustentável vai priorizar a preservação e melhoria dessas entradas de energia para beneficiar a ecovila ao longo de um período prolongado.

3 *Ibidem*, p. 10.

Outra forma de olhar isso é através da linguagem das energéticas dos fundamentos da ecologia:

> A energia terrestre em qualquer forma, em última instância, é proveniente do sol. As plantas, como produtores primários, coletam essa energia e a utilizam em seu metabolismo, a fotossíntese, criando açúcares e expelindo energia degradada. Os humanos e herbívoros então absorvem as plantas para seu próprio metabolismo e, por sua vez, expelem energia degradada no ambiente como material residual que pode ser utilizado por bactérias e outros decompositores. As bactérias e os decompositores então convertem o material residual de volta para a forma que possa ser utilizada pelas plantas. No entanto, a entrada solar pura original é, em algum momento, perdida; então as plantas precisam de um fornecimento contínuo de energia solar recebida para manter o processo todo vivo. Essa é uma versão simplificada do ciclo de energia primária da vida na Terra – tudo começa com o sol. A degradação inevitável e contínua da energia solar recebida para formas menos utilizáveis é chamada de "entropia" (calor perdido para o ambiente). Uma economia viável – que, em última análise, significa o processo pelo qual a Vida sustenta a *si mesma* – será modelada com base nesse ciclo de energia primária. Seu objetivo será deter o fluxo da entropia e aumentar a utilidade da entrada solar a cada etapa. Essa é a essência da economia de assentamentos sustentáveis.[4]

Agora que os princípios básicos foram introduzidos, é possível aplicá-los ao design de ecovilas. Este é um exemplo de um diagrama de sistemas para uma ecovila "idealizada", resultado de um projeto que realizei em 2002:

4 Mare, E. Christopher. *A Pattern Language for Ecovillages*. Bellingham: Village Design Institute (VDI), 1997.

Diagrama de sistemas para uma ecovila idealizada

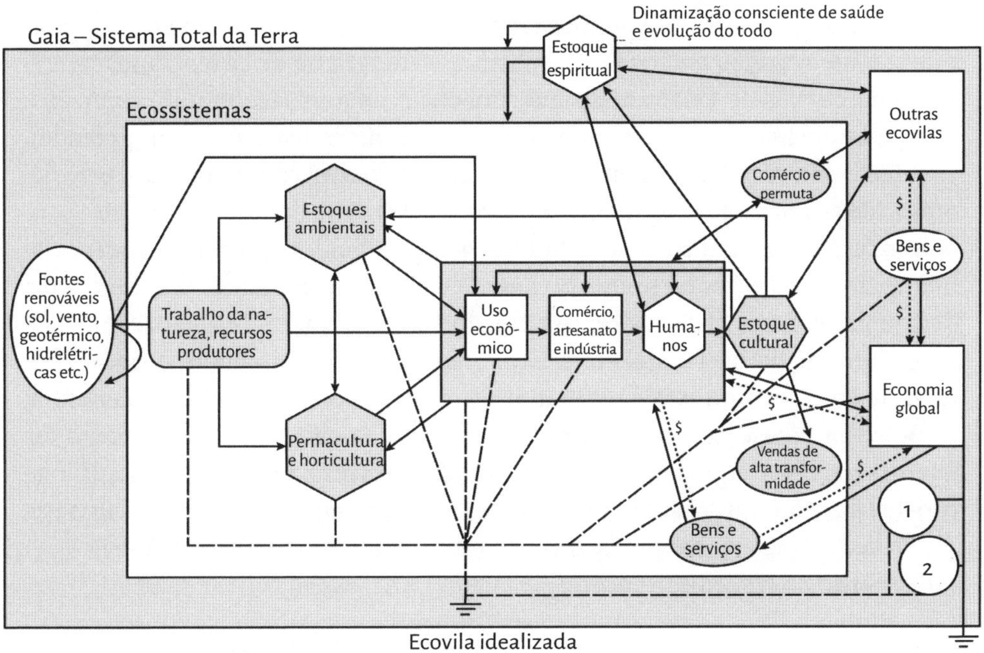

1. Combustível fóssil 2. Combustível nuclear

Aqui, no verdadeiro estilo de sistemas, escolhi colocar a janela de "economia humana" da ecovila dentro da janela de "ecossistema", na qual a ecovila está incluída. Isso equivale a dizer que a economia humana é um *subconjunto* do ecossistema. O ecossistema, por sua vez, está colocado dentro do sistema total de Gaia, reconhecendo que ecossistemas não existem em isolamento, mas são parte de um *supra*sistema mais amplo. Múltiplas "fontes renováveis" são as entradas energéticas para o "trabalho da natureza", e esse produtor primário alimenta "estoques" e "consumidores" genéricos do ecossistema, assim como abastece diretamente a "economia humana" da ecovila. A própria "economia humana" interage com duas janelas externas: "outras ecovilas" e "economia global". Perceba que todos esses relacionamentos, como são retratados, são trocas de energia *recíprocas* e, no caso das duas economias externas, são caracterizados por qualidades de interação bem diferentes. Também escolhi adicionar dois reservatórios: "estoque espiritual" e "estoque cultural", influências não consideradas por Odum.

O "estoque cultural" está em uma posição de alta transformidade e tem circuitos de *feedback* para todos os componentes da economia humana, assim como para os estoques do ecossistema, simbolizando a apreciação cultural por manter altos estoques de serviços ambientais. Embora esse diagrama de sistemas seja teorético, tem o valor de exibir, de forma simbólica, uma situação muito complexa. Precisa-se apenas meditar sobre os vários níveis de relações para compreender as interconexões essenciais em uma ecovila sustentável como um todo. Um diagrama de sistemas para uma "megacidade" seria muito diferente!

Agora talvez seja uma boa ideia iniciar nossa finalização com o encapsulamento de todos esses conceitos de EMERGIA em um conjunto de critérios de design úteis. Esses critérios serão baseados na proposição de que o ótimo uso da energia disponível é a característica *essencial* de um assentamento sustentável. O objetivo aqui não é reduzir arbitrariamente o rendimento da energia, como se isso fosse um tipo de imperativo moral, e sim ampliar o conceito de energia para seu equivalente EMERGIA, assim otimizando o fator de utilização de *toda* a energia disponível. Isso vai requerer muito mais do que a estratégia crua de simplesmente maximizar o rendimento de petróleo bruto!

Estes são os critérios propostos:

1. Diversifique e maximize as *fontes* de EMERGIA. Já que elas se originam de fontes ambientais presentes localmente, isso significa uma avaliação e um inventário minuciosos das entradas energéticas intrínsecas ao ambiente, que dependem da natureza das qualidades do ecossistema específico em que a ecovila está acoplada e incluem em várias proporções: sol, vento, chuva, marés, geotermal, elementos hídricos, gravidade, sucessão ecológica, evaporação, processos químicos, fluxos e ondas não capturadas, diferenciais de temperatura etc. Seja qual for a capacidade em que esses recursos estejam disponíveis, cada um deles precisa ser explorado e maximizado à sua extensão mais completa. Essas fontes são renováveis e "gratuitas" e então equivalem a uma oferta praticamente inesgotável de energia em potencial, limitada apenas pela imaginação. Fontes espirituais precisam de contemplação adicional aqui como entrada energética. Conflito é uma fonte de energia? Então, em vez de evitá-lo, colha o conflito. E a energia sexual? Acredito que as culturas matriarcais retratadas por Riane Eisler[5] a cultivavam. Amor? Prana? Kundalini?

5 Eisler, Riane. *The Chalice and the Blade: Our History, Our Future*. São Francisco: Harper San Francisco, 1988.

2. Diversifique e maximize os *estoques* de EMERGIA. Aplicando o conceito de transformidades, esses estoques podem ganhar uma grande variedade de formas. Para uma lista parcial: produção primária líquida (PPL);[6] combustíveis de biomassa como metano e álcool; espécies e, dessa forma, diversidade genética; solos produtivos; estoque de água de todos os tipos, incluindo pântanos, barragens e lagos; ferramentas e tecnologias para produzir ferramentas; calor armazenado e reutilizável; potencial elétrico disponível em baterias; cooperativa de crédito; conhecimento e memória úteis em todas as suas formas, incluindo escrita, histórias e mitologias; tradições culturais vernaculares específicas de um local; trabalhos artísticos, incluindo música; bancos de sementes; benevolência e boas ações etc. Em resumo, *diversifique e maximize os estoques de capital natural, social, econômico e espiritual.* Esses estoques precisam ser conservados e multiplicados sempre que possível, inteiramente dentro dos limites da ecovila; eles são a verdadeira riqueza da comunidade.
3. Considerando um fluxo de fontes de EMERGIA maximizada e diversificada e considerando um abastecimento de estoques de EMERGIA maximizado e diversificado, a criatividade abundante pode então ser aplicada a *canalizar produtivamente e direcionar os estoques em circuitos de* feedback *positivos e reforçados para amplificar e aumentar qualitativamente a produtividade de fontes iniciais.* Isso leva o design de assentamento para um nível totalmente novo; as aplicações são praticamente inesgotáveis. Um exemplo simples é o uso de compostagem, em que os resíduos das lavouras são alimentados de volta no solo de onde eles vieram para aumentar a produtividade agrícola. Outro exemplo são os lucros de um negócio alimentados de volta em sua infraestrutura para tornar a empresa mais lucrativa. Um exemplo conhecido de permacultura demonstra como estoques *múltiplos* podem ser empregados como circuitos de *feedback* positivos e reforçados: considere uma habitação em um clima temperado que é aquecida por energia solar passiva. A quantidade de insolação solar atingindo a habitação é bastante constante; no entanto, através de um bom design de *feedback,* essa taxa estável pode ser amplificada. Primeiro, situe a habitação com os eixos longos no sentido leste-oeste, de forma que haja mais área de superfície virada para o sol. Depois, coloque uma estufa no lado do sol para servir como um estoque

6 PPL é a quantidade de carbono capturado em um ecossistema do dióxido de carbono atmosférico.

de ar quente. Além disso, posicione barris de cor escura cheios de água na estufa para servir como mais estoque de calor. Posicione um reservatório de água na frente da estufa para aumentar o ganho solar com seu reflexo. Dentro da habitação, use materiais de construção de cor escura com massa densa para as paredes em lugares onde o sol possa iluminá-las diretamente. Então, plante árvores altas e perenes, em formato de semicírculo ou U, ao redor da habitação, com a extremidade aberta virada para o sol, a fim de criar um microclima favorável para apanhar e armazenar ainda mais calor e desviar ventos polares frios. Cada uma dessas aplicações de design usa estoques como um *feedback* positivo para amplificar e multiplicar fontes – o efeito de aquecimento da entrada solar inicial. Combinadas, elas podem produzir uma habitação confortável em clima frio sem a necessidade de combustíveis para aquecimento.

4. Entre os designs de *feedback*, promova ativamente configurações de rede complexas com o propósito de criar inter-relações mutuamente benéficas e interconectadas. Essas relações podem apoiar umas às outras em suas funções de amplificação e podem servir como a) uma cadeia de multiplicadores quando organizada em séries ou b) um bloco de potência de múltiplas vertentes quando construída em paralelo. Esse princípio pode ser parafraseado pelo aforisma da permacultura: "Cada função é sustentada por muitos elementos, e cada elemento tem muitas funções". Um exemplo desse princípio aplicado a um contexto de ecovila seria o cultivo de uma grande diversidade de culturas alimentícias plantadas em sistema de plantas companheiras, muitas perenes, em vez de depender de monoculturas simples. Outro exemplo seria a rotatividade de tarefas e responsabilidades na ecovila, de forma que muitas pessoas possam se familiarizar com elas em vez de ter indivíduos sempre trabalhando na mesma tarefa. Esse princípio pode ainda incluir (talvez até mesmo possa ser reapresentado como) o estabelecimento deliberado de redes de comunicação interconectadas de multipropósitos e mutuamente benéficas de todos os tipos. O que acontece quando se começa a maximizar as interconexões com dimensões cruzadas, em paralelo ou em séries, entre estoques disponíveis de capital natural, social, econômico e espiritual? Isso é a EMERGIA em ação; uma vez mais, as possibilidades são limitadas apenas pela imaginação.

> Sistemas prevalentes são aqueles cujo design maximiza a EMPOTÊNCIA ao fortalecer a captação de recursos com eficiência ótima [ênfase

> adicionada] [...]. Essa afirmação inclui a maximização da capitação *e* a operação de recursos em eficiência ótima para potência máxima [...] Em outras palavras, a *captação* e seu melhor *uso* são maximizados.[7]

Enquanto a *potência é geralmente definida como "fluxo de energia por unidade de tempo"*, a EMPOTÊNCIA faz a distinção sutil entre *maximizar* fontes e *otimizar* uso. "Na competição entre assentamentos sustentáveis e não sustentáveis, os que maximizam EMPOTÊNCIA vão prevalecer."[8] Esse princípio pode ser aplicado, por exemplo, ao gerenciamento de uma pequena floresta adjacente a uma ecovila. O senso comum ecológico diria: "Deixe que ela cresça até seu estágio de auge". Uma compreensão da energética ecológica, no entanto, insistiria em manter a pequena floresta em 50% PPL – este é o nível em que a EMPOTÊNCIA é maximizada, em que a curva começa a se mover do côncavo para o convexo. Podemos aplicar esses princípios a nossos assuntos diários?

Para ler a biografia completa do autor, veja a página 9.

7 Odum, *op. cit.*, 1996, p. 26.

8 Mare, E. Christopher. *Sustainable Settlement Energetics. EMERGY and Ecovillage*. Bellingham: Village Design Institute (VDI), 2002, p. 43.

MÓDULO 4

Restauração da natureza

Concebendo com respeito profundo: ecologia profunda na aldeia do povo Karen

Restauração ambiental em Auroville

Ecovila Damniyamgama: desenvolvimento sustentável para a reconstrução pós-*tsunami*

Reconstruindo a família e a saúde ambiental na América Central e no Caribe

Impacto, restauração e conservação de ecossistemas costeiros no Brasil

Incorporando a energia terrestre ao design: “design consciente e designers como geomancistas”

Corpo como lugar: um guia somático para a reindigenização

Omsunisa Jamwiset oferece um relato de etnográfico da aldeia Soblan, do povo de montanha Karen, localizada na fronteira da Tailândia com a Birmânia. Os Karen desenvolveram formas de vida profundamente integradas com a ecologia da floresta de sua moradia. Omsunisa descreve como os moradores de Soblan criaram rotinas cheias de rituais projetados para manter relações respeitosas com a natureza. Como um bônus real para designers de ecovilas, aqui, uma descrição é dada sobre a maneira como a floresta é dividida em zonas funcionais e como a vida social da aldeia propriamente dita tem como foco os poços de fogo dos idosos mais respeitados. Este artigo é uma lição real em sustentabilidade profunda.

Concebendo com respeito profundo: ecologia de grande alcance na aldeia do povo Karen

Omsunisa Jamwiset

Wongsanit Ashram, Tailândia

Histórico

Soblan é uma aldeia do povo Karen (Ka – *ren*) localizada nas montanhas, em meio a floresta, no distrito Samoeng da província Chaing Mai, no norte da Tailândia.

> Os Karen são o maior povo de montanha na Tailândia. Eles vivem tradicionalmente na floresta, na fronteira da Tailândia com a Birmânia. Há quatro subgrupos de Karen. Eles falam línguas ligeiramente diferentes, mas suas vidas são baseadas nas mesmas crenças e visões de mundo básicas.

Soblan é uma aldeia dos Skaw, um subgrupo dos Karen, com cerca de 30 famílias que vivem juntas. Sua principal ocupação são cultivos itinerantes, caça e coleta. São agora doze gerações, já que as primeiras famílias foram viver nas montanhas há cerca de 300 anos. Como todos os Karen tradicionais, as pessoas de Soblan vivem numa relação de intimidade com a natureza, com um respeito profundo que vem de sua visão de mundo animista.

Os Karen acreditam em espíritos da natureza. Cada elemento na natureza tem um espírito que é responsável por aquele elemento. O Espírito da Água é responsável pela água, o Espírito da Floresta é responsável pela floresta, o Espírito do Fogo, o Espírito da Terra, o Espírito da Montanha, o Espírito do Caminho, e assim por diante. Os espíritos ancestrais são responsáveis pela família. Com relação às pessoas, eles acreditam que todas têm almas, que vivem nas partes do corpo para garantir a vida saudável de todos. As almas de cada indivíduo podem ser influenciadas pelos espíritos da natureza. A punição pode ser uma doença, um acidente, uma colheita pequena, um desastre ambiental ou uma vida sem saúde. É importante, para uma vida saudável, ter uma relação respeitosa e cuidadosa com a natureza. A retirada de mais do que é necessário e um consumo descuidado ou supérfluo são consideradas atividades desrespeitosas entre os Karen. Baseados na visão de mundo de que a natureza tem um espírito ou uma alma própria, eles jamais podem "possuir" a natureza. Eles se comunicam com os espíritos da natureza para a própria sobrevivência.

Os rituais são formas de se comunicar com os espíritos da natureza. Durante qualquer ano, eles terão muitos rituais na aldeia – rituais comunais, rituais familiares e rituais pessoais. A mensagem a ser comunicada é para pedir alguma benção, agradecer a uma benção ou se desculpar por um comportamento desatento ou desrespeitoso.

Design integrado

Soblan é organizada com a vida da aldeia e da comunidade na floresta, cercada por terras agrícolas.

Zoneamento florestal

A floresta é dividida em três zonas:

1. **Floresta da Reserva**: é fonte da nascente principal, abundante com a diver-

sidade de espécies. Nela é proibido caçar, cortar madeira, realizar práticas de agricultura ou cultivar hortas, mas a coleta é permitida.

2. **Floresta Sagrada**: é zoneada para rituais sagrados, ou energia espiritual, e é dividida em zonas menores: a Floresta Tha-De-Do, a área entre duas montanhas, que é o caminho do Espírito; a Floresta De-Mhue-Berh, a floresta da nascente na beira do rio que se parece com uma ilha, onde o Espírito da Água vive; a floresta Enterro, que é para o enterro dos mortos, incluindo a floresta Ta-Vi-Do para o enterro de bebês, sob as figueiras, para que eles possam ter o leite da árvore; a floresta De-Pho ou floresta do cordão umbilical, para conectar as almas dos bebês com as árvores, onde os cordões umbilicais são pendurados. A árvore então proverá o bebê com uma vida saudável até que ele morra. Se a árvore for danificada, isso afetará o bebê. A coleta é permitida na Floresta Sagrada, principalmente a de medicamentos.
3. **Floresta das Pessoas**: é a floresta mais próxima à aldeia e aos campos de agricultura. Nela é aceitável que se cace e se corte madeira quando necessário.

Zoneamento da agricultura

De uma perspectiva econômica, o sentido de posse dos Karen é bem limitado. Eles tradicionalmente não são donos da terra – por que como se pode ser dono de um pedaço da natureza? Sua principal ocupação são culturas itinerantes nos campos das montanhas. Eles plantam as sementes de arroz de terras altas junto com muitos outros tipos de verduras e legumes, grãos, taro e batatas. Enquanto o arroz está crescendo, eles já podem colher algumas verduras e legumes no campo e, depois da colheita do arroz, alguns alimentos ainda permanecem de um a dois anos para o consumo humano e animal.

Todo ano, cada família busca um "espaço no campo" para seu cultivo itinerante, que precisa ser um pedaço de terra que foi usado de seis a sete anos atrás, de forma que a fertilidade já tenha sido recuperada. Eles não podem simplesmente escolher qualquer pedaço de terra, e precisam pedir primeiro a permissão do Espírito da Terra. De acordo com esse ritual, uma família pode não receber os sinais para usar a terra enquanto outra família pode receber permissão. O uso da terra é rotacionado dessa forma.

Algumas famílias possuem terrenos em terras baixas para o cultivo de arroz, o que envolve diferenças no processo de cultivo comparado com as variedades plantadas nas partes montanhosas. A principal razão para as famílias precisarem de terras baixas para cultivar arroz é porque a colheita das culturas itinerantes nas montanhas pode não ser suficiente quando a família crescer (ou seja, quando alguém na família se casar e continuar a viver com os pais). Se eles tivessem que aumentar o campo da cultura itinerante, seria muito trabalhoso. O processo de cultivo itinerante é muito mais difícil e complicado do que o cultivo de arroz nas terras baixas.

Em uma cultura de cultivo itinerante, as pessoas precisam apoiar-se mutuamente. Os membros de uma única família não são suficientes para trabalhar a terra completamente, eles precisam da ajuda de seus vizinhos. Desde o começo do processo, na retirada de vegetação da terra, eles precisam de mais trabalhadores. Também durante o processo da queima da mata depois da remoção da vegetação, cada família precisa do apoio de toda a aldeia para estabelecer o fogo e mantê-lo. Também precisam de alguma ajuda com o plantio, a colheita e o transporte da produção. Eles se alternam em se ajudar mutuamente em cada um desses passos do processo. Trabalhar juntos de forma colaborativa nas montanhas se tornou a base de sua cultura. Quando estão nos campos, trabalhando juntos, eles possuem tradições para se divertir e celebrar a vida. Eles tocam música, dançam, cantam e compartilham poemas. Há cortejo entre os mais novos. Por causa do fato de suas tradições e cultura emergirem das relações com a terra de seus cultivos itinerantes, eles dizem que "a alma dos Karen está no campo".

Os moradores constroem uma pequena cabana no campo, na entrada de suas terras, onde conseguem controlar a entrada e saída de fluxos de energia. A cabana também é projetada para armazenar a colheita enquanto aguarda por transporte até o celeiro na aldeia. Já que suas plantações são pequenas e somente para subsistência, e não para venda, não precisam de tecnologia avançada, apenas algumas enxadas e cestos. Eles também não precisam construir grandes galpões de armazenagem para guardar suas ferramentas e colheita. Algumas famílias constroem uma cabana de palafitas para usar o espaço aberto embaixo para seus animais.

Durante cada etapa do cultivo, as pessoas participam de rituais para se comunicar com os espíritos da natureza, especialmente o Espírito do Arroz. Esses rituais acontecem na terra e na cabana até o fim da colheita. Os rituais fazem com que as pessoas se lembrem de permanecer conscientes e de tomar cuidado em cada passo do processo produtivo.

Zoneamento da aldeia

A aldeia fica bem no coração das zonas da agricultura e da floresta. O centro é um espaço aberto, cercado por casas nas montanhas. Um espaço aberto com uma fogueira em frente a cada conjunto de casas é o ponto de encontro para cada grupo de vizinhos. O espaço aberto e a fogueira na frente da casa dos idosos é o ponto de encontro da comunidade como um todo.

Em Soblan, Tio Daeng é o idoso mais respeitado. Ele não é um líder político, mas um contador de histórias. Pessoas de todas as idades na aldeia gostam de passar o tempo ao redor de sua casa. Toda manhã durante o inverno, Tio Daeng acende a fogueira na frente de sua casa. Seus vizinhos se juntam a ele ao redor do fogo logo depois do nascer do sol para aquecerem-se antes de irem ao campo. Praticamente a aldeia inteira aparece na fogueira à noite para a contação de histórias e poemas sobre os Karen, os espíritos e a natureza. Quando um líder quer chamar os moradores da aldeia para uma reunião, Tio Daeng acende sua fogueira e sopra uma corneta para chamá-los. Todos se sentam ao redor da fogueira para a reunião.

A casa do Tio Daeng fica na entrada da aldeia. Quando as pessoas estão saindo, elas gostam de parar nesse ponto de encontro e de conversar com amigos. Elas também gostam de parar lá quando retornam, para dividir novidades de fora antes de voltarem para suas casas. (Não é fácil viajar entre a aldeia e a cidade principal, que fica a 18 quilômetros de distância ao longo de várias montanhas; então sempre há muitas novidades para serem compartilhadas quando alguém faz essa viagem.) Pessoas de fora que visitam a aldeia se encontram primeiro com os idosos, reunindo-se antes ao redor da casa do Tio Daeng, para depois receberem permissão para andar livremente pela aldeia.

No que diz respeito ao design das casas, o estilo tradicional dos Karen é uma estrutura modesta de um quarto. Eles constroem o telhado baixo para se manter em harmonia com os ventos da montanha. No único quarto, eles possuem uma lareira para cozinharem e para se aquecerem. Os espíritos ancestrais vivem na lareira. Acima da lareira, há um conjunto de armários para armazenar grãos e sementes. A fumaça do fogo mantém os insetos a distância. Dessa forma, os Karen podem manter os grãos até a temporada do ano seguinte. Eles não colocam a lareira bem no centro do quarto, mas próximo a uma parede, onde gostam de dormir, já que é mais quente dessa maneira. Eles deixam o espaço maior liberado para cozinhar, para guardar utensílios de cozinha e para receber visitas. Acima do lugar de dormir é onde eles veneram o Espírito da Casa, os ancestrais e os espíritos da natureza nas celebrações de ano-novo, da metade do ano e da época de colheita. Para essas celebrações, as pessoas se reúnem para testemunhar e apoiar a cerimônia de cada família em suas casas. A aldeia inteira se une dessa forma; a casa de todos está aberta. Com menos posse individual, o design é para mais compartilhamento, o que leva a uma maior intimidade. Se você visitar a aldeia, também compartilhará as coisas com eles em suas casas de um quarto.

Entre as pessoas de ecovilas, frequentemente ouvimos conversas sobre respeitar a natureza. Respeito parece ser um prelúdio para mudança. Sobre isso, é interessante meditar ainda mais – o que exatamente queremos dizer com RESPEITO? Soblan é um exemplo eminente que nos ensina um tipo de respeito que é consciente das relações e interconexões entre seres humanos e a natureza. No que concerne a isso, as pessoas de Soblan, ao longo dos tempos, planejaram uma forma de vida simples e graciosa que proporciona intimidade e sacralidade para nossas vidas.

No entanto, apesar de o povo de Soblan viver distante na floresta, não é distante o suficiente para não ser afetado pela globalização e o chamado "desenvolvimento" governamental em nome da modernização. Os Karen em geral resistiram a esse desenvolvimento, já que eles o consideram um ameaça a seu estilo de vida. Por exemplo, quando o governo registrou a floresta como um parque nacional, isso resultou em limitações no movimento dos povos da montanha, que, com seus cultivos itinerantes, dependem de liberdade de movimento sintonizada com os ciclos da natureza. Os idosos da aldeia sabem muito bem que, se seu estilo de vida for removido da terra, eles perderão tudo – cultura, sabedoria, dignidade, graça –, porque "a alma dos Karen está no campo".

Como resultado de questões como essa, durante os últimos vinte anos o povo de Soblan vem lutando por seus direitos para manter sua cultura e seu estilo de vida centrados em um respeito profundo pela natureza. Como um comprometimento, eles replanejaram certos aspectos da aldeia para adaptar-se às pressões de modernização. Construíram casas mais fortes feitas de materiais modernos e uma escola comunitária. Na escola, em conjunto com o currículo do governo, tentam educar as crianças sobre o estilo de vida dos Karen e conscientizá-las sobre os efeitos do consumismo vindos do mundo exterior. Com a ajuda de organizações não governamentais (ONGs), a escola está se tornando um centro que faz com que a aldeia se abra para estudantes de fora como uma Universidade da Vida para Sustentabilidade.

Aldeias tradicionais como Soblan são reservas valiosas de cultura sustentável genuína. Elas têm muito a nos ensinar sobre design comunitário sustentável – o que aqui quer dizer projetar com um respeito profundo pela natureza.

Omsunisa Jamwiset nasceu em uma família de fazendeiros em uma aldeia genuinamente pequena, na província de Nong Khai, à margem do rio Mae Khong, no noroeste da Tailândia. Ela se formou em gerenciamento de desenvolvimento social na Khon Kaen University. Depois de formada, trabalhou como pesquisadora-assistente em um estudo comunitário rural, uma colaboração entre a Khon Kaen University e universidades japonesas. Decidiu deixar seu trabalho depois de um ano para iniciar uma caminhada espiritual – que a levou ao Wongsanit Ashram, uma comunidade intencional de ativistas com práticas baseadas na espiritualidade. É representante do Unicef Next Generation (NextGen) na Tailândia e integrante da equipe de ensino tailandesa dos cursos do Ecovillage Design Education (EDE).

Auroville tem uma história surpreendente e Marti Mueller a conta com a familiaridade de uma amiga próxima. Iniciada como um "aglomerado de ecovilas", tornou-se um "modelo de município ecológico", com mais de 3 mil residentes permanentes. Observando as florestas exuberantes que circundam o município hoje, é difícil acreditar que há apenas 40 anos o assentamento começou em uma planície deserta seca, de terra vermelha. Auroville é uma brilhante história de sucesso em restauração da natureza, tanto que seu Forest Group é requisitado para consultas sobre projetos de restauração ao redor do mundo. Um lema para o relato de Marti poderia ser este: "Pode ser feito".

Restauração ambiental em Auroville

Marti Mueller
Auroville, Índia

Introdução

Auroville é uma comunidade multicultural no sul da Índia, fundada com base nos princípios da unidade humana. É considerada "um laboratório vivo da evolução" e há muito tempo tem apoiado objetivos ambientais globalmente replicáveis. O trabalho de restauração ambiental em Auroville é um exemplo que estabelece precedentes sobre como uma comunidade pequena pode transformar terras radicalmente degradadas em belas florestas, repletas de grande variedade de pássaros e espécies selvagens. A comunidade fez um trabalho-piloto em diversidade de espécies e provou que a terra pode ser restaurada, mesmo sendo necessário um esforço considerável. O planalto milenar perto de Pondicherry já foi um dia um deserto avermelhado seco e erodido; hoje ele é uma floresta exuberante e verde – e isso é apenas o começo.

Os primeiros colonos da comunidade chegaram à planície litorânea árida há cerca de 40 anos. Havia poucas aldeias isoladas, uma dezena de palmeiras solitárias e um vasto deserto que se prolongava por quilômetros em todas as direções. As florestas tropicais secas originais tinham sido destruídas durante o período colonial. Hoje, Auroville ostenta mais de 3 milhões de árvores, um programa de reflorestamento impressionante, um jardim botânico – o primeiro desse tipo no sul da Índia –, um programa de armazenamento de sementes crioulas, vários centros de pesquisas ambientais, projetos-piloto de treinamento medicinal, um programa de alcance ecológico, captação de água, fazendas orgânicas e uma unidade de educação ambiental, que produz livros sobre meio ambiente para crianças e adultos ao redor do mundo.

Reflorestamento

Os primeiros colonos de Auroville fizeram experimentos com espécies de árvores exóticas e locais e "cordões de contorno" para relaxar o solo rígido e conseguir a cobertura de terra necessária para as espécies nativas reaparecerem por meio de regeneração espontânea. Curiosamente, as únicas áreas em que eles tinham alguma ideia do que era nativo foram os locais próximos aos bosques de santuários, onde as pessoas nunca tiveram coragem de cortar a vegetação. A floresta retornou gradualmente com um programa rigoroso em que se molhavam as árvores à mão durante a estação quente e com a aplicação de uma manta e de "cordões" para prevenir que a água escoasse durante as pesadas monções. Manter as cabras e o gado afastados das mudas novas também foi um desafio e foi preciso que se contratassem vigias para ficarem de olho nas árvores novas até que elas tivessem quatro ou cinco anos. Houve financiamento do Departamento de Meio Ambiente do governo indiano, já que o projeto se mostrou interessante por seu fator de reprodutibilidade. Na verdade, os membros do Auroville Forest Group se tornaram consultores de plantações em outras partes da Índia, dos assentamentos no Tibet e no Camboja.

Regeneração da terra

O centro de recursos Pitchandiculum fez um trabalho inicial de reconhecimento do valor medicinal das espécies nativas e promoveu conferências em que especialistas em plantas de povos locais compareceram para dividir seu conhecimento. Também executou um trabalho pioneiro em hortas de cozinha para ajudar as pessoas locais a serem mais autossuficientes no que diz respeito a verduras e legumes para usarem em casa, e em resíduos de cozinha, para serem capazes de oferecer composto para verduras e legumes em pequenas hortas, próximas às casas da aldeia. No momento, o centro possui uma unidade educacional no local e está trabalhando para regenerar um pântano em um terreno improdutivo no centro de Chennai, onde estão criando um parque de ensino para os habitantes da cidade em colaboração com o governo do estado de Tamil Nadu e a cidade de Chennai.

Preservação de sementes crioulas

O projeto de preservação de sementes da Anadana, que faz parte do jardim botânico de Auroville, tem como modelo o trabalho que a organização francesa Kokopelli vem fazendo para a conservação de sementes crioulas. A Anadana está criando uma base considerável de sementes para a Índia, assim como para o sudeste asiático. As espécies são cuidadosamente plantadas por baixo de redes para garantir que as variedades das plantas crioulas não sejam adulteradas por plantas geneticamente modificadas.

O jardim botânico

Auroville iniciou um jardim botânico e, com a ajuda da Comunidade Europeia, está experimentando com uma grande variedade de árvores e plantas nativas para nossa área. O jardim tem um componente educacional e serve como viveiro para ajudar a regenerar áreas de Tamil Nadu com plantas bonitas, incluindo plantações ao redor das aldeias e oferecendo paisagismos em hotéis como uma forma de produzir renda.

Fazendas

Auroville tem mais do que uma dezena de fazendas. A maioria é orgânica e uma delas até mesmo pratica algumas das técnicas de agricultura ensinadas pelo pioneiro japonês em agricultura natural, Masanobu Fukuoka, que visitou Auroville há alguns anos. A maioria das fazendas faz parte de uma cooperativa agrícola bem organizada chamada Food Link, que foi criada para garantir a distribuição de produtos orgânicos para a comunidade de Auroville. A Food Link tem sua marca de qualidade, "Feita em Auroville", que assegura aos consumidores que o alimento foi produzido de forma saudável e saborosa.

Educação ambiental

O projeto premiado Children and Trees (Crianças e Árvores) foi estabelecido para oferecer livros e materiais de ensino sobre a importância das árvores a pessoas comuns, o contorno de terra, o perigo dos pesticidas e o papel que as mulheres podem desempenhar na proteção do meio ambiente. Os materiais educativos também lidam com o problema do excesso de população humana e a importância de limitar o contingente humano para permitir uma maior variedade para as outras espécies também. O projeto Children and Trees recebeu uma citação Rolex e tem sido replicado em outras partes da Índia, do Quênia, do Chile, da China e da Malásia. Um de seus livros – *What Is a Tree?* –[1] foi publicado em 40 idiomas e é usado por toda a Índia, assim como no exterior.

Captação de água

A unidade de captação de água de Auroville tem feito um estudo das biorregiões e trabalha para estabelecer características hídricas no ambiente por meio de contornos de terra de grande escala. Os objetivos são assegurar que o escoamento de água das monções seja reduzido e que os lagos permaneçam ao redor das aldeias para oferecer mais água nas estações quentes. O time de captação ajuda os habitantes locais a tirar o lodo de tanques de água tradicionais e a restaurar sistemas de irrigação milenares.

1 Mueller, Marti; Forrest Corkery. *What Is a Tree?* Nova Deli: National Book Trust, 1994.

Sadhana Forest

Um projeto mais recente, a Sadhana Forest (Floresta Sadhana), foi estabelecido para recuperar a vegetação de uma área de captação de água árida, em uma região vizinha de Auroville. Sadhana tem experimentado sistemas de irrigação por gotejamento que, na verdade, permitem que a água corra de forma ascendente, em uma inclinação gradual. Eles também estão trabalhando em novas técnicas de cordões de contorno e tecnologias energéticas apropriadas, incluindo uma máquina de ciclismo que permite que três ciclistas, ligados a uma barra estacionária, com seus pedais girando um magneto em um gerador, criem energia suficiente para iluminação. A equipe da Sadhana Forest planeja ir em breve ao Senegal para reflorestar uma das regiões mais degradadas do deserto subsaariano para provar que isso pode ser feito.

Energia apropriada

Premiada com o cobiçado Green Prize (Prêmio Verde) pelo príncipe Charles, da Inglaterra, por levar energia elétrica limpa a pequenas aldeias, o AuroRE produz microgeradores de água para pequenas aldeias inacessíveis e trabalha na criação de produtos solares. Os produtos de Auroville incluem instalações de painéis solares pequenos e grandes, lâmpadas, bicicletas, patinetes elétricos e aquecedores solares de água. Por meio de seu Centre for Scientific Research (CSR), Auroville tem produzido moinhos de vento e os tem instalado em partes diferentes da Índia, do Butão e de assentamentos no Tibet.

Arquitetura da terra de Auroville

Essa unidade detém a cátedra voltada à construção natural da Organização das Nações Unidas para a Educação, a Ciência e a Cultura (Unesco) no sudeste asiático. As casas das minas, um sistema que usa blocos de terra para construir casas emergenciais em questão de nove a 25 horas, foram demonstradas na Conferência das Nações Unidas sobre Assentamentos Humanos (Habitat II), em Istambul. Foram usadas em programas de assistência habitacional depois do terremoto arrasador em Guzerate. A tecnologia também foi usada para construir templos na Índia e mesquitas na Arábia Saudita.

Success Sanctuary

Auroville delimitou algumas áreas específicas como santuários para pássaros e vida selvagem. Ampliando o conceito de que corredores verdes de vida selvagem podem se entrelaçar com assentamentos urbanos, a comunidade estabeleceu o Success Sanctuary (Santuário Sucesso) para demonstrar que espécies de floresta subtropical nativas podem ser integradas em áreas definidas do tecido comunitário de Auroville. Isso é especialmente importante porque a região de Pondicherry está crescendo com rapidez e as incursões humanas nas áreas de floresta estão se tornando mais frequentes. O trabalho de extensão do santuário chegou até mesmo a auxiliar o estabelecimento de áreas de santuário selvagem na Terra do Fogo, na fronteira entre o Chile e a Argentina, na América do Sul.

Modelo de município verde

Se Auroville surgiu como um pequeno aglomerado de ecovilas, hoje é um município ecológico crescente, com uma população estável de cerca de 3 mil pessoas e perto de 2 mil visitantes por dia. Alunos de várias universidades ao redor do mundo são recebidos para estudar sustentabilidade, enquanto uma grande quantidade de visitantes aprende sobre *comunidade* em uma das culturas mais antigas do mundo. Hoje, nossa principal preocupação é construir um "modelo de município verde", com sistemas de casas agrupadas, parques, corredores verdes e áreas agrícolas que possam diferenciar Auroville como uma comunidade-modelo em uma nova forma de mundo, em que a preservação e a melhoria do meio ambiente se tornam as preocupações mais cruciais. Progredimos muito desde os dias iniciais em que plantávamos árvores e simplesmente orávamos para que elas sobrevivessem.

ÁRVORE

Eu sou árvore.

Eu permaneço alta e majestosa. Eu escuto silenciosamente a vida se mover a meu redor.
Nascida de uma semente pequena, eu empurro a terra, enraízo e começo minha longa jornada silenciosa para camadas frias e úmidas de terra e pe-

dras. Minhas raízes formam uma teia densa que estabiliza a terra e suga a água de reservatórios nas profundezas da Terra.

Eu sou a morada de muitas criaturas. Esquilos vivem nos buracos do meu tronco.

Gatos perseguem presas em meus galhos robustos. Aranhas se penduram por entre minhas folhas.
Pássaros fazem ninhos em minha coroa frondosa. Macacos se balançam de brotos que se dobram como canas.
Viajantes alados descansam em mim.

Minhas raízes estão firmemente plantadas na terra. Meu tronco e meus galhos se estendem em direção aos raios quentes do sol. Eu sinto a força poderosa dos grandes ventos do céu.
Eu chamo as nuvens e apanho a umidade da chuva e da neve. Minhas folhas dançam.
Raios de sol minúsculos e dourados as colorem de um verde translúcido.

Eu ofereço refúgio: sombra do sol quente e abrigo da chuva.
Eu sou madeira para o fogo e companhia ao lado do riacho que corre.
Eu sou uma testemunha gentil das muitas mudanças da vida. Eu permaneço silenciosa e escuto os pulsos internos profundos da Terra.

Eu sou uma árvore.[2]

Marti Mueller vive em Auroville há mais de vinte anos. É fotógrafa, escritora e vem mantendo atuação fundamental na criação de santuários ao redor do mundo. Foi presidente do International Advisory Council (IAC) da Global Ecovillage Network. É representante do Conselho Econômico e Social (ECOSOC) da Organização das Nações Unidas (ONU), em Genebra.

2 Do meu livro de orações: Tree. *In*: *This Earth of Ours*. Auroville: Auroville Press, 2004. (Tradução nossa.)

Sajini Pathiraja, do Sarvodaya, a maior organização não governamental do Sri Lanka, descreve os esforços feitos para estabelecer uma ecovila-modelo para os sobreviventes do *tsunami* de 2004. Usando a estratégia de "educação moral para a proteção ambiental", os residentes em potencial da ecovila passaram por uma preparação extensiva em um processo participativo para estabelecer a infraestrutura social que se tornaria a fundação para a infraestrutura física. O projeto tem se mostrado um tremendo sucesso, de modo que o estilo de vida dos residentes, ecologicamente correto, autossuficiente do ponto de vista econômico e inclusivo tanto social como espiritualmente, tornou-se um modelo que se espalha por toda a região e atrai visitantes nacionais e internacionais.

Ecovila Damniyamgama: desenvolvimento sustentável para a reconstrução pós-*tsunami*

Sajini Pathiraja

Sarvodaya, Sri Lanka

Introdução

O movimento Lanka Jathika Sarvodaya Shramadana Sangamaya – ou Sarvodaya, para abreviar – é a maior ONG no Sri Lanka, com uma filosofia e estratégia de desenvolvimento únicas. A. T. Ariyaratne fundou o movimento em 1958, quando ele era professor de escola em Colombo. De seus primórdios em uma única aldeia rural, o movimento cresceu para abranger mais de 15 mil vilarejos ao redor da ilha.[1]

1 Sarvodaya. Disponível em: sarvodaya.org.

O movimento Sarvodaya almeja uma sociedade sem pobreza ou afluência, baseada no compartilhamento de recursos. É uma organização de desenvolvimento de pessoas que incorpora uma estratégia integrada, que inclui o desenvolvimento das dimensões social, cultural, moral, espiritual, econômica *e* política. Trabalha *com* as pessoas, encorajando-as a se unir e compartilhar seus recursos para tratar das necessidades da comunidade, enfatizando a autossuficiência não apenas dos indivíduos como, o que é mais importante, das comunidades das quais fazem parte.

> O Sarvodaya é um movimento que promove o desenvolvimento humano. A singularidade de Sarvodaya está no fato de que promove a interconexão entre pessoas e comunidades, o que chamamos de espiritualidade, que é a liga que mantém essa abordagem holística unida.
>
> Diretor executivo do Sarvodaya Shramadana

As aldeias do Sarvodaya operam com uma estrutura de um modelo de "educação moral para a proteção ambiental". Isso é baseado nos valores culturais tradicionais asiáticos e difere dos modelos de desenvolvimento isoladores e orientados para o material. O modelo do Sarvodaya ressalta uma agricultura equilibrada e sustentável, baseada em práticas ecologicamente corretas; além disso, promove práticas favoráveis ao gerenciamento de recursos naturais sustentáveis.

Objetivos de desenvolvimento para a ecovila Damniyamgama

O Sarvodaya implementou o projeto de criação da ecovila Damniyamgama em seu programa de reconstrução pós-*tsunami*. O objetivo de desenvolvimento geral da ecovila recentemente construída foi testar um modelo inovador, que é ecologicamente correto, operacionaliza um planejamento participativo em escala das aldeias e empodera as comunidades a tomar as próprias decisões com eficiência – levando, dessa forma, à educação e ao desenvolvimento autossustentáveis do ponto de vista ambiental.

Com base em treinamento, educação, compartilhamento de informação, cursos e interação comunitária, o Sarvodaya trabalhou diligentemente no desenvolvimento de uma infraestrutura *social* que se tornaria a base fundamental para a infraestrutura *física*.

Para atingir o objetivo mencionado, vários programas foram conduzidos pelo Sarvodaya antes de restabelecer a comunidade. Programas de conscientização ambiental foram conduzidos pela unidade de biodiversidade e incluíram assuntos como o conceito de ecovila, a degradação ambiental e a agricultura orgânica. A divisão de empoderamento social promoveu programas para desenvolver as atitudes positivas das pessoas com relação a seus relacionamentos sociais. Treinamentos foram levados a cabo em assuntos como "resolução de conflitos" e "liderança". O objetivo do empoderamento social e da construção de capacidade foi desenvolver as necessárias competências institucionais e de recursos humanos da sociedade da aldeia Shramadana, de forma a capacitá-la para planejar, implementar e gerenciar as atividades de desenvolvimento do local de maneira eficiente, igualitária e sustentável. Programas de desenvolvimento espiritual também foram implementados. A unidade de desenvolvimento da primeira infância conduziu programas educacionais, em particular relativos a crianças pequenas. A unidade de saúde comunitária implementou programas relacionados ao desenvolvimento da saúde comunitária. O movimento das mulheres conduziu programas de treinamento para trabalho por conta própria, por exemplo, oferecendo treinamento em produção de artesanato e processamento de alimentos. A divisão legal teve um papel essencial em providenciar certidões de nascimento e carteiras de identidade para as pessoas que tinham perdido esses documentos importantes no *tsunami*. Esses programas criaram, de forma dinâmica, um impacto positivo por meio do envolvimento ativo da comunidade em seus estágios iniciais. Esse envolvimento ativo levou a um senso de apropriação e empoderamento – qualidades essenciais para uma eventual autogestão da vila.

Infraestrutura e desenvolvimento

A ecovila Damniyamgama atualmente hospeda 220 pessoas em 55 famílias. Todos são sobreviventes do *tsunami* no distrito Kalutara, no sudoeste do Sri Lanka. A ecovila é projetada como um modelo de "desenvolvimento participativo para uma sustentabilidade ambiental". Localizada em um terreno de cinco acres, disponibilizado pelo governo, a ecovila inclui 55 casas ecologicamente corretas, um *playground* com quadra de vôlei, uma área central para encontros, uma rede rodoviária abrangente, amplas áreas verdes e um centro comunitário multifuncional. As casas e os centros comunitários são equipados como painéis solares para energia elétrica. Eles recebem um amplo abastecimento de água graças a cinco poços de água potável e quatorze tanques de coleta de água da chuva, que transbordam para canais de drenagem. A ecovila também inclui um sistema subterrâneo, um método natural para tratamento de água e uma instalação para reciclagem de resíduos sólidos. Cada casa possui dois quartos, uma sala de estar, uma cozinha e instalações sanitárias que, em conjunto, ocupam um espaço de pouco mais que 150 metros quadrados. O planejamento das casas levou em consideração a drenagem e a inclinação do terreno, o acesso à luz do sol e a ventilação. Cerca de 20% da área é de "propriedade comum", a ser compartilhada e gerenciada pela comunidade como um todo.

Práticas de permacultura em Damniyamgama

A permacultura é uma concepção cuidadosa de sistemas integrados de plantas, animais, fluxos de energia, recursos naturais, infraestrutura, informação etc. para oferecer alimento, energia, abrigo e outras necessidades materiais e não materiais de forma sustentável.

> A permacultura é a concepção de um sistema que integra moradia adequada, paisagismo, agricultura orgânica, minimização de desperdício e maximização de reciclagem e conservação dos recursos naturais. Integramos essas coisas da melhor forma possível em Damniyamgama.
>
> Diretor do Sarvodaya

A ecovila possui cinco poços de água potável para satisfazer a necessidade da comunidade. Todos os poços possuem um sistema de purificação de água para garantir a segurança. Os poços de água potável são mais eficazes para a conservação de água do que sistemas de água corrente porque minimizam o desperdício de água. O sistema de purificação de águas residuais foi explicado da seguinte forma:

> Um sistema subterrâneo foi introduzido para o tratamento de águas residuais. A água escura vinda dos escoamentos dos vasos sanitários passa pelas tubulações no subterrâneo e, então, é filtrada através de camadas de diferentes diâmetros de areia e carvão construídas no subterrâneo.

> Depois da purificação, a água é bombeada para a superfície e usada para molhar as plantas nas áreas comuns.
>
> ENGENHEIRO DO SARVODAYA

Em Damniyamgama, cada casa dedica-se à produção de composto de resíduos sólidos degradáveis. Para a coleta de resíduos sólidos não degradáveis, recipientes distintos são disponibilizados em duas esquinas na vila. Esses recipientes são assinalados como "papel", "plástico", "vidro" e "metal". Há um comitê na ecovila responsável pelo adequado gerenciamento de resíduos na comunidade. A agência de reciclagem de resíduos da ecovila coleta os resíduos recicláveis quando os recipientes estão cheios. Nos estágios iniciais de conscientização, era difícil de implementar a produção de composto e as práticas de separação do lixo. Os residentes precisaram se tornar muito mais conscientes dos impactos prejudiciais de um gerenciamento de resíduos descuidado. Muitos dos residentes admitiram jogar seu lixo na praia, nos rios ou nas estradas enquanto viviam em vilas litorâneas. Antes do estabelecimento da ecovila, nenhum dos residentes havia tentado compostagem, horta orgânica ou percebido os benefícios de separar o lixo. Eles aprenderam a importância dessas práticas graças aos funcionários do Sarvodaya que trabalharam nos campos de transição depois do *tsunami*.

Nos estágios iniciais de desenvolvimento, todas as casas solicitaram para receber energia elétrica da rede nacional porque, de acordo com suas percepções, há menos problema com o sistema nacional. Agora, ao comparar as contas de energia elétrica, eles estão muito mais felizes usando painéis solares. O custo mais baixo motivou as pessoas a usarem fontes de energia renováveis. Lâmpadas fluorescentes são usadas para a iluminação porque consomem menos energia elétrica. Essa é a forma mais eficiente no que diz respeito à energia nas casas. Apesar de custarem mais, são muito mais baratas de manter e podem durar até 10 mil horas. Essa iluminação também produz menos calor, ajudando a manter as casas mais frias no clima tropical do Sri Lanka.

Cada casa possui a própria horta caseira integrada, formada por espécies de árvores, verduras, legumes e ervas. Nos estágios iniciais, o Sarvodaya teve que auxiliar os residentes a criar suas hortas, já que as pessoas não tinham nenhum interesse ou experiência com elas. Depois de experimentar alimentos dos próprios terrenos, no entanto, os residentes logo desenvolveram uma paixão verdadeira por plantar e consumir uma colheita produzida pelas próprias mãos.

Gerenciamento por subcomitês

Vários subcomitês foram estabelecidos para operação, manutenção e administração de diferentes aspectos da vila. Tal organização tem sido muito importante para a construção de capacidade e autoempoderamento local.

Um Comitê do Meio Ambiente é responsável por paisagismo, conservação de água e solo e gerenciamento de resíduos. Seu objetivo é estabelecer e manter padrões para proteger e melhorar a qualidade do meio ambiente, a beleza visual e o valor de investimento da propriedade da ecovila. Outras responsabilidades incluem: promover a maximização da independência energética e processar pedidos para mudanças específicas de designs de arquitetura e/ou meio ambiente.

Um Comitê do Centro Multifuncional supervisiona o uso do centro, o administra e garante que o edifício esteja sempre organizado, limpo e acolhedor.

Os objetivos do Comitê de Desenvolvimento Econômico são facilitar a melhoria dos meios de subsistência dos membros da comunidade e desenvolver instituições microfinanceiras e sustentáveis comunitárias, permitindo, dessa forma, que os moradores da ecovila satisfaçam suas necessidades de poupança e serviços de crédito, além de ajudá-los a envolver-se em uma gama variada de atividades que gerem renda. O comitê está ligado a uma divisão de empoderamento econômico do Sarvodaya, na sede e no distrito, para implementar programas de treinamento e planos de microfinanciamento de acordo com os interesses e as necessidades da comunidade.

A responsabilidade geral pelo funcionamento e gerenciamento da ecovila está com o Comitê Executivo da sociedade do Sarvodaya. Esse comitê supervisiona o trabalho de outros subcomitês. Também lida com a manutenção de inventários, a manutenção preventiva, o reparo e a segurança dos prédios e equipamentos mantidos centralmente. Oferece o recolhimento de lixo comunitário e mantém os exteriores residenciais. Está comprometido com a melhoria da compreensão e do conhecimento contínuo dos residentes relacionados às metas e aos objetivos da ecovila, e com a promoção de relações positivas com o resto do mundo além da ecovila. Organiza atividades como plantio de árvores e eventos como concertos na ecovila.

Socialização

A ecovila Damniyamgama possui um atraente e grande Centro Comunitário, que é o local para encontros, seminários, *workshops*, programas de conscientização e treinamento, encontros de subgrupos, como o grupo jovem e o grupo de mães, e encontros do Comitê Executivo da sociedade. Além de ser um prédio muito agradável arquitetonicamente, o centro foi projetado para conforto térmico. Hospeda a biblioteca, um centro de tecnologia da informação, um banco cooperativo e uma pré-escola. Os programas oferecidos atraem a participação de inúmeros moradores de aldeias nas vizinhanças. Recentemente, um centro cultural também foi implantado com aulas de dança e música para jovens de Damniyamgama e dez outras aldeias. Isso foi considerado necessário para melhorar a conscientização cultural e estética e para construir uma mentalidade que valorize paz e harmonia – tanto com a natureza como com o resto da sociedade.

Eventos comunitários e de socialização ocorrem regularmente e são essenciais na promoção do senso de propriedade comum e harmonia. Um exemplo de tal evento em Damniyamgama é o Festival de Ano-Novo, tradicionalmente celebrado em abril. Crianças, jovens e adultos participam ativamente das atividades e isso ajuda a estabelecer relacionamentos muito fortes na comunidade. Outro exemplo é o Vesak, festival religioso em que pessoas fazem lanternas típicas para celebrar o nascimento de Buda, sua iluminação e morte. Uma competição para a criação dessas lanternas acontece na ecovila. Então, em algum dia de lua cheia, a comunidade se reúne e organiza a doação de esmolas e os festivais Perahera (festival budista que consiste em danças e elefantes ricamente decorados: há danças ao redor da fogueira, danças de Kandy e várias outras danças culturais). Todas essas ocasiões festivas melhoram consideravelmente as atitudes espirituais e o moral da comunidade.

Educação ambiental

Mesmo as crianças mais novas no jardim de infância em Damniyamgama participam de programas de educação ambiental. Elas se engajam em atividades educacionais, como plantio de árvores. Além da própria ecovila, Damniyamgama tem um papel importante em educação ambiental em uma escala maior. Em outras palavras, a função se estende muito além da ecovila. Bairros vizinhos se envolvem nos programas. Além disso, visitantes nacionais e internacionais vão ao local para aprender sobre conceitos ecológicos e para ver como uma ecovila bem planejada funciona. Representantes do governo e de outras ONGs visitam o projeto para aprender sobre a implementação de conceitos ecológicos em um plano de reassentamento. Damniyamgama tornou-se um projeto-piloto e certo campo experimental que vai informar o desenvolvimento de futuro assentamentos similares. Sem dúvida, Damniyamgama deve ser considerada uma ecovila-modelo por demonstrar: sustentabilidade ambiental; desenvolvimento baseado na comunidade; e educação para outras agências de desenvolvimento e doadores.

Conclusão

A partir da destruição e desespero do *tsunami*, um "modelo" de boas práticas em desenvolvimento sustentável de ecovila foi estabelecido pelo movimento Sarvodaya. Até o momento, pode-se dizer que tem sido um sucesso enorme – tanto do ponto de vista da qualidade de vida das pessoas que residem lá como por causa de seu papel muito bem-sucedido na educação dos residentes e observadores a respeito de viver de forma sustentável e ecologicamente correta. É um exemplo excelente de educação ambiental baseada na comunidade que impacta pessoas de todas as idades na ecovila e elaboradores de políticas públicas além dela.

Sajini Pathiraja nasceu no Sri Lanka em 1980. Formou-se em agricultura pela University of Ruhuna (2005). Em seguida, uniu-se ao movimento Sarvodaya – a maior organização não governamental do Sri Lanka –, e passou a fazer trabalho comunitário por todo o país. Como parte de sua atuação em Sarvodaya, foi responsável por implementar o projeto de desenvolvimento de ecovila para as famílias afetadas pelo *tsunami*. Em 2007, entrou para a Durham University, no Reino Unido, e completou um mestrado em educação. Depois, continuou seu trabalho com o Sarvodaya, especializando-se em serviços comunitários de implementação de projetos de conservação ambiental com participação de comunidades. Tem experiência prática com gerenciamento de desastres e educação comunitária.

Claudia Menendez escreve em nome da Trees, Water & People (TWP), ganhadora do prestigioso Alcan Prize for Sustainability em 2008.[1] A TWP vem estabelecendo projetos de restauração ao redor da América Central, educando populações rurais a respeito da necessidade de manter intactos ecossistemas arbóreos, assim como oferecendo a essas populações fogões para reduzir a demanda de madeira como combustível. A autora descreve o desastroso dilema em que populações rurais são absolutamente dependentes de recursos florestais para sua sobrevivência, ao mesmo tempo que a combinação de pressões econômicas e populacionais as têm forçado a devastar esses mesmos recursos. Há lições valiosas aqui sobre a inescapável interpenetração das dimensões social, econômica, cultural e ecológica da sustentabilidade.

Reconstruindo a família e a saúde ambiental na América Central e no Caribe

Claudia Menendez

Trees, Water & People (TWP), Colorado, Estados Unidos

Em Honduras, país da América Central, a capital Tegucigalpa está localizada em um vale cercado por colinas onduladas descobertas. Décadas atrás, essas colinas estavam cobertas por uma vegetação diversa, incluindo esplêndidos carvalhos e pinheiros. Desde então, a maioria das árvores foi cortada para abrir espaço para novas comunidades, para a construção de casas ou simplesmente para servir como combustível para cozinhar. Algumas dessas comunidades periurbanas estão localizadas no topo das mais altas colinas, fazendo com que seja difícil acessá-las. Elas geralmente não possuem água corrente,

1 A autora permaneceu como coordenadora do programa internacional da TWP até 2012. Ver a biografia completa de Claudia Menendez ao final deste artigo, na página 291. (N. da E.)

esgoto, energia elétrica ou linhas telefônicas. Além de não possuírem esses serviços básicos, essas comunidades também são ameaçadas por deslizamentos de terras durante o período de chuvas, já que as encostas não possuem nenhuma vegetação.

De manhã cedo, a fumaça atravessa os painéis da pequena cozinha de dona Gabriela. Dentro e fora, as paredes estão escurecidas por anos de acúmulo de fuligem. A cozinha está repleta de fumaça e do cheiro forte da queima de madeira, enquanto ela acende o fogão para se preparar para o dia de trabalho, fazendo tortilhas. Dona Gabriela é mãe solteira de quatro meninas de 25, 22, 13 e 1 ano de idade, e também tem três netas. A família de oito pessoas vive na comunidade de encosta chamada Buena Vista, em uma casa de madeira simples de dois quartos, coberta por um telhado de estanho, mantido no lugar por pedras. Para sobreviver, dona Gabriela e suas filhas mais velhas fazem tortilhas, um tipo de pão achatado regional, feito com farinha de milho, um dos alimentos mais básicos na dieta hondurenha.

Pela manhã, uma das filhas mais novas equilibra na cabeça um balde grande de grãos de milho cozido enquanto caminha para o moinho, onde eles serão moídos para formar uma massa. A outra filha empurra um carrinho para comprar casca retirada de pinheiros e resíduos de serraria. Apesar de a madeira queimar facilmente, ela não mantém uma boa chama; então Dona Gabriela precisa alimentar o fogão de barril continuamente. A fumaça liberada pelo pinho com muita resina é preta e tóxica. Preenche o ambiente e os pulmões, e irrita os olhos das mulheres que estão trabalhando e das criancinhas agarradas às suas saias.

Introdução

A América Latina e o Caribe possuem clima tropical, com animais exóticos, florestas tropicais exuberantes, vulcões e terras férteis. No entanto, há uma realidade nada romântica dessa parte do mundo que só agora está ficando evidente. Guatemala, El Salvador, Honduras, Nicarágua e Haiti estão enfrentando graves desafios ecológicos, que afligem o bem-estar e o desenvolvimento das comunidades. Cobertura florestal e bacias hidrográficas vitais têm sido extensamente devastadas para satisfazer demandas crescentes por lenha e carvão para cozinha, madeira para construção e madeiras de lei preciosas para exportação.

A maioria das famílias rurais que vive nas cinco nações em que a TWP vem trabalhando na última década é altamente dependente da floresta para sua renda e sobrevivência. Recursos naturais são abundantes nos trópicos, mas repor o que é coletado não é uma prática comum. O envolvimento do governo é insuficiente no que diz respeito à promoção da consciência, da educação e da gestão ambiental, aspectos fundamentais para ajudar as comunidades a se sentirem responsáveis pela gestão dos recursos naturais. Em vez disso, os esforços governamentais geralmente se concentram nos centros urbanos populosos para onde a população rural migra à procura de ganho econômico. Negligenciar as necessidades e tradições da população rural tem levado a uma grave superlotação de centros urbanos. Incentivar as famílias rurais a restabelecer suas formas de vida tradicionais é o primeiro passo para reconstruir as comunidades e as paisagens, assim como reduzir a migração urbana.

A TWP colabora com parceiros locais para proteger e gerenciar os recursos naturais dos quais o bem-estar a longo prazo da comunidade depende. Nossos projetos internacionais giram em torno da proteção das florestas e bacias hidrográficas em cinco nações da América Central e no Haiti. Eles ajudam comunidades marginalizadas a aprender sobre gestão ambiental para melhorar a subsistência econômica enquanto os recursos naturais são protegidos. A TWP introduz tecnologias ecologicamente corretas, como fogões com maior eficiência no consumo de combustível, para reduzir a demanda por madeira de florestas tropicais. Os principais benefícios dos programas de reflorestamento e de fogão do TWP incluem:

1. melhoria da qualidade do ar em ambientes fechados ao remover fumaça e partículas tóxicas da cozinha;
2. redução do tempo e/ou dinheiro gasto para coletar lenha;
3. aumento da cobertura florestal por meio da plantação de árvores e da diminuição da demanda por madeira para combustível;
4. atenuação da mudança climática.

Salvando as florestas

As florestas oferecem vários serviços ambientais vitais para nossa sobrevivência. Os recursos provenientes dela impulsionam nossas economias locais e globais. Esses sistemas de vida intrincados produzem o oxigênio que respiramos e oferecem uma biodiversidade generosa. Seus sistemas de raízes complexos filtram a água e conectam microrganismos e fungos que reciclam as folhas em um solo rico e fértil. O dossel florestal remove as toxinas do ar ao absorver toneladas de dióxido de carbono e leva umidade ao núcleo da condensação das nuvens de forma a criar nuvens densas que refletem a luz do sol, moderando assim as temperaturas globais.

A flora e a fauna prosperam em florestas saudáveis e bem administradas, permitindo a extração de produtos florestais não madeireiros (PFNM), como frutas, nozes, resina, plantas medicinais e flores. O uso tradicional da madeira para fazer móveis e lenha para cozinhar promove a sobrevivência de muitos. Além disso, proteger sistemas ricos em carbono permanece essencial para qualquer esforço de limitar a mudança climática global. A cada dia, aprendemos mais sobre nossa dependência da floresta e como ela pode oferecer abundância contínua se gerenciada de forma respeitosa. É nossa obrigação transferir esse entendimento aos que vivem em situações menos afortunadas, de forma que possamos reconstruir a integridade de ecossistemas globais.

Para muitas famílias que vivem em áreas urbanas ou periurbanas, a habilidade de coletar produtos da floresta está ligada à manutenção dos níveis atuais de subsistência, o que impede que as famílias caiam na pobreza. Atividades capazes de gerar renda e que são baseadas na floresta geram, em sua maioria, retornos muito baixos, mas podem geralmente ser o trabalho mais viável para famílias com opções limitadas. Essa necessidade pode levar a uma rápida e excessiva exploração dos recursos florestais, sem tempo ou esforços dedicados ao replantio ou reposição.

À medida que esses recursos são esgotados, as fontes de renda se desestabilizam e famílias e comunidades podem facilmente acabar em situações econômicas precárias. O gráfico a seguir mostra a relação entre a população rural e a cobertura de floresta nacional ou recursos florestais disponíveis. O gráfico nos mostra que os números populacionais evidentemente excedem a oferta de recursos naturais.

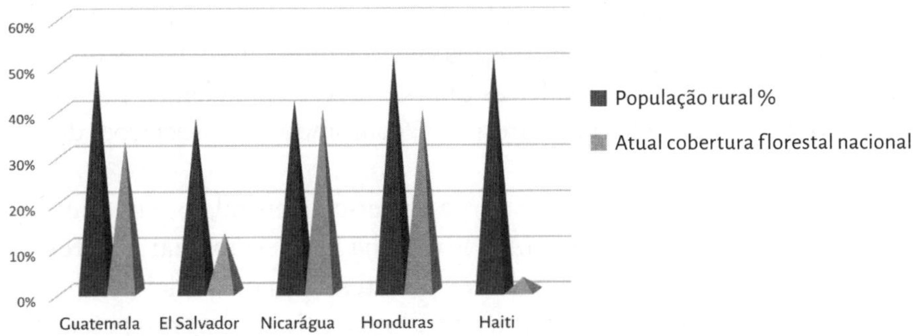

Quando consideramos que a sobrevivência das populações rurais nessas nações depende do consumo de recursos primários, muitos dos quais vêm de ecossistemas das florestas e de suas cercanias, a relação retratada no gráfico é preocupante. Isso chama a atenção para El Salvador, onde a cobertura florestal está desaparecendo rapidamente, e, sobretudo, para o Haiti, onde ela está praticamente destruída.

A demanda crescente por lenha para cozinhar na América Central e de carvão no Haiti, além da necessidade crescente por terras para fornecer alimentação para uma população crescente, é esmagadora para a reserva florestal nesses países. Na verdade, os cinco países têm menos do que 50% de sua cobertura florestal original. As florestas que restam, a não ser se reconhecida pelo governo como uma área protegida ou parque nacional, provavelmente já tiveram suas melhores árvores extraídas (legal ou ilegalmente), e o que sobra são florestas de plantio secundário que possuem não mais do que duas décadas de vida. Não há garantias de que essas florestas sobrevivam, a não ser que as comunidades e instituições sejam educadas a respeito da importância de repor o que foi retirado e conservar o que sobrou.

Silvicultura comunitária

A TWP vem estabelecendo parcerias de longo prazo, baseadas nas comunidades, com grupos fervorosos dedicados a educar e inspirar donos de terra, comunidades, escolas, grupos de igreja, organizações não governamentais (ONGs) locais e municípios, para recuperar os ecossistemas florestais. Nossos programas em El Salvador, na Guatemala e na Nicarágua mantêm, em cada país, dois ou três viveiros, produzindo 40 mil mudas em El Salvador e na Guatemala e 500 mil mudas na Nicarágua. Em 2009, os viveiros produziram várias plantas medicinais, árvores frutíferas, madeiras duras e árvores para lenha, por meio de sementes e cortes coletados das florestas ou comprados de associações de florestas nacionais.

Em El Salvador, o menor país na América Central, o parceiro da TWP, Árboles y Agua para el Pueblo (APP) trabalha para estabilizar a floresta de La Magdalena. Essa área de 776 hectares possui sete tipos de florestas e é a fonte de 24 nascentes que fornecem água para cinco cidades e 25 mil pessoas. A AAP conseguiu recuperar 65 hectares de um parque e continua a fornecer a residentes próximos mudas de árvore para que as plantem em suas casas e ao redor delas, a fim de reduzir a demanda por recursos do parque.

A AAP trabalha com Pedro Medina, que a partir dos 6 anos de idade desenvolveu um profundo respeito por La Magdalena. Ele liderou iniciativas comunitárias para manter a integridade do parque e seus valiosos recursos hídricos. Segundo ele, desde que a população se tornou ativa em se preocupar com a área natural, pagando por guardas florestais e plantando árvores no espaço de suas residências, o parque está mais denso e verde, a brisa está mais fresca e os animais selvagens retornaram.

Métodos de conservação

A TWP e a AAP vêm trabalhando, de forma diligente, para criar uma zona-tampão entre terras agrícolas e os limites do parque. Dentro e ao redor da área protegida de La Magdalena, nas áreas residenciais, estão sendo plantadas árvores que vão atingir a maturidade e continuamente absorver carbono, liberar oxigênio, fortalecer os solos e oferecer *habitat*, sombra e forragem para os rebanhos, frutas e lenhas para o consumo pessoal. Sensibilizar os fazendeiros, as famílias e os funcionários da área têm sido da maior importância para garantir que essas árvores atinjam a maturidade. Antes de iniciar um projeto, a AAP se encontra com fazendeiros para dialogar com eles sobre a importância do reflorestamento para seus bem-estares econômico e social, no presente e no futuro. Ensina métodos agroflorestais que combinam agricultura, pastoreio apropriado de animais e exploração florestal, a fim de ajudar essas práticas a prosperarem, e o monitoramento de visitas os incentivam a observar e deixar as árvores crescerem. A AAP empenha-se em inculcar um sentimento de orgulho e posse nesses projetos, de forma que participantes se sintam envolvidos em garantir um sucesso longínquo ao serem parte da solução.

Fogões com maior eficiência no consumo de combustível: salvando a floresta e mudando vidas

A força da Mãe Natureza é sentida com grande intensidade. O pequeno istmo na América Central possui 29 vulcões em cinco países e enfrenta anualmente furacões e tempestades tropicais destrutivas. Em 1998, o furacão Mitch castigou a América Central, principalmente Nicarágua e Honduras, com mais de 1.900 milímetros de chuva no período de cinco dias. Comunidades que viviam em encostas vulneráveis e desmatadas foram as mais atingidas, perdendo suas casas simples para imensos deslizamentos de terra. Logo depois do furacão Mitch, ficou evidente que o desmatamento precisava ser contido e os sistemas florestais repostos.

O reflorestamento é um método que contribui para recuperar o balanço do ecossistema. No entanto, mais ações são necessárias em lugares como Honduras, onde se estima que mais de 75% da população ainda cozinhe em fogões a lenha, em fogões de taipa, em formato de U, ou em barris grandes de óleo, consumindo enorme quantidade de lenha. A TWP, em parceria com a Aprovecho Research Center (ARC), no Oregon, a Asociación Hondureña para el Desarrollo (AHDESA) e o Rotary International, assumiu o desafio duplo de desenvolver um fogão, à base de queima de madeira, com maior eficiência no consumo de combustível, que fosse ao mesmo tempo aceito e prontamente utilizado pelas mulheres hondurenhas.

Trabalhando com a muito querida líder comunitária, dona Justa Núñez, os engenheiros de fogões da TWP e da ARC criaram o fogão Justa (batizado em sua homenagem), que combina princípios de combustão limpa e isolamento térmico. O único compartimento de argila em formato de L envia calor para cima em uma velocidade alta. O isolamento térmico retém o calor e o força a subir para a panela ou superfície de cozimento acima do compartimento. O objetivo era criar um fogão aceitável para as mulheres hondurenhas, especialmente para fazer tortilhas, mas que conseguisse reduzir a quantidade de lenha usada no cozimento diário para proteger a floresta e os recursos hídricos valiosos.

Desde 1999, a TWP já construiu mais de 35 mil fogões de consumo eficiente de combustível ao redor da América Central e do Haiti com a ajuda da ARC, do Rotary International, de várias fundações, de ONGs regionais e de membros dedicados das comunidades.

Fogões saudáveis

A queima ineficiente fogões a lenha tem um número de repercussões negativas para as famílias. Há tempo e dinheiro significativos investidos em coletar ou comprar lenha e o custo físico de carregar pesadas cargas de madeira, assim como as doenças respiratórias causadas pela inalação de gases tóxicos a cozinhar em uma fogão a lenha.

A Organização Mundial de Saúde (OMS) relata que mais de 1,6 milhão de pessoas, em sua maioria mulheres e crianças, morrem a cada ano por causa da poluição do ar de ambientes fechados causada por métodos tradicionais de cozinhar em fogões a lenha. A tradição milenar de fogões a lenha de três pedras, usados em espaços sem ventilação, faz com que famílias inalem gases nocivos diariamente. Isso causa problemas respiratórios graves que, em algum momento, podem se tornar crônicos, como mostra o gráfico a seguir. Além disso, o Banco Mundial listou a poluição do ar em ambientes fechados como um dos quatro maiores problemas ambientais que o mundo desenvolvido enfrenta hoje.

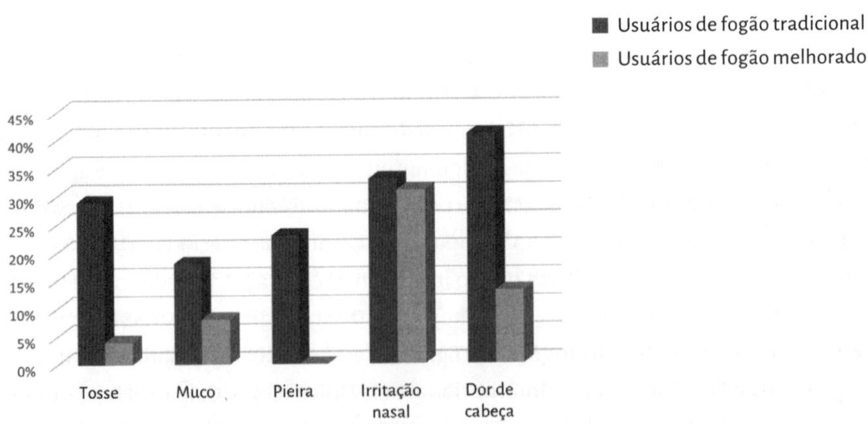

Em 2005, a TWP e os profissionais de saúde da Colorado State University (CSU) visitaram Honduras para estudar os efeitos do tradicional fogão a lenha na saúde das mulheres. Estas receberam fogões com maior eficiência no consumo de combustível e foram testadas novamente seis meses depois. O gráfico anterior mostra positivamente a correlação entre o uso de um fogão melhorado da TWP e melhores condições de saúde. A saúde melhorada também significa menos gastos com idas a médicos e medicamentos, para não mencionar vidas mais saudáveis e mais longas.

Abordagem centrada em pessoas

O reflorestamento e o fogão aperfeiçoado da TWP enfrentam, de forma efetiva, algumas das questões ambientais e econômicas mais sérias enfrentadas pelas comunidades marginalizadas da América Latina. Além disso, orgulhamo-nos de nosso trabalho com projetos centrados em pessoas, que possuem uma abordagem holística, repondo ecossistemas e construindo comunidades. Ensinamos não apenas a importância da gestão e o lado econômico dos recursos naturais como também o valor intrínseco de uma vida saudável e harmoniosa com a natureza para o bem-estar geral. Com nossos projetos, a TWP constrói interesses particulares e compromissos com comunidades parceiras, as quais sentimos serem cruciais para o sucesso e a longevidade de nossos programas.

Claudia Menendez foi coordenadora do programa internacional da Trees, Water & People (TWP). Também integrou a equipe da organização não governamental para o meio ambiente canadense Falls Brook Centre, onde implementou programas ecológicos que aprimoram o relacionamento da comunidade com os recursos naturais que os cercam e também melhoram seu gerenciamento por meio de educação ambiental direcionada e do desenvolvimento de tecnologias apropriadas para o local. Em 2009, trabalhou com o International Lifeline Fund em Lira, em Uganda, no planejamento estratégico de *marketing* e nos componentes comunitários de seus fogões e programas ambientais. É formada em estudos da América Latina e desenvolvimento internacional pela University of Calgary. Hoje, é diretora de diversidade, equidade e inclusão na prefeitura de Fort Collins, Colorado, Estados Unidos.

Um tema recorrente ao longo do Módulo 4 é a ligação entre a influência social, cultural e política ao esforço de restauração ambiental. Antonia Erian Ozório da Silva, uma das organizadoras do Ecovillage Design Education (EDE) no Rio de Janeiro, destaca essas conexões em seu relato sobre a restauração de um ecossistema de manguezal ao redor da baía de Guanabara. Outro tema frequente é a necessidade de educação contínua da população local que pode não estar ciente das graves consequências de seus atos imediatos. Felizmente, a autora também nos traz outra reflexão: a de que, tendo-se vontade, é possível atingir nossos objetivos – graças ao empenho de inúmeras pessoas como ela própria, que trabalham em organizações não governamentais ao redor do mundo e colaboram com o EDE em seu tempo livre!

Impacto, restauração e conservação de ecossistemas costeiros no Brasil

Antonia Erian Ozório da Silva
Instituto OndAzul, Rio de Janeiro, Brasil

Introdução

No Brasil, estima-se que a quantidade de solo degradada exceda 200 milhões de hectares. Biomas costeiros (caatinga), campos abertos (cerrado), a Floresta Amazônica, a Mata Atlântica e o Pantanal são todos diretamente afetados por ações como desmatamento, mineração, construção de rodovias e ferrovias, despejo de resíduos, introdução de espécies exóticas, métodos de agricultura inapropriados, construção de barragens e inserção de áreas industriais, entre outras ações, que têm efeito imediato na fertilidade no solo.

Há várias técnicas para restaurar a vegetação em áreas degradadas. Para cada bioma, há técnicas adequadas que aceleram o processo de restauração, mesmo em locais em que o solo já foi exposto. Universidades e institutos de pesquisa vêm estudando métodos viáveis e econômicos para esses propósitos.

A interferência contínua de atividades humanas nos sistemas aquáticos continentais do Brasil tem tido consequências diretas e indiretas, causando impacto na qualidade da água, na biota aquática e na operação de lagos, rios e barragens.

Vastos recursos aquáticos do Brasil são de grande significância ecológica, econômica e social. O gerenciamento, a conservação e a restauração desses ecossistemas têm repercussões na economia, no uso de sistemas aquáticos e na sociedade de forma geral. Esse gerenciamento é muito complexo por causa das significativas diferenças geomorfológicas, ecológicas e antropológicas em várias latitudes do Brasil, dessa forma enfatizando a importância de um banco de dados científicos compatíveis para apoiar as atividades de restauração.

A respeito da degradação de ecossistemas costeiros, a restauração é a atividade que tem sido cada vez mais aplicada ao Brasil, apesar de pouco discutida. Além de identificar os fatores que desafiam as entidades do terceiro setor a serem atuantes na restauração ambiental, este artigo trata, em particular, da restauração do ecossistema de manguezais – um dos mais ameaçados no mundo. Esse caso demonstra a capacidade de restaurar grandes áreas e salienta o momento decisivo de mudança social que ocorre quando o meio ambiente é recuperado. Além disso, ressalta a necessidade de considerarmos seriamente a reintegração social, econômica, cultural *e* política das áreas restauradas na vida social das comunidades afetadas.

A degradação dos ecossistemas costeiros: manguezais da baía de Guanabara

Os manguezais são um ecossistema que ocorre nas áreas entre marés nas regiões tropicais e subtropicais do mundo. São caracterizados por vegetação lenhosa típica, adaptada às condições limitadas de salinidade, substrato não consolidado, baixa oxigenação e constante submersão de maré.[1] Estão associados com a beira de baías, enseadas, barreiras, foz de rios, lagoas e reentrâncias

1 Soares, Mário Luiz Gomes; Schaeffer-Novelli, Yara. *Estudo da biomassa aérea de manguezais do sudeste do Brasil-análise de modelos*. Universidade de São Paulo, São Paulo, 1997.

litorâneas, onde a água dos rios e do mar se encontram ou onde há exposição direta à costa.

A distribuição geográfica de manguezais no mundo

No Brasil, os manguezais são encontrados praticamente em toda a costa. Eles estão entre os ecossistemas que vêm sofrendo a maior taxa de perda de cobertura, levando a fragmentação de setores contíguos prévios, ao longo da costa brasileira. Hoje, apesar de várias formas de proteção, essa pressão não tem sido reduzida, já que aproximadamente 70% da população brasileira está concentrada na região litorânea.

Por causa de sua posição estratégica e águas protegidas, a baía de Guanabara tem importante papel histórico e econômico no desenvolvimento do estado do Rio de Janeiro. Ela sempre impressiona seus visitantes com a beleza de sua geografia, sua fauna e sua vegetação circundante. Apesar de seus adoráveis cartões-postais, o Rio de Janeiro é um dos ambientes mais degradados do país, tanto do ponto de vista ecológico como social.

Esses ecossistemas associados têm sido fortemente afetados pela atividade industrial crescente dos últimos vinte anos. Mais de 50% das áreas de manguezais foram desmatadas, cedendo espaço para a expansão da construção civil e a instalação de indústrias nas proximidades. A poluição de petróleo na baía tem sido causa significativa de destruição. Há apenas uma grande área protegida por uma Área de Proteção Ambiental (APA): Guapimirim.

A importância social do ecossistema de manguezais

Sabe-se, hoje, que os manguezais são um ecossistema-chave para a sobrevivência de toda a biota costeira e de várias espécies terrestres. Peixes, baleias e golfinhos, camarões, caranguejos e muitos outros invertebrados vivem nas águas dos manguezais, que servem como uma fonte de alimento, abrigo e viveiro para muitas outras espécies, assim como locais de pouso e alimentação para muitos pássaros migratórios.

Os moradores de vilas que se assentaram nas áreas restantes de manguezais do país ganham a vida em atividades extrativistas nesse ecossistema. Com relação aos benefícios sociais, os manguezais oferecem uma cultura e uma organização singulares para a coleta, o processamento e a venda de caranguejos. Ainda há um pouco de pesca e, anteriormente, uma escala maior de produção de camarões.

A "lei de proibição" dos manguezais – proibição de coleta durante os períodos de reprodução – criou sérios problemas sociais por causa da marginalização, periodicamente, da atividade dos catadores de caranguejos. A aplicação da proteção ambiental, em última instância, encoraja o aparecimento de um mercado ilegal. Essa relação entre questões ambientais e sociais precisa ser resolvida por meio da educação a respeito do manuseio de espécies, de forma a garantir atividade econômica permanente para os grupos sociais envolvidos no uso de produtos originários dos manguezais.

Iniciativas para a restauração das áreas da baía da Guanabara altamente degradadas

Muitos projetos de restauração ambiental no Brasil foram iniciados em razão da urgência de lidar com projetos econômicos que impactam negativamente o meio ambiente. Um exemplo foi o grave acidente que ocorreu na baía de Guanabara em janeiro de 2000. O acidente ocorreu na tubulação da refinaria de petróleo da Petrobras: um vazamento nos tubos da Reduc, mais precisamente no duto de produtos escuros (PE-II), que depositou aproximadamente 1,293 milhão de litros de óleo *in natura* nas águas da baía de Guanabara, resultando em danos profundos ao ecossistema.

Para atenuar os efeitos, em parceria com outras ONGs, o Instituto OndAzul começou o trabalho de restauração das áreas intensamente degradadas na cidade de Magé, a área mais afetada pelo vazamento de óleo. Uma área de 120 mil metros quadrados já foi recuperada de um total de 640 mil metros quadrados.

As ONGs têm papel importante na conscientização ambiental no mundo ocidental e disseminam e relatam problemas que afetam severamente o meio ambiente. Os problemas começam com a falta de ação de governos que não cumprem seu papel. Equipe técnica insuficiente dificulta a execução de projetos para a reconstrução de áreas degradadas. Corpos governamentais estão longe de cumprirem a necessária regulamentação dos empreendimentos que causam impacto adverso.

A ONG Instituto OndAzul demonstrou que não é difícil recuperar áreas significativas, mas são necessários muitos anos de trabalho contínuo para restaurar plenamente o habitat de vários pássaros, crustáceos, mamíferos e répteis. No entanto, o maior desafio para a viabilidade desses projetos é conscientizar a população da importância desses ecossistemas.

Os estágios da reconstrução ambiental

A reconstrução ambiental de uma área de 120 mil metros quadrados incluiu a caracterização e o diagnóstico das áreas envolvidas, a preparação do solo, a plantação de espécies predominantes da região (Laguncularia racemosa e Rhizophora mangle), o monitoramento e a manutenção.

Pescadores e moradores da região foram contratados para a execução dessas atividades. Muitas dificuldades surgiram durante a primeira fase (2001-2003). Uma das técnicas usadas foi o transplante de mudas, mas isso mostrou baixa eficácia, resultando em uma perda muito alta. Apenas 1.500 das 18 mil mudas replantadas sobreviveram.

Foi apenas a partir de 2004 que resultados positivos começaram a surgir, graças à descoberta da mistura apropriada de plantas nativas, Spartina alterniflora, Hibiscus pernambucensis, Schinus terebinthifolius, Bacopa sp., além da inclusão de algumas árvores frutíferas. Essa mistura bem-sucedida atraiu pássaros, crustáceos e alguns mamíferos, que também contribuíram para o fortalecimento do sistema. Essas áreas estavam completamente restauradas em 2010, com árvores variando de um a cinco metros de altura.

Parte importante da restauração do meio ambiente é a contribuição de ONGs na educação contra ações de depredação. O principal objetivo dessa educação é a transmissão do conhecimento da recuperação histórica, cultural, social e econômica que se acumulará na sociedade. Nesse sentido, os resultados positivos da restauração ambiental estão transformando a mente da população e das comunidades vizinhas, que ainda consideram os manguezais um lugar apropriado para despejo doméstico e industrial.

Um fato interessante é que, em torno de 2005, escolas na região começaram auxiliando nas operações de replantio. Foi quando o Instituto OndAzul começou um novo programa que promove esforços conjuntos entre escolas, empresas e universidades, inspirando um processo comunitário de restauração do meio ambiente.

O estágio atual da restauração é a produção científica, com estudos de variabilidade genética entre plantas, de estimativa econômica do ecossistema, de distribuição dos crustáceos, entre outras pesquisas interdisciplinares. O objetivo é aumentar o conhecimento da restauração de ecossistemas degradados para salientar que áreas originalmente degradadas podem recuperar sua biodiversidade, permitindo que atividades de subsistência retornem de forma sustentável, melhorando, dessa maneira, a qualidade de vida na região.

Conclusão

Mobilizar as comunidades por meio de programas de conscientização e clarificação sobre a importância de ecossistemas de manguezais é crucial, especialmente no que diz respeito à criação de projetos futuros, como o Complexo Petroquímico do Rio de Janeiro (Comperj), o maior empreendimento idealizado até agora. Assim como aconteceu na baía de Guanabara, o cenário projetado é de poluição crescente, contaminação e destruição do ecossistema. Apesar da atenção que o empreendimento tem recebido no que diz respeito a tecnologias para a contenção da contaminação causada por resíduos industriais, é possível que o maior problema seja o aumento da população nas redondezas da usina petroquímica, já que mais de 100 mil postos de trabalho serão criados.

É mais provável que questões de infraestrutura em relação ao crescimento populacional, como sistemas sanitários, sejam atrasadas ou adiadas, levando a um aumento do despejo de esgoto na vizinha baía de Guanabara. Além disso, com o crescimento populacional projetado, a probabilidade de ocupação ilegal dos fragmentos remanescentes de manguezais reduzirá ainda mais a área do ecossistema. Assim, ações direcionadas a conscientização e mitigação de tensores de degradação, conjugadas com ações em colaboração com autoridades locais na região, ajudarão a garantir que a conservação de ecossistemas costeiros caminhe ao lado do desenvolvimento econômico da região.

Referências

Amador, Elmo da Silva. *Baía de Guanabara e ecossistemas periféricos: homem e natureza*. Tese de doutorado em geografia. Instituto de Geociências (IGEO), Universidade Federal do Rio de Janeiro (UFRJ), Rio de Janeiro, 1997.

Rodrigues, Fabíola de Oliveira; Lamparelli, Claudia Condé; Moura, Débora Orgler de. *Indicadores de qualidade ambiental: padrões ambientais para man-*

guezais impactados: efeitos de derramamento de óleo em áreas de manguezal. São Paulo: Companhia Ambiental do Estado de São Paulo (CETESB), 1990. (Relatório do Setor de Bentos e Manguezais.)

Schaeffer-Novelli, Yara. *Ecossistema manguezal e suas comunidades.* São Paulo: Departamento de Ecologia, Instituto de Biociências (IB), Universidade de São Paulo (USP), n. 3-7, jun. 1991. (Curso de Difusão Cultural.)

______. *Manguezal: ecossistema entre a terra e o mar.* São Paulo: Caribbean Ecological Research, 1995.

Sorrentino, Marcos. ONGs e meio ambiente: análise das ONGs ambientalistas e de seus *Human Resources. Socio-Environmental Debates,* ano 3, n. 10, jul.-out. 1998.

Tundisi, José Galizia; Tundisi, Takako Matsumura; Rocha, Odete. Limnologia de águas interiores: impactos, conservação e recuperação de ecossistemas aquáticos. *In*: Rebouças, Aldo da Cunha; Braga, Benedito; Tundisi, José Galizia (orgs.). *Águas doces no Brasil: capital ecológico, uso e conservação.* 2ª ed. rev. e ampl. São Paulo: Escrituras, 2002, pp. 205-21.

Antonia Erian Ozório da Silva é economista graduada pela Universidade Federal Rural do Rio de Janeiro (UFRRJ), especialista em gestão da biodiversidade pelo Jardim Botânico do Rio de Janeiro (JBRJ) e pela Universidade Federal do Rio de Janeiro (UFRJ) e em gerência de programas sociais pela Fundação Escola de Serviço Público (FESP-RJ). Atua como coordenadora do projeto de recuperação de ecossistemas costeiros/manguezais da baía de Guanabara para o Instituto OndAzul e participa do grupo de organização do curso do Gaia Education Design for Sustainability (GEDS) oferecido pela ONG Terra Una.

Nesta colaboração decisiva, Zaida Amaral e Loralee Makela ampliam o conceito de design para adicionar energias despercebidas da Terra. Esse é um aspecto geralmente negligenciado em cursos de design; no entanto, de uma perspectiva mais profunda, isso pode ser considerado fundamental, a primeira camada em um design de local compreensivo. As autoras também introduzem o conceito de "geomancia" ou do divino nas energias terrestres. Reconhecidamente, certa sensibilidade precisa ser cultivada antes de se tornar perspicaz nessa arte da Terra; no entanto, as autoras demonstram, com base em estudos de caso, que práticas contínuas e uma abertura e capacidade de resposta ao mundo como ele é revelarão várias pistas capazes de adicionar um sentido palpável de magia a qualquer design.

Incorporando a energia terrestre ao design: "design consciente e designers como geomancistas"

Zaida Amaral
Ecovila Cunha, São Paulo, Brasil

Loralle Makela
Makela Feng Shui, Novo México, Estados Unidos

Introdução

Neste artigo, propomos uma forma "nova" e inclusiva para chegar a uma visão de bom design ecológico – uma que nos encoraje a abrirmos nossos sentidos e nossa curiosidade em direção ao domínio de forças previamente despercebidas que operam em nosso ambiente. Essa visão e os processos subsequentes – já aplicados no design de muitas culturas tradicionais e algumas das mais bem-sucedidas comunidades no mundo – são a chave para o que chamamos de "design consciente", assim revelando o papel despertado do "designer como geomancista[1]". O designer como geomancista se torna consciente, leva em consideração outras fontes de informação não sensoriais e cria estruturas físicas que apoiam a realização de um novo paradigma. É um designer capaz de conectar princípios de design da sabedoria milenar com a permacultura, refletindo a explosão da consciência ambiental e do pensamento sistêmico total nos últimos 30 anos.

Ampliando o conceito de design

Aprendendo a criar um diálogo constante com nosso planeta, o "designer como geomancista" pode efetivamente elaborar designs para produzir certo efeito, objetivo ou visão.

Como a forma determina nosso sentido de lugar, construído ou natural, segue-se que certos arranjos e formatos de montanhas, rios, prédios, caminhos, vegetação e luz determinarão a personalidade de cada assentamento; podendo inclusive prever seu destino. Designers modernos criam programas que levam em consideração pessoas e resultados futuros, como beleza, calma, felicidade, saúde e prosperidade. Propomos que o designer como geomancista esteja totalmente alinhado com esse objetivo – que ele apenas use algumas ferramentas adicionais para alcançá-lo.

Entendemos que o ato (ou arte) de prever o destino de alguém é envolto em mistério e universalmente invalidado pelas "ciências reais". Mas, se ampliarmos nosso conceito de "ciência" para o que Stephan Harding chama de "ciência holística", chegaremos a um lugar onde se torna totalmente válido, até mesmo imperativo, usarmos nossa apreensão direta do mundo a nosso redor em um processo de design consciente. A ciência holística é:

> uma apreensão direta das coisas a nosso redor através do agente de nossos corpos [...] tecendo juntamente os aspectos empíricos e arquetípicos da mente, de forma que eles trabalhem juntos como parceiros iguais em uma busca que visa não a uma compreensão e a um domínio

1 Geomancia: prever usando energias terrestres.

completo da natureza, mas que aspira por uma participação genuína com a natureza.[2]

Energias da Terra: destino e design

Nascemos na Terra

A Terra é composta do planeta e de sua biosfera. É influenciada pelo sistema solar em que está. O sistema solar é influenciado pela galáxia, e a galáxia pelo Universo. Somos compostos da mesma matéria elementar que a Terra e as estrelas. Conhecemos a linguagem da Terra em seu nível inconsciente, visceral.

Tornar-se um competente geomancista é mais um processo de lembrar e desaprender do que o de acumular mais conhecimento ou informação. Dito isso, e porque fomos treinados tradicionalmente para aprender por meio do pensar, há algumas modalidades de design que podem ser úteis para expandir nosso processo de design consciente. Conceitos como *vastu*, *feng shui*, xamanismo, percepção de corpo inteiro, meditação, geometria sagrada, geobiologia, biogeometria, radiestesia e biomimetismo podem auxiliar o designer com atalhos, orientações e uma linguagem comum para o processo de design. O designer pode usar um ou mais desses conceitos, a depender das necessidades do projeto.

Curiosamente, muitos desses conceitos se sobrepõem e dão apoio uns aos outros em seus níveis mais fundamentais, apesar de eles abrangerem muitas culturas e épocas diferentes. Quando executados de forma apropriada, são um presente para a caixa de ferramentas do designer de ecovila/geomancista e, mais importante, são uma rica compilação de dados de séculos, baseada em observação cuidadosa do ambiente físico e de seus efeitos no destino das pessoas. Nossa jornada conjunta nos ensinou a importância de integrar esses conceitos com o objetivo final de sentir a Terra, interagir com Gaia como um colaborador consciente no processo de design.

2 Harding, Stephan. *Terra viva: ciência, intuição e a revolução de Gaia*. São Paulo: Cultrix, 2013.

O processo de design

A maioria dos processos de design enfatiza a tecnologia, a necessidade e a utilidade. Como exemplo de um processo de design mais holístico, baseado na terra, referimo-nos aqui a um esboço usado no treinamento do Ecovillage Design Education (EDE), em 2007, no Novo México, Estados Unidos: "Unseen Structures Checklist for Land Planning: Values and Concepts for the Ecological Dimension" (Lista de Verificação de Estruturas Despercebidas no Planejamento da Terra: Valores e Conceitos para a Dimensão Ecológica):

- Que nível de restauração ecológica estão dispostos a alcançar?
- Como o formato natural de sua terra define seu conceito de design?
- Que estruturas podem ser incorporadas usando recursos e habilidades locais?
- Há espaço em seu planejamento para cultivo de alimentos, produção de energia e resiliência?
- Que tecnologias de construção foram escolhidas e de que forma são apropriadas para o clima, a cultura e outras especificidades de sua localização?
- Como é possível exportar esses elementos (tecnologia + conhecimento) para sua comunidade local?
- Como seu planejamento integra a teoria de sistemas vivos e a restauração da natureza?

Propomos responder a essas e outras perguntas de design por meio da adição de práticas extrassensoriais aos métodos existentes. Elas podem ser consideradas "metaprocessos" que utilizam nossa capacidade total de percepção, gerando "novas" informações que emergem de dentro do próprio processo.

Estudos de caso

> Moldamos nossos edifícios e depois eles nos moldam.
>
> Winston Churchill

Apresentamos a seguir dois estudos de caso pessoais que ilustram formas diferentes de integrar energias da Terra em processos de design e os efeitos que isso tem nos resultados de cada projeto, do ponto de decisão de comprar um pedaço de terra a um reconhecimento final do que precisamos "viver com" e a partir do que evoluir. Esperamos mostrar como nossos designs nos moldam à medida que os moldamos nos níveis individual e comunitário.

Estudo de caso 1: planejamento holístico de terra para a Ecovila Cunha, São Paulo, Brasil: passos de design consciente – Zaida Amaral

Mapeando sua mente

Na procura por terra, o grupo se reuniu e visitou cinco locais potenciais. Objetivos principais: restauração ecológica, centro educacional, lugar para viver próximo à natureza, alimento para a alma. Orientação: achar o terreno que "nos chama".

Sentindo

A entrada da terra escolhida falou aos recém-chegados. Uma sensação de energia vital e de propósito foi sentida do início ao fim da primeira visita. Era o momento para identificar a vocação da terra e determinar o que correspondia às nossas metas e/ou como adaptar nossas intenções.

Percebendo

Como os dosséis circundantes das árvores da floresta sugeririam, a terra "propunha" sediar mais trabalhos introspectivos do que grandes conferências abertas ou reuniões educacionais. A ideia de um centro de retiro ou de renovação para a "restauração da alma" foi então adicionada à visão.

O logotipo veio de uma visão de um dragão alado, sentido como o Deva da Terra por Zaida na primeira visita depois da compra. O designer do logotipo, também um membro, capturou o aspecto da visão de "relacionamentos de cura" e multiplicou os dragões em oito pares de parceiros de cura, face a face. Esse aspecto foi reforçado pela orientação de *feng shui* da estrada que funciona como entrada principal da propriedade, localizada no setor sudoeste (SO) da bússola, a área de relacionamentos. Isso indica um "chamado" para os aspectos de relacionamentos da vida que se revelam. O bem recebido design do logotipo aconteceu sem reuniões e não precisou de uma decisão de grupo; a percepção e a confiança foram os guias.

Identificando e mapeando

Padrões de design natural, como fluxo da água, pedras grandes, vegetação e pontos naturais proeminentes – considerados como elementos vivos da terra e também conhecidos como Terra e Dragão da Água em *feng shui* –, foram colocados em uma camada dos mapas de planejamento. O fluxo natural do *chi*, ou energia da vida, foi identificado e ligado aos cursos naturais de rios e caminhos, e então mapeado como uma camada. As fontes de energias da terra foram zoneadas e mapeadas como a camada de recursos da terra. Uma camada de mapa separada para a localização das habitações foi então criada.

Sobreposição *feng shui*

O diagrama da orientação da bússola do *feng shui*, chamado *pa kua* ou Oito Portões de Energia, foi então localizado por cima do mapa topológico da terra e por cima das principais áreas de uso da terra. Isso ofereceu informação sobre influências previstas na vida dos usuários da terra, na definição dos caminhos e na localização das moradias.

Todas as águas correm para um ponto localizado em direção ao sul-sudoeste, enfatizando ainda mais o foco em reconhecimento e relacionamentos.

Integrando

Os mapas e sobreposições foram discutidos pelos membros do grupo principal e foram essenciais no direcionamento dos próximos passos do planejamento estratégico. Um mapa multifacetado final foi então criado, usando zoneamento e segmentação de permacultura, com áreas propostas para localização de estruturas. Um design de mapa intuitivo especial – canalizado por Zaida depois de passar alguns dias em conexão silenciosa com a terra – está agora em processo de ser implementado.

Estudo de caso 2: Edgewood, Novo México, Estados Unidos: designer como geomancista: design vivo – Loralee Makela

Incluo aqui meu mais recente e mais pessoal exemplo de processo de design ainda se desdobrando. Tem sido uma conversa pulsante entre meu eu interior e o ambiente externo da floresta de juníperos e pinhões que me cerca, pontuada por pausas longas e eventos surpreendentes. Não tem sido sempre uma jornada confortável, mas uma que eu não conseguiria completar sem a colaboração consciente da própria Gaia.

Contexto

No verão de 2008, eu estava morando no centro de Albuquerque (Novo México), em uma casa geminada, onde morava e trabalhava com consultoria de *feng shui* e como designer de interiores, tendo como principal cliente uma grande multinacional que aparentemente percebeu a situação de crise bem antes do *crash* oficial. De um dia para outro, todo o projeto de design foi suspenso e fiquei sem trabalho. Minha decisão era potencializar meu negócio de consultoria e me envolver mais com meus clientes, fazendo redesenvolvimento urbano; ou reduzir drasticamente, simplificar, ficar perto da natureza, aprender a cultivar alimentos e criar uma comunidade. Iniciei a avaliação necessária da empresa e comecei a meditar para orientação.

Decisão

Em um mês, um corvo grande, uma aula de dança do ventre, um amigo antigo com uma *casita* (pequena casa), um jardim japonês e um dependente químico desesperado colaboraram para me guiar em direção a uma decisão de simplificar a vida e me mudar do agitado centro da cidade para as montanhas silenciosas do leste de Albuquerque.

Mudança

Ao ver a *casita*, meu novo lar, com olhos de *feng shui*, pude perceber imediatamente que existiam desafios com o posicionamento e o fluxo de *chi*; havia certa energia indefinida sobre isso ali e nas casas próximas. Minha posição era a de que eu poderia "consertar" praticamente tudo, mas com certeza eu não imaginava a jornada interessante na qual estava embarcando.

A terra vizinha, no entanto, estava viva com possibilidades, incluindo árvores saudáveis, caminhos sinuosos, um vórtice de cura pessoal, coleta de água, campos abertos, floresta comestível, vida selvagem em abundância, estufa nova e espaço para uma horta de quase 200 metros quadrados – um sonho se tornando realidade.

Experiência

Relendo várias vezes meu diário daquele período, percebo que os desafios com o local se fizeram evidentes no primeiro mês. Havia dificuldades de organização em um espaço tão pequeno, confusão e desentendimentos surgiram rapidamente entre mim e meu amigo, muita solidão e isolamento prevaleceram. Meu consolo foi andar pela propriedade com meu amigo felino e companheiro de viagem por 11 anos, Shakti; aprendendo a sentir e me regozijar nesse novo ambiente selvagem por meio de sua natureza animal.

Muitas vezes pensei em me mudar, mas, sempre que tive esses pensamentos, pedras brilhantes em formato de coração surgiam em meu caminho. Eu sentia visceralmente essas mensagens de amor de Gaia me dizendo para permanecer. Não era o momento de ir embora, era o momento de ir para dentro de mim mesma, me abrir, escutar e aprender.

Guias animais

Há geralmente penas de pássaros azuis no vórtice da cura. Aprendi a ir até ele quando estava fora de equilíbrio e minha energia imediatamente se modificava para um estado mais calmo. Problemas seriam resolvidos, e o gato, fora de casa por muito tempo depois de escurecer, seria encontrado e trazido para a segurança do lar.

Uma tarde, havia duas penas grandes de corvo de cada lado da estátua do Buda risonho situada na base de um junípero. O posicionamento parecia tão deliberado que eu tinha certeza de que meu amigo as havia colocado lá; mas não, não tinha sido ele: simplesmente outro sinal de meus outros amigos, os corvos, me encorajando de forma brincalhona a ficar e participar das revelações.

Animais começaram a não ter medo: corvos me circundavam no jardim, beija-flores tomavam banho em meu *sprinkler* portátil, cobras e lagartos a metros de distância de mim, sem se mover, coelhos dançando no caminho, pássaros fazendo ninhos no jardim, abelhas e vespas sem serem agressivas. Comecei a sentir que eles me aceitavam como um deles – "natural, selvagem e livre".[3]

Parte da revelação tem sido aprender a fluir com as estações e nuanças do clima. Sou menos impaciente, mais capaz de escolher a vista mais longa. Em paz.

Comecei a usar uma combinação única de artes esotéricas para curar minha pequena casa, com sistema de energia solar eficiente – a qual, descobri, foi construída sobre um antigo depósito de lixo de madeiras resgatadas de uma casa incendiada em uma reserva indígena próxima. (Na cultura nativa, esse

3 Leopold, Aldo. *A Sand County Almanac: And Sketches Here and There.* Nova York: Oxford University Press, 1949. (Tradução brasileira: *Almanaque de um condado arenoso e alguns ensaios sobre outros lugares.* Trad. Rômulo Ribon. Belo Horizonte: Editora UFMG, 2019.)

tipo de casa era em geral abandonada como local para os espíritos.) A *casita* de meu amigo (dominante) foi construída em um plano superior ao dessa casa, em uma elevação com pouco apoio na parte de trás ou nos lados (instabilidade, insegurança) e com uma porta de entrada diretamente alinhada com a via de serviço, exatamente oposta à porta dos fundos (afetando adversamente a prosperidade, a oportunidade e a fundamentação). Havia nítida falta de espaços abertos confortáveis para as pessoas se reunirem e interagirem entre elas e com a natureza.

Verificou-se muito pouca oportunidade ou vontade de construir formas externas para estabilizar a configuração da *casita*. Encontrei-me ressoando com o isolamento e o campo de energia fraco. Alguma coisa precisava ser feita.

Tornou-se minha missão descobrir formas alternativas de alcançar a estabilidade e a harmonia de que eu desesperadamente precisava, limitada por obstáculos bastante restritivos.

Designer como geomancista

A lista a seguir relata algumas das ferramentas e dos processos usados durante os últimos dois anos. Guiei-me para apresentar formas de abordar cada um dos desafios iniciais sem muita elaboração, pois os detalhes seriam muito longos para este artigo.

- Fazer caminhadas pela propriedade de dia e até à noite usando percepção de corpo inteiro.
- Realizar cerimônias com amigos e colegas com o objetivo de coletar dados e ensinamentos.
- Pintar, plantar, limpar e desobstruir.
- Perguntar, seguir ensinamentos, tomar ações apropriadas.
- Utilizar *feng shui*, geomancia, biogeometria e visualização.
- Elaborar o *redesign* de arquitetura interior.
- Criar formas exteriores, espaços e hortas curativas, com alimentos e plantações medicinais.
- Praticar meditação, rendição, reconhecimento, gratidão e assistência.

Onde estou agora...?

Um sábio disse um dia que, se você quiser saber o resultado de suas intenções e ações, deve prestar atenção ao que está acontecendo a seu redor. Meu círculo de familiares e amigos cresceu e está prosperando. Minha alma continua sendo alimentada pela terra, pelo céu e por todas as coisas no caminho. Os jardins florescem. Na noite passada, meu amigo me convidou para uma celebração espontânea em um poço de fogo recém-criado, cujas pedras estavam na propriedade há anos. Nesse bonito espaço novo de encontros, sentados juntos no círculo de pedras, ele dedicou o extraordinário "pequeno fogo", entre outras coisas, à nova fase de nosso relacionamento, celebrando uma nova forma de relacionamento e trabalho conjunto nesse lindo pedaço da criação sagrada de Gaia.

"E no final..."[4]

O que Joanna Macy[5] chama de "momento da grande virada" nos apresenta a oportunidade de "mudança" ao nos voltarmos para a restauração de nossas conexões mais profundas com a Terra. Ela nos pede para ver o processo de design como um sistema completo inter-relacionado entre o observador e o objeto da observação; um que inclui nossa relação com a terra, o cosmos e a natureza como um todo, inclusive nossa própria natureza interna.

Perguntamo-nos sobre o papel das mudanças da terra no processo de despertar de uma consciência em evolução e do papel do designer consciente como geomancista – o designer que opera com uma fonte maior de informação, criando estruturas, formas e configurações que se ligam à fundação de um novo paradigma de formas de viver, pensar e ser.

Esperamos que os conceitos descritos aqui surjam como uma força paralela para o desenvolvimento bem-sucedido de comunidades intencionais, ecovilas, localidades restauradoras e cidades resilientes, lembrando os sábios assentamentos de épocas passadas, hoje e no futuro que virá.

4 Referência à canção "The End", de Lennon e McCartney, interpretada pelos Beatles: "And in the end, the love you take is equal to the love you make" (E no final, o amor que você tem é igual ao amor que você deu). Ver: "The End". Intérpretes: The Beatles. Compositores: John Lennon; Paul McCartney. *In*: The Beatles. *Abbey Road*. Londres: Apple Records, 1969.

5 Joanna Macy é doutora em religião, ecofilósofa e estudiosa do budismo, da teoria geral de sistemas e da ecologia profunda.

Zaida Amaral foi diretora do Ecovillage Design Southwest e do Resonance Design, e hoje presta consultoria e oferece cursos sobre design de ecovila, *feng shui* integrado e o desenvolvimento de espaços sagrados sustentáveis. Com um diploma em arquitetura e planejamento urbano de sua terra natal, o Brasil, e uma certificação em design de ecovila da Findhorn Foundation, na Escócia, coordenou o primeiro curso do Ecovillage Design Education (EDE) nos Estados Unidos. É uma das fundadoras da Ecovila Cunha (São Paulo, Brasil) e é instrutora habilitada do movimento International Transition, viabilizando treinamentos em direção a comunidades resilientes nos Estados Unidos e no Brasil.

Loralee Makela vive em Edgewood, Novo México, Estados Unidos, onde aprende sobre ecologia profunda de florestas desabitadas e cultivo de alimentos. É diretora do Makela Feng Shui... Just Add Water!, consultora, palestrante, professora e autora. Oferece consultoria personalizada para arquitetos, designers de interiores, construtores, negócios e proprietários. Praticante do *feng shui* clássico desde 1989, é especialista em posicionamento de dragão de água e formada pelo The American Feng Shui Institute. Tem bacharelado em negócios e administração. Seu segundo trabalho publicado *Your Feng Shui Step-By-Step Workbook* (Createspace Independent Publishing Platform, 2010) apresenta um processo prático e comprovado de análise compreensiva do *feng shui* de sua casa e de seu escritório.

Nala Walla há tempos encabeça o reconhecimento crescente de que o "lugar" começa em nossos corpos; portanto, restaurar a natureza é meramente uma consequência de restaurar essa conexão vital, que é nossa mais imediata percepção da natureza – somos a natureza. Nala escolhe bem as palavras para colocar esse conceito em perspectiva e introduz estrategicamente termos significativos como "ecossomática", "reindigenização" e "artes corporificadas". A partir daí, a autora constrói esses termos em uma nova linguagem que revela quanto nos tornamos terrivelmente desconectados de nossa casa principal – nosso corpo. A escrita de Nala incorpora uma evolução profunda de consciência, cuja integração pode ser considerada o primeiro passo para o design competente de ecovila.

Corpo como lugar: um guia somático para a reindigenização

Nala Walla

BCollective, Cascadia, Estados Unidos

Introdução

Atualmente, vários milhões de pessoas fazem parte de uma diáspora mundial crescente que talvez nunca saiba onde exatamente seus ancestrais viveram ou que práticas eles seguiam para manter conexões respeitosas com a terra. Esse mesmo conceito de diáspora – dispersão de um local – aplica-se àqueles que não se sentem em casa mesmo na própria pele, que se sentem, de alguma forma, afastados dos próprios corpos. Neste momento, inúmeras pessoas modernas estão se perguntando: como criamos um sentido verdadeiro de casa, uma noção ecologicamente relevante de *lugar* em vez de um mero *espaço* de onde extraímos o que precisamos e despejamos lixo tóxico ao final?

Já que nossos corpos são, na verdade, nossa primeira casa, qualquer esforço para criar um sentido de lugar deve incluir estratégias para que possamos conhecer nossos corpos mais profundamente. Aqui, desenvolver um reconhecimento de nossas próprias experiências sentidas pode ser uma prática benéfica que nos conecta inevitavelmente de volta à Terra por meio de nosso corpo. Assim, voltar a habitar o próprio corpo é um passo essencial para a *reindigenização*, comportando-nos de maneira ecologicamente respeitável e culturalmente sustentável que verdadeiramente honra nossa "casa". As artes corporificadas são concebidas para nos ajudar a fazer exatamente isso.

Zona zero: localismo começa com o corpo

Para os que entre nós participam de movimentos ecológicos para buscar um sentido mais profundo de casa e relações respeitosas com seu lugar, pode ser muito útil reconhecer que, como crianças, nossa sensação de gravidade oferece nossa primeira experiência de noção de "lugar". Nossa ligação com a Terra é primária, formando a base para o desenvolvimento de cada outro movimento que fazemos.

Quando adicionamos a terminologia de permacultura à nossa discussão de "casa" e "lugar", percebemos que o corpo também forma a base do conceito de *zona zero* – o centro natural a partir do qual todas as atividades irradiam. Assim, qualquer design de habitat ecológico sensato vai planejar otimizar a saúde corpórea e empenhar-se em levar em consideração cuidadosa os padrões corpóreos básicos. Nossos corpos são as primeiras unidades do *localismo* de onde casas, vilas e comunidades são construídas. Ao servir à saúde do corpo e da comunidade, as artes corporificadas são ferramentas muito úteis para criadores de lugar, regeneradores culturais e designers de ecovila.

Ecossomática: uma definição funcional (e divertida!)

Ecossomática é uma área interdisciplinar emergente que conecta educação em movimento, improvisação, artes curativas, psicologia, ritual, artes performáticas e o bom e antigo divertimento com consciência ecológica. A prática de ecossomática cura a separação entre mente, corpo e Terra, com base no encorajamento da percepção sensória direta do corpo *no* ambiente natural e *como* o ambiente natural.[1]

1 Ver Bauer, Susan. Body and Earth as One: Strengthening Our connection to the Natural Source

Para entender ecossomática, primeiro precisamos entender a distinção entre *soma* e *corpo*.

Quando você olha para mim, pode ver que tenho um corpo. O que não pode ver é minha "propriocepção" ou a percepção sentida de meu próprio corpo – minha *soma*. Em 1976, Thomas Hanna criou o termo *somático* para distinguir o sutil "corpo interior" do corpo exterior mais bruto. Esse termo é baseado no conceito holístico grego de *soma*, que se refere a todo o sistema mente-corpo-espírito.

Assim, *somático* se refere à arte e à prática de sentir o *soma* ou "o corpo que é experimentado por dentro". O sentido somático é um verdadeiro sexto sentido, já que não pode ser explicado por nenhuma das outras cinco categorias: paladar, tato, audição, visão ou olfato. Em uma era em que especialistas e profissionais no campo de saúde humana geralmente oferecem diagnósticos conflitantes e tratamentos ineficientes, *somática* é um conceito fortalecedor que afirma o conhecimento inato de nosso próprio corpo e nos incentiva a participar profundamente de nossa própria cura.

Ao focarmos nossa experiência sensória direta, podemos aprender a liberar tensões e dores habituais, otimizando tranquilidade, eficiência e prazer. Qualquer movimento – sagrado ou mundano – pode ser repadronizado dessa forma, desde dançar ou cantar até simplesmente se levantar ou se sentar em uma cadeira.

Também podemos aplicar essas habilidades de sentir e remodelar às atividades que restabelecem uma relação sustentável com a Terra, como plantar árvores, colher alimentos ou criar um ritual comunitário. Perceber as analogias entre padrões na natureza e os que sentimos em nossos corpos nos ajuda a criar um design ecológico efetivo. Quando fazemos isso, nos aventuramos no domínio da *ecossomática*.

> e.cos.so.má.tica
>
> 1 – A arte de sentir o "corpo interno" como uma forma de conectar com os corpos social e planetário (de Gaia). 2 – A visão do somático como algo inseparável da saúde ecológica e da sustentabilidade. 3 – A prática de usar princípios somáticos para facilitar e melhorar o trabalho sustentável na paisagem (por exemplo, hortas, fazendas, construções em ecovilas).

with EcoSomatics. *Conscious Dance Magazine*, pp. 8-9, 2008.

Reindigenização: criando um sentido de lugar

> O povo Okanagan ensina que o corpo é a Terra propriamente dita. Nossa carne, nosso sangue e nossos ossos são o corpo da Terra; nosso corpo se move em todos os ciclos em que a Terra se move. Como o povo Okanagan, dizemos que o corpo é sagrado. É a essência de nosso ser que permite que o resto do ser seja. Nossa palavra para corpo quer dizer literalmente "capacidade de se sonhar a Terra".
>
> Jeanette Armstrong,
> professora Okanagan, ativista, conselheira tradicional

A palavra *ecossomática* evoluiu recentemente para descrever uma passagem para o "corpo-Terra" superior através de nossos corpos individuais. Ela expressa a natureza fluida do Ser e um mundo de fronteiras que são distintas e permeáveis. E, apesar de o termo advir de uma linguagem científica que o ser humano moderno – mergulhado por gerações em uma visão de mundo racional – possa compreender, o conceito é tão antigo quanto a humanidade e muito bem compreendido pelas culturas indígenas.

Por sermos microcosmos de padrões terrestres, praticar respeito por nossos corpos demonstra respeito pela Terra, o que são características de culturas indígenas sustentáveis. Membros da diáspora jamais serão indígenas da mesma forma que povos nativos que residem em um lugar ou região específica por milhares de anos; no entanto, podemos (na verdade, devemos) aprender a nos comportar com o mesmo respeito pelo lugar que é exemplificado pela cultura indígena.

Um passo essencial em direção à *reindigenização* é um "ir para casa", para nossos próprios corpos, um profundo "enraizamento" na Terra a partir de nossa própria carne, uma volta ao sentido de conectividade que está sempre presente em nossa sensibilidade. Há várias práticas somáticas simples que podem nos ajudar a acessar sensações a qualquer momento em que estejamos nos sentindo "fora do corpo".

Arte como tecnologia, não luxo

Neste momento crucial da evolução humana, sabemos que devemos desarraigar a tola noção de que as artes são apenas para os "talentosos", para os "profissionais", ou que são um luxo a que uma pessoa comum não possa se dar. As artes corporificadas são muito mais do que frivolidades para poucos privilegiados. Os movimentos populares desenvolveram esses sistemas ao longo de eras, e eles devem ser reconhecidos como tecnologias "leves" potentes e sustentáveis em seu sentido mais verdadeiro da palavra. (*tecnologia* advém da palavra grega *tékhne*, que significa *habilidade* ou *arte*.)

Em contraste direto com as tecnologias "pesadas" (automóveis, computadores etc.), que normalmente poluem e consomem grande quantidade de recursos, as artes baseadas no corpo dependem apenas de recursos em *nós mesmos*. Considerando o desequilíbrio perigoso e a dependência excessiva em tecnologias pesadas nas sociedades industrializadas, uma reorientação voltada para as tecnologias leves é, na verdade, uma estratégia de sobrevivência inteligente.

Tecnologias do domínio social como dança, ritual, contação de histórias e música (o *software* original!) sempre serviram como métodos de comunicação, trocas sociais e estratégias de resolução de conflitos, esquemas de transmissão de informação, bancos de conhecimento e padrões de utilização de energia eficientes. E, como qualquer um envolvido em grupos ativistas e ecológicos pode atestar, é primordialmente o conflito social que impede nosso progresso e cria esgotamento, e não a falta de tecnologia pesada. As artes sempre serviram como graxa para as rodas sociais. Dessa forma, se a disfunção social é o maior fator limitante para implementar habitats verdadeiramente ecológicos, é muito útil perceber as artes como ferramentas para a reindigenização.

Ativismo corporificado: combatendo a dissociação

Como a sociedade tecnoindustrial corre em caminhos cada vez mais digitais e virtuais, os humanos testemunham o efeito colateral de perder contato com as experiências corporificadas. Nosso hábito moderno de sujar nossos próprios ninhos é evidência de um povo que sofre gravemente de desconexão e dissociação com *o corpo* em todos os níveis – o corpo pessoal (*soma*), o corpo social (*comunidade*) e o supremo corpo terrestre (*Gaia*). A dissociação é uma patologia psicológica séria; no entanto, ela é tão disseminada entre pessoas modernas que é infelizmente considerada normal e até mesmo incentivada por tecnologias em que nós "habitamos" mundos virtuais.

Já que nossos corpos são literalmente compostos *da* e *pela* Terra (carbono, nitrogênio, hidrogênio, oxigênio...), habitar novamente nossos corpos equivale a uma estratégia ativista profunda de reassociação com a Terra, uma reindigenização com o Lugar. Um alinhamento com nossos corpos pode parecer apenas uma pequena contribuição, mas já que a negação habitual de nosso corpo está na raiz de nossos maus-tratos da Terra, essas pequenas ondulações, em algum momento, se tornam uma mudança do tamanho do mar que afeta o mundo todo. Simplesmente ao nos tornarmos defensores de nossa própria carne e sangue, começamos um *ativismo da corporificação*, praticando comportamentos que se aproximam aos do verdadeiro "indigenismo".

Ao utilizar as artes, podemos facilitar uma mudança do paradigma da escravidão, em que pressionamos nossos corpos além da capacidade, e aprender a honrar nossas necessidades por alinhamento, descanso e diversão apropriados como essencial para o funcionamento da comunidade. Tal filosofia baseada no corpo nos estimula a dissolver visões ultrapassadas de trabalho manual como uma tarefa que seja de certa forma "inferior". Em vez disso, *aprendemos a valorizar o trabalho da terra como um privilégio*: uma empreitada prazerosa e regeneradora, em que podemos expressar nossa criatividade, respirar ar fresco e exercitar o corpo – e, ao mesmo tempo, ajudar na mudança em direção à sustentabilidade.

A ioga do trabalho da Terra

Todas as artes evoluíram inicialmente dos contextos de lugar e comunidade. Muito antes de elas chegarem aos salões da academia ou da Broadway, as artes pertenciam ao povo, que sabiamente as coloca em valiosas funções integrativas, curativas e terapêuticas. Por exemplo, práticas somáticas como a ioga se desenvolveram para sintonizar nossos sistemas de corpo-mente às tarefas diárias de construir e manter uma aldeia – agachar-se e estender-se para coletar alimentos, flexionar os braços e pernas para carregar água ou escavar uma fundação. Aprender como empurrar melhor um carrinho de mão pesado e construir uma casa de barro sem danificar nossas costas, nos entediarmos ou ficarmos queimados de sol é, na verdade, uma prática de ioga.

Quando reconhecemos a oportunidade somática no trabalho da terra, nos movimentamos mais lenta e deliberadamente, checando o alinhamento adequado e os padrões de respiração, e acatamos os pedidos de nossos corpos por um descanso. Ao tratarmos nossos corpos de maneira gentil e humana, ao dançar e contar histórias nas hortas de forma parecida ao que nossos ancestrais sempre fizeram, a divisão entre trabalho e diversão, entre ação e ativismo, entre vida e arte fica indefinida. Nos últimos anos, facilitei muitos projetos de construção e trabalho da terra, que integram dança, música, trabalho de corpo, descanso e diversão no local de trabalho, com resultados que são fortalecedores e divertidos.

Estou sugerindo aqui que olhemos as artes corporificadas através de lentes holísticas. Nosso movimento não é o da poltrona. Não podemos simplesmente nos sentarmos relaxados enquanto os outros fazem o "trabalho sujo" para nós. Para criar habitats ecológicos, precisaremos nos livrar de estigmas ultrapassados ligados ao trabalho manual e acolher o suor em nossa testa. Vilas e hortas sustentáveis e prósperas não se construíram por conta própria. Apenas corpos e comunidades saudáveis e essenciais, trabalhando de forma cooperativa, podem atingir a vitalidade que nós buscamos.

As artes são concebidas e direcionadas para irem além do estúdio de ioga com piso de bambu ou do teatro com estofados de veludo, onde podem ser colocadas em uso prático – do lado de fora – em nossas vidas diárias. De maneira verdadeiramente igualitária, as artes sempre ofereceram a *qualquer um* (e não apenas para profissionais) que as pratica um conhecimento profundo dos grandes ciclos da Terra e o fortalecimento da comunidade. A boa notícia é que essas ferramentas ainda estão aí – tudo que precisamos fazer é usá-las.

A ecologia do corpo

Toda vez que respiramos, 1 bilhão de reações eletroquímicas acontecem dentro de nossos corpos, 1 bilhão de células nascem e 1 bilhão morrem. Bilhões de organismos estão agora mesmo vivendo de forma sinergética em nossos intestinos. As ciências modernas fornecem agora evidência, confirmando o que as culturas indígenas sempre souberam: padrões universais e ecológicos estão bem aqui, sob nossas peles e sob a pele-solo da Terra. Esses padrões ecossomáticos podem ser experimentados e percebidos diretamente em nossos corpos por meio de práticas artísticas corporificadas.

É imperativo, neste momento, que se invista em tecnologias leves – as habilidades, as histórias e artes que nos conectam com a Terra, o corpo e a comunidade. Como sempre fizeram, as artes estão nos ajudando a criar culturas do futuro respeitosas, cooperativas e sustentáveis, e devem assim ser vastamente adotadas como as melhores práticas, principalmente entre ativistas. E, como efeito colateral agradável, nossas vidas incluirão mais diversão e mais celebração, uma vez que nos tornaremos, mais uma vez, nativos do lugar onde vivemos.

> Mesmo que eu soubesse que amanhã o mundo se despedaçaria, eu ainda plantaria minha macieira.
>
> DR. MARTIN LUTHER KING

Nala Walla é uma artista transdisciplinar e educadora que vive no estado de Washington, nos Estados Unidos. Possui mestrado em artes integrativas e ecologia e é uma das fundadoras e facilitadoras do BCollective: uma organização guarda-chuva dedicada à criação de culturas sustentáveis e saudáveis por meio das artes corporificadas. O BCollective oferece *workshops* para a construção de comunidades, cria *performances* educacionais e participativas para crianças e adultos, e organiza o compartilhamento de habilidades em permacultura, desde a construção somática a mediações criativas. Para mais informações, ver o *site* bcollective.org.

MÓDULO 5

Design ecológico integrado

A ética e os princípios do design de permacultura

Ecologia integral: princípios de design para habitats humanos sustentáveis

Do macro ao micro: introduzindo a matriz ecossocial como ferramenta para o design integrado

Agroecologia e ecovilas

Projetar com o fluxo

Uma estrutura de design

A ecologia da consciência

Maddy Harland inicia o Módulo 5 com uma revisão atualizada dos princípios e da ética da permacultura. É uma forma excelente de começar o estudo de design ecológico integrado. Sua abordagem da tradicional declaração de ética confere um tom mais humanitário, até mesmo solidário. Com relação a seu tratamento dos princípios, a autora escolheu parafrasear a lista dos doze princípios de David Holmgren a fim de que tenha relevância para um público maior, com uma gama mais diversa de aplicações. Mesmo permaculturistas experientes vão considerar de grande valia a leitura deste artigo de Maddy; afinal, a Permanent Publications é o centro do pensamento sobre permacultura na Europa (e além).

A ética e os princípios do design de permacultura

Maddy Harland
Permanent Publications, Inglaterra

A permacultura é primordialmente uma ferramenta do pensamento para projetar sistemas altamente produtivos que emitam pouco carbono. A disciplina de design de permacultura é baseada na observação do que faz com que os sistemas naturais perdurem, estabelecendo princípios simples mas eficazes e os usando para imitar a natureza no que quer que se escolha conceber: hortas, fazendas, construções, florestas, comunidades, negócios – até mesmo vilas e cidades. A permacultura é essencialmente sobre a criação de relações benéficas entre elementos individuais e a garantia de que, em vez de perdida, a energia é capturada em um sistema. Sua aplicação é apenas limitada à nossa imaginação.

A permacultura não é apenas uma forma verde de viver ou um sistema de ética que nos guia, é uma forma de conceber os princípios da natureza como modelo, "flexionando-os" o máximo possível para criar paisagens e comunidades férteis, autossuficientes e produtivas. A permacultura se destaca como um sistema de design em sua capacidade de integrar o intelecto com a ética.

Ela pode nos ensinar a "pensar" com o coração e a responder com a cabeça. Ao combinar pragmatismo com filosofia, podemos criar uma síntese superior.

Os três princípios éticos são: cuidado com a terra, cuidado com as pessoas e partilha justa ou limite ao crescimento. Elas não são exclusivas da permacultura e derivam de convergências de muitas visões de mundo e crenças. O que a permacultura faz é torná-las explícitas dentro do processo de design.

Cuidado com a terra

Imagine os criadores da permacultura, os australianos Bill Mollison e David Holmgren, nos anos 1970, assistindo aos efeitos devastadores de uma agricultura de clima temperado europeia nos solos frágeis da antiga paisagem antípoda. Como os *dust bowls* de Oklahoma nos anos 1930,[1] a agricultura estrangeira tem a capacidade de transformar em deserto uma ecologia delicadamente equilibrada. A resposta inicial foi conceber uma agricultura permanente com plantações de árvores e outras plantas perenes, ocupando todos os nichos, da copa das árvores à cobertura do solo. O solo permanece não lavrado para estabelecer sua própria microecologia robusta. Essencial a isso é que a terra deve ser mantida biodiversa e estável para futuras gerações.

A ética do cuidado com a terra foi a base do design de permacultura, mas a visão original de cuidados com todos os seres vivos e não vivos se ampliou para abarcar uma compreensão profunda e abrangente dos cuidados com a terra que envolvem muitas decisões, desde as roupas que vestimos e os bens que compramos até os materiais que usamos em projetos do tipo "faça você mesmo". Apesar de nem todos podermos construir a própria casa ou plantar toda a nossa comida, podemos fazer escolhas sobre o que e como consumimos e preservamos. Essencial a isso é a compreensão que até um terço de nossa pegada ecológica é ocupada pelos alimentos que compramos; então plantar uma pequena quantidade em lotes na cidade ou hortas em contêineres pode fazer a diferença.

1 O termo refere-se ao fenômeno contínuo de tempestades de areia ocorridas em um intervalo de dez anos em algumas regiões dos Estados Unidos. (N. da E.)

Cuidado com as pessoas

Fundamental à permacultura é o conceito de cultura permanente. Como podemos desenvolver a permacultura se as pessoas são dispensáveis, não são cuidadas ou são excluídas? O cuidado com as pessoas pede que nossas necessidades básicas de alimento, abrigo, educação, emprego e relacionamentos sociais saudáveis sejam atendidas. O cuidado genuíno com as pessoas não pode ser exclusivo em um sentido tribal; não pode haver elites aqui – nada de plutocracias ou oligarquias –, todos os membros da comunidade devem ser levados em consideração.

No centro do cuidado com as pessoas está a compreensão do poder da comunidade. Se podemos transformar nossas vidas como indivíduos e fazer a diferença de forma gradual, imagine o que podemos fazer como uma comunidade! Os designers de permacultura que ajudaram a iniciar a agricultura urbana pós-petróleo em Cuba são um bom exemplo.[2] Eles mobilizaram um país inteiro para que se tornasse autossuficiente.

Partilha justa

O último princípio ético sintetiza os dois primeiros. Ele reconhece que só temos uma única terra e que temos que compartilhá-la com todos os seres vivos e as futuras gerações. Não faz sentido conceber uma unidade familiar, uma comunidade ou uma nação sustentável enquanto outras pessoas definham sem água e ar limpos, alimento, abrigo, trabalho significativo e contato social. Já que o norte industrializado usa os recursos de pelo menos três Terras e boa parte do sul global definha na pobreza, a partilha justa é o reconhecimento desse terrível desequilíbrio e um pedido para que se limite o consumo (principalmente de recursos naturais) no norte. A permacultura rejeita fundamentalmente o modelo de crescimento industrial no centro de seus princípios éticos e ambiciona criar sistemas mais igualitários e mais justos que levem em consideração os limites dos recursos planetários e as necessidades de todos os seres vivos.

Assim como os princípios éticos da permacultura funcionam mais como valores morais ou códigos de comportamento, eles não são suficientes por conta

2 Community Solutions. Disponível em: communitysolution.org/cuba.html.

própria. Precisamos dos princípios da permacultura para oferecer um conjunto de orientações universalmente aplicáveis que possa ser usado no design de sistemas sustentáveis. Caso contrário, a permacultura se torna meramente uma escolha de estilo de vida, em um sistema insustentável existente. Esses princípios podem ser inerentes a qualquer design de permacultura, qualquer clima e qualquer escala. Derivam da observação criteriosa da natureza e do trabalho anterior de ecologistas, paisagistas e da ciência ambiental.

Cada princípio pode ser pensado como uma porta que se abre em um sistema integral de pensamento, oferecendo uma perspectiva diferente que pode ser entendida em níveis variáveis de profundidade e aplicação. David Holmgren, um dos criadores da permacultura, redefiniu os princípios dela em seu livro seminal *Permaculture: Principles and Pathways Beyond Sustainability.*[3]

Quando comecei a dar palestras sobre permacultura a todos os tipos de público, decidi escrever minhas explicações e apliquei o princípio não apenas para criar hortas e fazendas como também para ser aplicado em negócios, na sociedade e na cultura. Cada princípio é acompanhado de um "provérbio" de Davi e seguido de uma explicação minha.

Observe e interaja

É um elemento de tranquilidade e observação que forma a essência do design de permacultura. Em um mundo onde tudo é "rápido", ter a capacidade de observar as estações, acompanhar a mudança dos microclimas em um pedaço de terra, entender como os padrões do vento, do clima e da encosta afetam os bolsões de geada e o crescimento das plantas é uma oportunidade de começar a aprender os aspectos profundos do cuidado com a terra. Também nos torna mais capazes de tomar decisões sábias sobre como projetar ou renovar de forma ecológica nossas casas e planejar nossas hortas e fazendas.

3 Holmgren, David. *Permaculture: Principles and Pathways Beyond Sustainability.* Hepburn: Holmgren Design Services, 2002. (Tradução brasileira: *Permacultura: princípios e caminhos além da sustentabilidade.* Trad. Luzia Araújo. Porto Alegre: Via Sapiens, 2013.)

Capte e armazene energia

Intimamente conectada à observação está a arte de capturar energia em um design – de forma que se minimize a necessidade de buscar recursos de fora. Em uma horta, isso está relacionado a evitar plantar mudas sensíveis em bolsões de geada na primavera ou maximizar o ganho solar, colocando uma estufa no lado sul de uma construção, de forma que possamos estender a estação e aquecer a casa com ganho solar passivo. Estamos tentando captar água, luz do sol, calor, solo, biomassa e fertilidade sempre que podemos para nos tornarmos mais adaptáveis.

Obtenha rendimento

Alimentos podem representar até um terço de nossa pegada ecológica; então faz sentido plantar o mais que se possa, mesmo que isso esteja limitado a saborosos grãos germinados no parapeito da janela de um apartamento. Assim, uma horta de permacultura é, por padrão, uma paisagem comestível com boas companhias florais para atrair insetos benéficos, e um prédio é um estoque de calor em potencial e uma estrutura para painéis solares. Mas o conceito de "rendimento" não é meramente sobre energia renovável ou verduras e legumes; um rendimento pode ser sobre capital social; pessoas modificando suas vidas positivamente, construindo comunidades e reduzindo seus carbonos.

Aplique autorregulação e aceite *feedback*

Quando queimamos combustíveis fósseis, liberamos dióxido de carbono na atmosfera, retendo calor e aumentado as temperaturas. Isso faz com que o gelo derreta, o que leva a uma perda de superfícies reflexivas, acarretando mais absorção de raios de sol e um aumento ainda maior da temperatura. Precisamos aceitar a responsabilidade por nossos atos.

Use e valorize recursos e serviços renováveis

Sempre que possível, a permacultura procura usar recursos que possam ser renovados. Isso se aplica naturalmente à energia, mas também às construções ecológicas, ao corte de madeira das árvores, à conservação do solo e à plantação de culturas de alimentos perenes, assim como à estocagem de sementes. O perigo de depender de bens não renováveis, tecnologias e dinheiro especulativo está se tornando cada vez mais evidente.

Não produza lixo

No Reino Unido, jogamos fora o equivalente a 24 sacas de açúcar por casa por semana: 14,1 quilos. Isso equivale a 29 milhões de toneladas (55% disso é produzido por residências) por ano. Tenho um provérbio favorito que diz que o depósito de lixo de hoje será a "mina" do futuro.

Projete de padrões a detalhes

Quando Tim Harland e eu projetamos nossa casa e horta, lemos sobre design de permacultura, jardinagem florestal, energia renovável, arquitetura e renovação ecológicas o máximo que pudemos. Passamos um ano observando a terra antes de começarmos a plantar e planejar a melhor forma para fazer de nossa casa um lugar para viver que fosse feliz e eficiente em uso de energia. Observamos as estações, as variações climáticas, as condições meteorológicas, os padrões do solo, as inclinações do terreno e as nossas atividades humanas no local como uma família. Em outras palavras, começamos olhando o panorama geral – os padrões do que uma vida sustentável pudesse ser – com exemplos de outros lugares e então aperfeiçoamos nossa exploração em detalhes apropriados de nosso local em particular. Não fizemos uma "lista de compras" de itens individuais ou projetos e tentamos juntá-los em uma miscelânia do que poderia ser considerado "verde".

Integre em vez de segregar

Temos uma tendência cultural de separar hortas de verduras e legumes de jardins de flores e usar bordas duras para planejar os espaços. Jardineiros sabem, no entanto, que quanto mais integradas as orquídeas e as flores silvestres estiverem, ou as verduras e as flores que recebem a visita de insetos benéficos, menos as pragas prevalecerão. O mesmo é verdadeiro para pessoas. Diversidade cultural produz uma cultura fértil e robusta, enquanto uma monocultura rígida de política e religião pode trazer esterilidade, até mesmo repressão política e social.

Use soluções pequenas e lentas

Nossa sociedade depende atualmente de grandes quantidades de combustível fóssil, enquanto nossa biosfera está sobrecarregada com suas emissões. Quanto mais acessível e passíveis de serem consertadas nossas tecnologias e cadeias de abastecimento, mais robusto será o sistema. Esse princípio fala de ferramentas manuais, de tecnologia apropriada que possa ser facilmente consertada e de relocalização. No momento, temos uma rede de abastecimento de supermercados *just-in-time* de três dias. Se o abastecimento de combustível for interrompido, as prateleiras dos supermercados se esvaziarão em uma velocidade alarmante. Melhor construir resiliência em nossos sistemas por meio da relocalização, o máximo possível, de nossas necessidades essenciais e ter alternativas tecnológicas que possamos consertar.

Use e valorize a diversidade

A biodiversidade cria ecossistemas saudáveis. A diversidade em termos de plantações, recursos energéticos e emprego leva a uma maior sustentabilidade. Valorizar a diversidade entre as pessoas faz com que se tenha uma sociedade mais pacífica e igualitária. Conflitos e guerras são os maiores assassinos do desenvolvimento sustentável.

Use "as bordas" e valorize o marginal

Exemplos de "borda" na natureza são: onde o dossel das árvores encontra com a clareira na floresta, convidando o ar e os raios de sol e uma profusão de flores; onde o mar e o rio se encontram com a terra na interface fértil dos estuários, cheia de invertebrados, peixes e pássaros; onde o bancos de riachos encontram com a borda da água e a fertilidade é construída com lama depositada e areia em momentos de inundação, dando vida a uma variedade de plantas; onde planícies e águas se encontram, alagando e conquistando solos aluviais... A borda na natureza é sobre um aumento de diversidade por meio do aumento de inter-relações entre os elementos: terra, ar, fogo (sol) e água. Esse fenômeno aumenta a oportunidade para a vida em todas as suas maravilhosas formas de fertilidade.

Na sociedade humana, a borda está onde temos diversidade cultural. É o lugar onde pensadores livres e os chamados "alternativos" prosperam, onde novas ideias são autorizadas a se desenvolver, e onde à sabedoria atemporal é dado o devido respeito. A borda é suprimida em Estados e países que não são democráticos e que exigem alianças teológicas a uma religião.

Use e responda criativamente às mudanças

Na natureza, há um processo de sucessão. O solo descoberto é colonizado por ervas daninhas que, por sua vez, são substituídas por silvas. Então chegam os pioneiros, como o vidoeiro-prateado, o amieiro e o tojo, que estabilizam os solos em climas temperados. Os dois últimos até mesmo fixam nitrogênio para criar um ambiente que pode hospedar espécies de crescimento lento que vivem em climas temperados, como o carvalho, a faia e o teixo. Mas a natureza é dinâmica e a sucessão pode ser interrompida por animais que buscam alimentos, tempestades que derrubam árvores ou abrem clareiras, ou por um clima que se modifica e se torna menos hospitaleiro para certos tipos majestosos, como o carvalho e a faia. O desafio do designer de permacultura é entender como todos esses fatores interagem entre si em uma paisagem ou em determinado pedaço de terra e projetar de acordo com isso. Não é uma boa ideia restaurar a talhadia sem antes criar uma barreira para os veados ou plantar árvores se elas fizerem sombra para o painel solar em uma década.

Da mesma forma, temos que apreciar como a mudança climática vai afetar nossa agricultura, com temperaturas mais altas no verão, grande volume de chuva no inverno e na primavera, e mais tempestades violentas com ventos de alta velocidade. Verões mais quentes podem permitir mais vinhedos nas encostas suaves de terreno calcário do sul da Inglaterra. Eles também podem fazer com que os carvalhos-ingleses sejam menos viáveis no sul. O que então plantamos e como projetamos com resiliência em nossos assentamentos? Um exemplo é plantar uma barreira de proteção de árvores que proteja as fazendas e as habitações contra o vento e a erosão, e não construir em planícies aluviais.

No entanto, o princípio é mais profundo do que isso. Ele nos convida a imaginar um mundo futuro, um mundo sem petróleo barato e um mundo que obrigatoriamente reduza de forma radical as emissões de carbono na atmosfera. Ao fazer isso, damos os primeiros passos na criação desse novo mundo. Estamos sob os fundamentos dos princípios éticos da permacultura – cuidado com a terra, cuidado com as pessoas e partilha justa – e somos capacitados a estabelecer princípios que informam nosso planejamento e nossas ações.

Para ler a biografia completa da autora, veja a página 182.

Sean Esböjorn-Hargens e Michael E. Zimmerman se uniram para apresentar uma abordagem de múltiplas perspectivas para o design ecológico. A ecologia integral é derivada da teoria integral de Ken Wilber e, como tal, usa os quatro quadrantes para definir quatro perspectivas, separadas, mas interligadas, a partir das quais se vislumbra o desafio de design: objetiva, interobjetiva, subjetiva e intersubjetiva. Os presentes autores argumentam que, com muita frequência, apenas uma dessas perspectivas é usada para justificar determinada solução, o que faz com que essa solução seja inerentemente incompleta ou unilateral. É preciso entender o problema a partir dos quatro quadrantes. Isso está perfeitamente em conformidade com a organização do currículo do Ecovillage Design Education (EDE) nas quatro dimensões.

Ecologia integral: princípios de design para habitats humanos sustentáveis

Sean Esbjörn-Hargens e Michael E. Zimmerman, PhDs
Integral Institute, Colorado, Estados Unidos

Introdução

Desde sua origem, em 1866, com a publicação de *Generelle Morphologie der Organismen*, de Ernst Haeckel,[1] o campo da ecologia se multiplicou, se dividiu e se transformou em várias escolas e subgrupos de escolas. Cada uma dessas escolas é uma tentativa de capturar algo não incluído pelas outras abordagens. Cada

1 Haeckel, Ernst. *Generelle Morphologie der Organismen: allgemeine Grundzüge der organischen Formen-Wissenschaft, mechanisch begründet durch die von Charles Darwin reformirte Descendenz-Theorie*. Berlim: G. Reimer, 1866.

nicho de conhecimento parece ter uma escola de ecologia correspondente para conectar suas percepções aos conhecimentos dos processos ecológicos e das dinâmicas do meio ambiente. Com o surgimento de novas escolas de ecologia, como na maioria das disciplinas, há uma tendência da abordagem nascente – "a novidade do momento" – se definir em oposição às abordagens existentes para justificar sua posição específica. Com muita frequência, cercas são construídas entre abordagens onde pontes são necessárias, e algumas abordagens se juntam para desacreditar outras que parecem erradas. O resultado é um campo fragmentado de várias abordagens que se engalfinham umas contra as outras ou que fazem alianças a partir de uma política de proteção.

Então o que alguém preocupado com o meio ambiente deve fazer quando confrontado com a magnitude de variedade que existe hoje dentro do campo da ecologia e dos estudos ambientais? Como se espera que um ativista, cientista ou filósofo seja eficaz diante de tal multiplicidade? Não é de admirar que o mundo da ecologia se encontre em tal desordem – ele cresceu tanto que não mais se conhece. Por exemplo, com muita frequência, praticantes da *ecologia de paisagens* nunca ouviram falar da *estética ambiental*, *filósofos ambientais* não conhecem a diferença entre *ecologia populacional* e *ecologia comunitária*; indivíduos que trabalham no campo da *ecologia acústica* não sabem nada sobre a *ecologia linguística*.

Hoje, há uma diversidade desconcertante de visões sobre a ecologia e o meio ambiente. Com mais de 200 perspectivas diferentes e válidas a respeito do mundo natural – e com pesquisadores, economistas, especialistas em ética, psicólogos, entre outros, geralmente tomando posições completamente diferentes com relação a questões apresentadas –, como podemos chegar a um acordo para resolver os problemas mais sérios do meio ambiente do século XXI? Precisamos de uma estrutura que nos ajude a ordenar essas muitas abordagens e conectá-las de uma forma pragmática que honre suas percepções únicas de acordo com seus próprios termos. A ecologia integral oferece essa estrutura: uma forma de integrar abordagens variadas a respeito da ecologia e dos estudos ambientais em uma abordagem complexa, multidimensional, e metadisciplinar com relação ao mundo natural e à nossa integração dentro dele. A ecologia integral une percepções valiosas de perspectivas múltiplas em uma estrutura teórica abrangente, uma que já está sendo posta em uso ao redor do mundo. Essa estrutura é o resultado de mais de uma década de pesquisa, que vem explorando as muitas perspectivas da ecologia disponíveis hoje em dia e suas respectivas metodologias. Em resumo, essa estrutura oferece uma forma de compreender a relação entre *quem* está compreendendo a natureza, *como* essa pessoa usa métodos, técnicas e práticas diferentes para revelar a natureza, e *o que* é percebido como natureza.

A ecologia integral é uma estrutura abrangente usada para caracterizar dinâmicas ecológicas e resolver problemas ambientais. É abrangente, pois se vale de e oferece um esquema teórico que mostra a relação entre os vários métodos diferentes, incluindo os que estão em uso nas ciências naturais e sociais, assim como nas artes e nas humanidades. A ecologia integral une, coordena e enriquece mutuamente o conhecimento gerado por diferentes disciplinas e abordagens importantes. A ecologia integral pode ser: a) aplicada dentro de uma disciplina (por exemplo, ao integrar várias escolas da ecologia); b) aplicada como uma abordagem *multi*disciplinar (por exemplo, ao investigar os problemas ecológicos com base em várias disciplinas); c) aplicada como uma abordagem *inter*disciplinar (por exemplo, ao usar métodos das ciências sociais para iluminar aspectos econômicos ou políticos de valores ambientais); d) aplicada com uma abordagem *trans*disciplinar (por exemplo, ao ajudar várias abordagens e suas metodologias a interagirem mediante uma metaestrutura bem fundamentada).

A estrutura da ecologia integral tem aplicações promissoras em muitas áreas: escolas ao ar livre, planejamento urbano, excursões para regiões de natureza selvagem, desenvolvimento de políticas, projetos de restauração, avaliações de impacto ambiental, negócios ecológicos, design de ecovilas e desenvolvimento comunitário, para nomear apenas alguns. Na verdade, uma grande variedade de ecologistas, ambientalistas, urbanistas, guias para áreas de natureza selvagem e ativistas reconhecem a abrangência teórica e a eficácia prática da ecologia integral e vêm usando seus princípios e suas distinções com sucesso em uma variedade de contextos: em desenvolvimento comunitário em El Salvador, em pescarias marítimas no Havaí, em ativismo ecológico na Columbia Britânica (Canadá), em iniciativas de mudança climática na Noruega, em permacultura na Austrália, em políticas ambientais na Tasmânia, em consumo sustentável e redução de resíduos em Calgary (Canadá) e no design urbano em Manitoba (Canadá).[2] Neste artigo, nos concentraremos em como aspectos dessa estrutura

2 Para exemplos adicionais, veja os sete estudos de caso organizados por Sean em uma edição dupla especial da seguinte publicação: Esbjörn-Hargens, Sean (org.). *World Futures: The Journal of General Evolution*, v. 61, n. 1-2, 2005. Integral Ecology. Ver também os vários exemplos apresentados no capítulo 11 de: Esbjörn-Hargens, Sean (org.). *Integral Ecology: Uniting Multiple Perspectives on the Natural World*. Nova York: Integral Books, 2009.

podem ser usados para iniciativas de design. Mas antes vamos introduzir uma das lentes conceituais mais importantes relacionada a ecologia integral e design.

Os quatro quadrantes

Os quatro quadrantes da estrutura da teoria integral

	INTERIOR	EXTERIOR
INDIVIDUAL	**SUPERIOR ESQUERDO** Eu Intencional (subjetivo)	**SUPERIOR DIREITO** Isto Comportamental (objetivo)
COLETIVO	Nós Cultural (intersubjetivo) **INFERIOR ESQUERDO**	Istos Social (interobjetivo) **INFERIOR DIREITO**

A estrutura da ecologia integral recorre à teoria integral como foi desenvolvida pelo filósofo estadunidense Ken Wilber.[3] A teoria integral oferece uma estrutura de conteúdo neutro – o modelo integral ou AQAL – que foi desenvolvida há mais de 30 anos e é usada atualmente em mais de 35 disciplinas profissionais (por exemplo, economia, direito, medicina, artes, estudos religiosos, psicologia e educação). De acordo com a teoria integral, há pelo menos quatro perspectivas irredutíveis (objetiva, interobjetiva, subjetiva e intersubjetiva) que devem ser consultadas quando se tenta compreender e remediar os problemas ambientais. Essas perspectivas são representadas pelos quatro quadrantes: o interior e o exterior das realidades individuais e coletivas. Es-

3 Ken Wilber publicou mais de vinte livros desde 1977 (cerca de 10 mil páginas de conteúdo). A maioria desse conteúdo pode ser encontrada em: Wilber, Ken. *The Collected Works of Ken Wilber.* Boston: Shambhala, 1999-2000. 8 v. Para uma visão geral da filosofia de Wilber, ver: Visser, Frank. *Ken Wilber: Thought as Passion.* Albany: SUNY Press, 2003.

ses quatro quadrantes representam os aspectos intencionais ("Eu"), culturais ("Nós"), comportamentais ("Isto") e sociais ("Istos") das questões ecológicas.

Resumindo, a perspectiva *objetiva* examina a composição (por exemplo, fisiológica e química) e o comportamento exterior dos indivíduos, como humanos, ursos, salmão, pau-brasil ou besouros. A perspectiva *interobjetiva* examina as estruturas sistêmicas e os comportamentos exteriores de coletivos, variando de sistemas humanos socioeconômicos a ecossistemas. Os dados gerados pelos métodos pertencentes às perspectivas objetiva e interobjetiva são valiosos, mas eles não oferecem uma compreensão completa do problema em questão, assim como também não necessariamente oferecem motivação para a ação. A informação técnica por si só não pode convencer as pessoas a agirem. A motivação surge quando experimentamos determinado problema ambiental por meio de duas perspectivas adicionais – a *subjetiva* e a *intersubjetiva*. Esforços ambientais públicos e acadêmicos raramente abordam os problemas com o reconhecimento ou a valorização do papel desempenhado por essas perspectivas interiores, incluindo experiências estéticas, dinâmicas psicológicas, significado religioso, questões éticas e valores culturais.

A ecologia integral classifica essas quatro perspectivas irredutíveis da seguinte maneira: o *terreno da experiência* (subjetividade da primeira pessoa), o *terreno da cultura* (intersubjetividade da segunda pessoa), o *terreno do comportamento* (a objetividade da terceira pessoa) e o *terreno dos sistemas* (a interobjetividade da terceira pessoa). Em outras palavras, a ecologia integral reconhece e recorre às perspectivas da primeira, segunda e terceira pessoas. As perspectivas são irredutíveis porque, por exemplo, uma perspectiva de primeira pessoa possui aspectos importantes de uma situação que não são capturados ou representados por uma perspectiva de terceira pessoa. Quando digo "Sinto-me arrasado quando olho este riacho poluído", estou falando de uma perspectiva de primeira pessoa. A perspectiva que informa minha afirmação não pode simplesmente ser substituída por uma perspectiva de terceira pessoa, que emitiria um depoimento como: "Essa pessoa vê este riacho poluído". Há uma diferença significativa entre simplesmente "ver" o riacho poluído e "sentir-se arrasado" por isso. Da mesma forma, o significado de segunda pessoa de uma reunião de diversas partes interessadas, que agrupa visões de mundo culturalmente divergentes e até mesmo controversas, não pode ser igualada à função de terceira pessoa que o encontro possa ter em termos socioeconômicos. Cada um desses terrenos ressalta aspectos da realidade diferentes e essenciais e são conhecidos por diferentes tipos de metodologias e práticas.

Os quatro terrenos

	INTERIOR	EXTERIOR
INDIVIDUAL	**Terreno das experiências** As realidades subjetivas de qualquer ser em todos os níveis de sua percepção. *Caracterizado pela experiência sentida* EU	**Terreno dos comportamentos** As realidades objetivas de qualquer ser em todos os níveis de sua organização. *Caracterizado pela observação* ISTO
COLETIVO	NÓS **Terreno das culturas** As realidades intersubjetivas de qualquer ser em todos os níveis de sua comunhão. *Caracterizado pela ressonância mútua*	ISTOS **Terreno dos sistemas** As realidades interobjetivas de qualquer ser em todos os níveis de sua interseção. *Caracterizado por análise sistêmica*

Essas quatro perspectivas são geralmente usadas para *olhar* problemas ou realidades ecológicas, informalmente ou através de tradições disciplinares formais. O que se segue é um exemplo simples de uma abordagem integral de design fornecida pelo trabalho de Mark DeKay e seus colegas. A seguir, analisam-se resumidamente alguns dos princípios em jogo dentro de cada um desses terrenos e os tipos de perspectivas que serão incluídos ao se olhar e abordar uma questão de design.

Princípios de design ecológico integrado

Mark DeKay é professor associado do College of Architecture and Design da University of Tennesse, em Knoxville. Tem sido protagonista no novo campo emergente de design ecológico integral. DeKay vem aplicando princípios integrais a uma variedade de contextos de design há muitos anos. Por exemplo, em 2006, escreveu com a arquiteta Mary Guzowski um artigo para American Solar Energy Society Conference (ASES) que apresenta um modelo para o design sustentável integral, explorado por meio da iluminação por luz natural.[4] Depois de apresentar uma visão geral da teoria integral, o artigo discute os quatro terrenos da ecologia integral e os aplica ao design sustentável a partir da pergunta: "De uma perspectiva integral de sustentabilidade, como devemos moldar a forma?".[5]

Da perspectiva de comportamento (no diagrama, na porção superior direita), a pergunta sobre design é: "Como devemos moldar a forma de maneira a maximizar o desempenho?". Nesse terreno, a boa forma minimiza o consumo de recursos e a poluição enquanto maximiza a preservação e a reciclagem. Da perspectiva dos sistemas (inferior direita), a pergunta sobre design é: "Como devemos moldar a forma para guiar o fluxo?". Nesse terreno, a boa forma soluciona padrões ecológicos ao criar uma estrutura no ambiente construído que melhor acomoda processos ecológicos por meio da imitação e da adequação ao contexto dos ecossistemas naturais. Da perspectiva de culturas (inferior esquerda), a pergunta sobre design é: "Como devemos moldar a forma para que manifeste significado?" Nesse terreno, a boa forma revela e expressa "os padrões que se conectam" de modos que celebram a beleza da ordem natural, posicionam habitantes em relação com sistemas vivos (ou a ideia da natureza) e situam a habitação humana em lugares biorregionais. Da perspectiva da experiência (superior esquerda), a pergunta sobre design é: "Como moldar a forma para gerar experiência?". Nesse terreno, a boa forma orquestra experiências humanas ricas e cria lugares de centralização favoráveis a uma transformação autoconsciente, em que podemos nos tornar quem somos da maneira mais autêntica possível. Resumindo o conceito em uma tabela – ver a seguir –, eles explicam: "Essa visão ampliada de várias perspectivas possibilita que designers abordem de maneira mais abrangente a complexidade dos desafios ecológicos de hoje em dia, com base na inclusão das dimensões individual, cultural e social que contribuem para a criação de um mundo sustentável".[6]

Com base em "Os quatro terrenos do design sustentável", DeKay e Guzowski apresentam os "Doze nichos da iluminação por luz natural" para ilustrar como

4 DeKay, Mark; Guzowski, Mary. A Model for Integral Sustainable Design Explored through Daylighting. *In*: *American Solar Energy Society International Solar Energy Conference: Solar Engineering*. Denver: 2006.

5 Para uma descrição de todas as 200 perspectivas, ver o apêndice de: Esbjörn-Hargens, Sean (org.). *Integral Ecology: Uniting Multiple Perspectives on the Natural World*. Nova York: Integral Books, 2009.

6 *Ibidem*.

eles "podem elucidar integralmente o *design thinking* sustentável, permitindo que um designer vá além do desempenho físico objetivo e também considere as ricas implicações experimental, ética, moral e social da luz".[7] Depois de apresentarem uma visão geral dos doze nichos da iluminação por luz natural (ver a seguir), eles os aplicaram ao uso da luz natural no United Theological Seminary's Bigelow Chapel, em New Brighton, Minnesota.

Os quatro terrenos do design sustentável

	INTERIOR	EXTERIOR
INDIVIDUAL	**Terreno das experiências** Forma moldada para gerar experiência · Fenomenologia ambiental; · Experiência de ciclos, processos e forças naturais; · Estética de design verde.	**Terreno dos comportamentos** Forma moldada para maximizar desempenho · Eficiência de energia, de água e de materiais; · Construções com energia e emissões zero; · Sistema de classificação LEED; · Construções de alto desempenho.
COLETIVO	**Terreno das culturas** Forma moldada para expressar significado · Relação com a natureza; · Ética de design verde; · Culturas de construções verdes; · Mitos e rituais.	**Terreno dos sistemas** Forma moldada para guiar o fluxo · Adequação ao local e conteúdo; · Construções como ecossistemas; · Construções vivas.

DeKay está também usando princípios de design integral para guiar o Beaver Creek Watershed Green Infrastructure Plan (Plano de Infraestrutura Ecológica da Bacia Hidrográfica Beaver Creek).[8] Esse projeto está conectado ao Green Vision Studio no College of Architecture and Design da University of

7 *Ibidem*. Note que o terceiro nível na apresentação dos doze nichos é baseado em uma versão anterior à apresentada no livro.

8 Para uma visão geral do projeto, ver: Knoxville Parkway. Disponível em: knoxvilleparkway.com/bcgitdot.pdf.

Tennessee. DeKay e sua colega, Tracy Moir-McClean, são os principais pesquisadores. O projeto é um exercício visionário com o objetivo de criar um documento que possa ser usado por vários indivíduos e instituições para apoiar seus processos de tomada de decisão sobre questões a respeito da preservação, da conservação e do desenvolvimento do uso da terra. De acordo com DeKay:

> Esse é provavelmente o projeto mais integralmente informado que já tivemos. Nosso uso da teoria integral e da ecologia integral aparece em vários locais na linguagem do relatório, nas questões que escolhemos abordar e nos métodos que usamos para tratá-las. Apesar de o modelo integral não ser explícito, é, não obstante, a estrutura que guia o trabalho.[9]

Enquanto os detalhes do projeto vão além do âmbito deste artigo, o diagrama dos quadrantes que se segue oferece um bom resumo de como DeKay e seus colegas usam o modelo integral no contexto desse projeto.

Conclusão

Em resumo, há várias abordagens para o design ecológico: filosófica, espiritual, religiosa, social, política, cultural, comportamental, científica e psicológica. Cada uma destaca um componente essencial, mas com frequência permanece em silêncio com relação às outras dimensões importantes. Para superar essa fragmentação, a ecologia integral oferece uma forma de tecer todas as abordagens em uma tapeçaria ambiental, a "ecologia das ecologias", que honra não apenas a ecologia física de sistemas e comportamentos como também inclui os aspectos intencionais e culturais – em todos os níveis de organização. Assim, a ecologia integral é o estudo de quatro terrenos do mundo natural em níveis de complexidade diferentes. Além disso, a ecologia integral leva em consideração as várias visões de mundo existentes em indivíduos, comunidades e culturas, e suas perspectivas ambientais correspondentes – cada uma com suas formas específicas de compreensão mútua. Ademais, a ecologia integral destaca que o meio ambiente e seus vários aspectos são revelados de forma diferente dependendo do modo de investigação ou da metodologia

9 DeKay, Mark. Comunicação pessoal, 7 jul. 2006.

usados para investigá-los. Como resultado, a ecologia integral identifica oito famílias metodológicas que precisam ser utilizadas, em seus próprios termos, para um conhecimento abrangente de qualquer realidade ecológica. Em resumo, a ecologia integral reconhece que abordagens diferentes em relação à ecologia e ao meio ambiente são o resultado de um espectro de perspectivas ("os quem") usando uma variedade de métodos ("os como") para explorar aspectos diferentes dos quatro terrenos da natureza ("os o quê").

Apenas ao nos tornarmos cada vez mais conscientes do quem, como e o quê das questões ambientais, podemos realmente integrar as múltiplas vozes que chamam por um mundo mais justo e ecologicamente correto. Apenas em um mundo assim há a capacidade de gerar soluções sustentáveis para problemas multidimensionais complexos, e apenas em tal mundo são cantadas todas as notas da música da natureza. A ecologia integral está comprometida com a complexidade e a multidimensionalidade desse mundo em seu total esplendor misterioso. A ecologia integral nos apoia em nos tornarmos cada vez mais reflexivos de *o que* estamos analisando, *quem* somos enquanto fazemos essa análise e *como* estamos fazendo essa análise. Ao nos tornarmos indivíduos profundamente reflexivos, podemos ter esperança de superar efetivamente as barreiras que nos separam e estimular o entendimento mútuo a serviço de nosso planeta verde e azul.

As pessoas que usam a estrutura da ecologia integral reconhecem que ela não é suficiente para integrar ecossistemas e sistemas sociais (por exemplo, economia, direito, educação). Nem é suficiente para incluir realidades objetivas (por exemplo, estudos de comportamento, testes de laboratório, análises empíricas). Em vez disso, é preciso integrar essas realidades objetivas e interobjetivas com as realidades subjetiva (por exemplo, psicologia, arte, fenomenologia) e intersubjetiva (por exemplo, religião, ética, filosofia). A ecologia integral efetivamente une consciência, cultura e natureza a serviço da sustentabilidade.

Os quatro quadrantes e os doze nichos da iluminação por luz natural

INTERIOR | EXTERIOR

INDIVIDUAL

Terreno das experiências

[L3] Pneuma: *realização espiritual*

- Experiências de aspectos sutis e espirituais da luz;
- Luz mística e iluminação;
- Vivenciando a luz interna.

[L2] Psique: *dinâmicas psicológicas*

- Psicologia ambiental da luz;
- Fenomenologia da luz;
- Estética, beleza e poesia da luz.

[L1] Soma: *sensações corporais*

- Sensações corporais da luz do sol e luz natural;
- Respostas arquétipas (diurna, sazonal);
- Experiências de satisfação, conforto, saúde e bem-estar.

Superior Esquerdo (SE) **EU**

Terreno dos comportamentos

[L3] Hábil: *ações efetivas*

- Modelos para ações sustentáveis;
- Projetando ambientes de cura;
- Construindo transfiguração (alquimia da luz).

[L2] Ação: *conduta intencional*

- Modelagem e simulação dinâmicas (quantitativa e qualitativa);
- Sistemas, construções e códigos tecnológicos;
- Sistemas arquitetônicos e ordem espacial com luz.

[L1] Movimento: *comportamentos físicos*

- Física da luz em construções;
- Biologia da visão;
- Respostas fisiológicas à luz e conforto visual.

ISTO **Superior Direito (SD)**

COLETIVO

Inferior Esquerdo (IE) **NÓS**

Terreno das culturas

[L3] Comunidade: *perspectivas compassivas*

- Perspectivas sobre a natureza;
- Cosmologia e luz;
- Simbolismo e interpretação religiosa e espiritual.

[L2] Comunidade: *horizontes compartilhados*

- Valores para a luz do dia e conservação;
- Ética da luz (direito à luz e lugares saudáveis);
- Construindo culturas e linguagens padrões da luz do dia.

ISTOS **Inferior Direito (ID)**

Terreno dos sistemas

[L3] Matrizes: *sistemas sutis*

- Efeitos da luz em padrões energéticos sutis;
- Propriedades de cores da luz interna;
- Campos de Centros de Alexander.

[L2] Instituições: *sistemas sociais*

- Planejamento urbano para acesso à luz, políticas;
- Educação, construções e códigos de energia;
- Padrões de atividade física (cronograma de trabalho, programação etc.).

A infraestrutura ecológica nos quatro quadrantes

	INTERIOR	EXTERIOR
INDIVIDUAL	**SE: EXPERIÊNCIA** **Individual-interior: ser e consciência** A realidade interior subjetiva invisível de um indivíduo. **Intenção**: Experiências sensórias completas e ricas. Facilita o desenvolvimento individual a níveis mais elevados do ser ecológico. Oferece oportunidades para se relacionar com a natureza em cada nível. **Áreas abordadas**: Experiência humana das paisagens, educação ecológica, estética ecológica, estética urbana e de paisagens, psicologia ambiental, identidade pessoal, fenomenologia de primeira pessoa. **Ferramentas**: Consciência estética integral do designer, tomada de funções, design para a natureza próxima, acesso à recreação natural, avaliação do impacto visual, análise *viewshed*, educação ambiental, e paisagens educacionais. EU	**SD: COMPORTAMENTO** **Individual-exterior: organismo e parte** A realidade externa, objetiva e visível de um indivíduo. **Intenção**: Ocupa a terra com o mínimo de impacto e o máximo de saúde. Conserva recursos e reduz os fluxos para dissipadores ecológicos. **Áreas abordadas**: Conservação de recursos e eficiência, redução da poluição do ar e da água, conservação de habitat, preservação florestal de terrenos aráveis e pântanos. **Ferramentas**: Melhores práticas de gerenciamento (Best Management Practices – BMPs), monitoramento ecológico, padrões de desempenho como TMDL, engenharia convencional, zonas de inundação, tampão de córrego, regras de contenção de encosta, servidão de conservação, técnicas NRCS, silvicultura urbana. ISTO
COLETIVO	NÓS **IE: CULTURA** **Coletivo-interior: significados e visões do mundo** As realidades de grupos internas, intersubjetivas e invisíveis. **Intenção**: Chegar a um acordo sobre como elaborar e viver com a natureza. Expressar relações humano-ecológicos simbólicas ricas. **Áreas abordadas**: Diálogo civil, adequação ao contexto cultural, regionalismo cultural, senso de lugar, *Genius Loci*, paisagens culturais e históricas, valores coletivos, significado de linguagens da forma, ideias e relações com a natureza(s). **Ferramentas**: Método Charrete, visão comunitária, linguagens de padrões da cultura de construções, comunicação de inteligência múltipla, pesquisas de preferências visuais, linguagens do design simbólico, design cívico, design urbano com a natureza para identidade comunitária, base de conhecimento compartilhado.	ISTOS **ID: SISTEMAS** **Coletivo-exterior: sistemas sociais e meio ambiente** As realidades de grupos externa, interobjetivas e visíveis. **Intenção**: Ajusta padrões de assentamento aos padrões naturais, usando princípios da ordem ecológica. Faz com que cidades funcionem como a natureza. **Áreas abordadas**: Biorregionalismo, padrões espaciais de habitats, restauração ecológica, redes de parques e corredores verdes, sistemas de água na superfície, redes de pedestres e bicicletas, padrões de espaço abertos para construções e trânsito. **Ferramentas**: Análise de paisagem com SIG, design urbano, zoneamento (incluindo sobreposições especiais históricas), culturais e ambientais, planejamento abrangente, processos de revisão de local, diretrizes de design, códigos de construção e desenvolvimento. Linguagens de padrões, consórcios de terra, fundações de parques, desenvolvimento de baixo impacto, crescimento inteligente, engenharia ecológica, ciência da ecologia de paisagens, pensamento contextual, pensamento de redes.

É nossa esperança que a ecologia integral apoie um novo tipo de ecologia – uma ecologia de perspectivas –, uma que seja informada pelas forças de várias abordagens e métodos, enquanto ao mesmo tempo exponha os limites e pontos cegos de qualquer abordagem. A ecologia integral oferece uma das mais sofisticadas aplicações e extensões da teoria integral disponíveis hoje em dia, e, como tal, serve como um modelo para qualquer esforço verdadeiramente integral, particularmente do design integral.

Referências

DeKay, Mark. Integral Sustainable Design: Re-Integrating What Modernism Differentiated and Post-Modernism Dissociated. *Society of Building Science Educators (SBSE)*, Muncie, [2006].

Wilber, Ken. *Sex, Ecology, Spirituality: The Spirit of Evolution*. Boston: Shambhala, 1995.

______. *The Collected Works of Ken Wilber*. 8 v. Boston: Shambhala, 1999-2000.

______. Integral Methodological Pluralism. *In*: _____. *Integral Spirituality: A Startling New Role for Religion in the Modern and Postmodern World*. Boston: Shambhala, 2006.

Zimmerman, Michael. Interiority Regained: Integral Ecology and Environmental Ethics. *In*: Swearer, Donald K. (org.). *Ecology and the Environment: Perspectives from the Humanities*. Cambridge (MA): Harvard University Press, 2009, pp. 65-88.

Sean Esbjörn-Hargens, PhD, foi o presidente-fundador do departamento de teoria integral na John F. Kennedy University, em Pleasant Hill, na Califórnia, onde lecionou por quase dez anos. Acadêmico e profissional de destaque na área de teoria integral, é fundador e editor executivo do *Journal of Integral Theory and Practice* e diretor-fundador do Integral Theory Conference. Publicou extensivamente nas aplicações do modelo integral em uma variedade de áreas. É um praticante do budismo tibetano e da abordagem diamante e vive em Dillon Beach, California, com sua esposa e duas filhas.

Michael E. Zimmerman, PhD, foi professor de filosofia por mais de 30 anos na Tulane University, e hoje é professor emérito, já aposentado, pela University of Colorado, Boulder, onde ele foi diretor do Center for Humanities and the Arts (2006-2010). Já publicou aproximadamente 100 artigos acadêmicos e é autor de quatro livros, incluindo *Integral Ecology: Uniting Multiple Perspectives on the Natural World* (Integral Books, 2009), que escreveu em parceria com o colega Sean Esbjörn-Hargens. Em sua carreira de mais de 40 anos como professor, Zimmerman ofereceu cursos de graduação e pós-graduação em ética ambiental, bem como em estudos sobre Heidegger, Nietzsche e filosofia budista.

Todos conhecem a estratégia de permacultura de observar de perto um local por um ano antes de começar o processo de design. Robyn Francis demonstra isso com o imenso repertório que adquiriu como professora internacional de permacultura por 40 anos antes de escrever um resumo embasado sobre design integrado. Está tudo aqui: a atitude e a mentalidade apropriadas, a gama diversificada de considerações e a estratégia de unir isso tudo. Sobretudo, a autora introduz sua metodologia de matriz ecossocial, uma ferramenta para integrar as áreas de captação natural, social e de serviços em um design abrangente. Uma vez que a matriz ecossocial pode ser aplicada em qualquer escala, ela é particularmente útil para avaliar as captações de uma comunidade em escala de ecovila.

Do macro ao micro: introduzindo a matriz ecossocial como ferramenta para o design integrado

Robyn Francis

Djanbung Gardens, Nimbin, Austrália

Visão geral

Sempre me esforcei para atingir o que chamo de estilo de vida *wholistic*, vivendo em um ambiente que integra perfeitamente todos os aspectos de minha vida: social, trabalho, vida, área pessoal, comunidade, parte criativa, espiritual, produtiva e assim por diante. Usei conscientemente a palavra original em inglês *wholistic*, escrita com um "w" em vez da ortografia estadunidense, *holistic* (holística). *Wholistic* é derivada de *whole* (todo, inteiro), um estado de totalidade, que tudo inclui, enquanto um *hole* (buraco), em meu entendimento, pressupõe que algo está faltando, que há um vazio esperando para ser preenchido.

Em minhas viagens e em meu trabalho com sociedades indígenas e tradicionais durante quatro décadas, sempre me intrigou como os limites entre trabalho e diversão, material e espiritual, função e produtividade, individual e comunitário são indefinidos – como eles se integram imperceptivelmente no dia a dia. Nossa sociedade contemporânea é muito fraturada ou desintegrada em comparação a elas, a ponto de muitos desses aspectos da vida serem percebidos quase como opostos irreconciliáveis. Por meio do excesso de especialização, separamos e efetivamente transformamos em "monoculturas" a maior parte dos aspectos de nossa sociedade e vida, e não apenas nossa agricultura e sistemas de uso da terra.

O que é o design integrado? O que estamos reunindo? Que fatores estamos integrando? O design de permacultura procura desenvolver inerentemente sistemas integrados, o que pode ser muito impactante para um iniciante, já que a gama de fatores e elementos a serem considerados se transforma muito rapidamente em uma rede de relações complexa. Podemos integrar em muitos níveis diferentes, do micro ao macro, dos detalhes no design e no gerenciamento ao contexto mais geral.

A maioria dos permaculturistas se sente confortável com o design integrado em suas hortas individuais ou em suas propriedades, e isso por si só pode tomar vários anos de observação, pesquisa, pensamento criativo, experimentação e design. O design integrado requer abordagem interdisciplinar e pensamento sistêmico. Precisa-se saber o suficiente sobre várias coisas diferentes para ver onde e como elas podem interagir de forma benéfica.

As metodologias do design de permacultura apoiam, de forma inerente, uma abordagem integrada, assim como o planejamento setorial, que está primordialmente preocupado com o aproveitamento e/ou a melhoria das energias das forças elementares de sol, vento e fogo; trabalhando com relevo geofísico em termos de topografia, inclinação, declive e solo; mais as diversas interações e padronizações de energias elementares na paisagem em termos de aspecto e mosaicos de qualidade de solo, vegetação e microclima que surgem dessas interações.

Depois, há a padronização de elementos e funções dentro do local, concebendo uma teia complexa de inter-relações benéficas entre os vários elementos físicos – plantas, estruturas, animais, tecnologias –, garantindo que as necessidades sejam atendidas de diversas formas. Integrar os fluxos invisíveis de ciclos de nutrientes e energia, e o movimento da água através do sistema, fechando o circuito e garantindo que não haja poluição, também deve ser considerado. Então, padronizam-se e incorporam-se todos esses sistemas e componentes individuais no design de um gerenciamento eficiente por meio da disposição relativa consciente que integra logísticas de acesso de tempo-espaço, cronogramas e proximidade – isso é design para conveniência. A metodologia do design de permacultura, útil nessa fase de integração, é geralmente mencionada como zoneamento.

Os sistemas integrados vão além do design e incluem gerenciamento e manutenção, até as interações diárias. Geralmente encontro estudantes querendo separar os trabalhos em listas: uma pessoa responsável pela horta, outra pelos animais, outra pelo pomar e assim por diante. Mas o sistema é designado para integrar essas ações diárias. Coletam-se alimentos verdes para animais ao capinar a horta por cinco minutos e, assim, mediante o processo da coleta de alimento verde para os animais, é possível manter a horta; então não precisamos gastar muito tempo simplesmente capinando como se fosse uma atividade com um único propósito. Cuidar dos animais é parte integral dos sistemas de produção de plantas, e vice-versa – quando se separam esses trabalhos, logo o sistema de gerenciamento começa a colapsar.

Há incontáveis designs de permacultura excelentes nas fronteiras da propriedade individual, integrando elementos físicos, como construções, plantas, animais, tecnologias e sistemas de água, com fluxos de energia e interação humana. No entanto, muitos ficam aquém das expectativas com relação à sua integração com vizinhos ou com a paisagem mais ampla e a comunidade. Um design realmente integrado precisa abordar as influências e interações a seu redor com base na projeção dos detalhes no contexto do panorama maior. Essa falta de integração com a vizinhança e a biorregião também é verdade para a maioria das comunidades intencionais e os movimentos de ecovilas na Austrália e nos Estados Unidos. Em última instância, é nessa comunidade maior que, como sociedade, temos a maior capacidade para desenvolver autossuficiência e resiliência nesses tempos de mudança, especialmente para enfrentar os desafios da mudança climática e do pico do petróleo.

Na Austrália, há grandes desafios com o isolamento e a dependência de veículos motores, especialmente nos subúrbios dispersos, nas margens urbanas e nas áreas rurais, onde o transporte público é praticamente inexistente e as pessoas viajam diariamente longas distâncias para atender a necessidades básicas. Já estive nessa situação: morei por seis anos em uma grande propriedade a 36 quilômetros do vilarejo mais próximo e mais de 50 quilômetros de um centro regional. As realidades do isolamento socioeconômico podem ser debilitantes, não apenas para as residências individuais como também para muitas comunidades intencionais.

Uma característica de uma ecovila como forma de assentamento humano é que ela possui uma escala *humana*, com distâncias percorríveis a pé. Conheço várias autointituladas ecovilas onde residentes precisam se locomover por vários quilômetros até o centro da comunidade e por mais de cinco quilômetros dentro da comunidade para visitar amigos que vivem no lado oposto da propriedade. Infelizmente, a topografia geralmente não facilita a locomoção por bicicleta e caminhar pode ser um desafio quando se tem cargas pesadas ou crianças pequenas. Encontramos comunidades intencionais onde residentes dependem de veículos para se movimentar e funcionar *dentro* da comunidade, e acessar necessidades *além* da comunidade pode envolver trajetos de 20 a 50 quilômetros ou mais para uma cidade ou um centro de serviços significativo.

Conduzi um *workshop* uma vez para uma comunidade rural intencional de 23 adultos e muitas crianças. A comunidade já existia há quinze anos, mas só tinha três casas concluídas. A maioria dos residentes morava em caravanas e cabanas e sobreviviam de pagamentos de seguridade social. A atmosfera de pobreza e impotência era debilitante. Metade da renda escassa estava sendo usada para manter seus veículos na estrada para que pudessem dirigir 50 quilômetros até o supermercado mais perto para comprar comida barata com a outra metade da renda. Eles não tinham como arcar com material para cercas para proteger as hortas de animais selvagens; por isso, muito pouco alimento era na verdade cultivado na comunidade. Mais de 55 mil dólares por ano estavam sendo gastos nos veículos motores para combustível, registro e reparos essenciais. (Esse montante não inclui o custo inicial do veículo ou o valor para reposição, apenas custos operacionais anuais.) Naquela época, início dos anos 1990, 55 mil dólares poderiam construir uma casa modesta para um proprietário-construtor. O valor equivalente de uma casa por ano estava efetivamente indo para emissões de gases de efeito estufa e para os lucros de empresas petroquímicas.

No final dos anos 1980, comecei a abordar a sério essas questões de cenário maior e desenvolvi um processo de planejamento para avaliar uma propriedade ou um assentamento e sua localização em termos de acesso às necessidades humanas – trazendo os princípios de zoneamento (proximidade, acesso e cronograma) no planejamento biorregional e design da comunidade. Mais tarde, batizei esse Processo de Matriz Ecossocial (ESM; do inglês, *Ecossocial Matrix*).

A ESM é um processo que analisa a interação entre as áreas de captação natural, social e de serviços em uma região para explorar o impacto das decisões do uso da terra, não apenas no meio ambiente como também na vida das pessoas, em como elas acessam e satisfazem suas necessidades. A matriz pode ser aplicada a uma propriedade particular, um bairro, uma biorregião ou em escala maior. A ESM para uma propriedade é incompleta sem o contexto da vizinhança ou biorregional; então essas escalas de aplicações encaixam-se entre elas e interagem umas com as outras. Ela se provou uma ferramenta excepcionalmente útil para avaliar a adequação de uma localização para um projeto, para o planejamento estratégico regional e local, para o design de assentamentos humanos e para o desenvolvimento biorregional, e tem muito a contribuir para abordagens estratégicas para relocalização e para iniciativas de cidades em transição.

Empreguei essa estrutura para planejar Jarlanbah e para selecionar terra para o meu centro de treinamento em permacultura. Meu sonho era criar um centro educacional de permacultura com uma sala de aula viva de sistemas em operação – não em isolamento, mas de alguma forma integrada com uma ecovila ou o desenvolvimento de um vilarejo em proximidade direta (distância a pé ou de bicicleta) de uma aldeia ou centro de cidade com bons serviços, e com oportunidades de interação em um nível comunitário mais amplo. Essa abordagem também foi adotada pelo Departamento de Planejamento de Nova Gales do Sul, nas orientações para o desenvolvimento residencial rural, em que foi apresentada como a "estrutura de planejamento de captação".

A estrutura ESM

A essência da matriz é uma série de sobreposições que exploram a interação entre as áreas de captação natural, social e de serviços. Dessas áreas, a sobreposição da área de captação social é particularmente significativa, já que é a que mais revela, de forma direta, as oportunidades e os desafios para as pessoas atenderem às suas necessidades em um bairro ou em um nível biorregional. A análise da área de captação social pode ser útil por definir as fronteiras físicas de bairros e suas relações com ordens diferentes de assentamentos humanos na região imediata ou área de subcaptação.

Sobreposição da área de captação natural

Explora as características biofísicas e os recursos naturais da área estudada, incluindo clima, geologia, pedras e tipos de solo, recursos minerais, captação de água e sistemas ribeirinhos, ecossistemas, reservas naturais, ambientes sensíveis, biodiversidade, corredores de vida selvagem, sistemas de uso da terra e capacidade, terras agrícolas, silvicultura, indústrias baseadas em agregação de valor de recursos primários locais e sua produção, e risco de perigos naturais (fogo, inundação etc.). A análise também identifica corpos regulatórios (local, regional, estadual e nacional), assim como organizações comunitárias e profissionais relativas a ambientes naturais e seus recursos.

Essa análise é mais do que um simples inventário; ela também avalia a saúde desses sistemas, a sustentabilidade e os impactos do uso da terra e de seu gerenciamento, ameaças e desafios, oportunidades e patamares. Recursos hídricos podem ser um exemplo de patamar, incluindo qualidade e disponibilidade, oferta e procura, e relação com fatores identificados nas sobreposições das áreas de captação de serviços e social. Isso pode apoiar a avaliação do potencial para a produção de alimentos local e a segurança alimentar.

Sobreposição da área de captação social

A área de captação social explora como pessoas se deslocam e se reúnem para satisfazer necessidades materiais, sociais e culturais dentro de um sentido identificável de comunidade. Incluído aqui estão os contextos históricos dos padrões de assentamento e uso da terra, a relação das pessoas com o ambiente em que vivem e o que contribui para sua noção de lugar. Também estão considerados dados e tendências demográficas, perfis socioeconômicos e diversidade humana e cultural – incluindo minorias e grupos com necessidades especiais.

As necessidades materiais seriam acesso e proximidade a *shopping centers*, comércio, educação, emprego, oportunidades de empreendimento, serviços de profissionais e de especialistas. Elementos culturais e sociais incluem centros de encontros sociais, parques, espaços abertos, instalações recreativas, entretenimento, eventos e estabelecimentos culturais, salas públicas, centros comunitários, assim como grupos e organizações comunitárias.

A sobreposição da área de captação social é útil para identificar os padrões e as hierarquias de centros sociais e formas de assentamento na paisagem e as camadas da área de captação social para funções, atividades e temas essenciais. Por exemplo, para explorar o tema da educação em uma biorregião, haverá todas as áreas de captação de escolas primárias, depois as áreas de captação de escolas secundárias, que vão abranger um número de escolas primárias, e então as faculdades técnicas/politécnicas locais, que terão uma área de captação muito maior do que a compreendida pela área de captação de diversas escolas secundárias.

Explorar o tema dos *shopping centers* é uma atividade reveladora sobre quão longe as pessoas precisam se deslocar para acessar necessidades essenciais e quais são seus hábitos de locomoção relativos ao comércio. Por exemplo, minha vila local tem um excelente pequeno centro comercial com negócios locais: padaria, açougue, loja orgânica, pequeno supermercado independente com alimentos a granel, loja de equipamentos, banca de jornais, livraria, lavanderia, farmácia, boticário, correio, estabelecimento bancário de cooperativa de crédito local – e vários cafés. Nimbin também tem um consultório médico, um pequeno hospital e outros serviços de saúde. Consigo ir confortavelmente de bicicleta para atender a maioria das minhas necessidades e preciso viajar 30 quilômetros para chegar a Lismore, a cidade local, quando necessito de especialistas ou de bens e serviços mais específicos.

Amigos que moram no vale seguinte, onde há apenas uma pequena aldeia com um armazém geral bem pequeno, abastecido principalmente com *junk food*, um *pub* e um café, precisam constantemente viajar mais de vinte quilômetros até Lismore para atender a maioria de suas necessidades básicas. Essas são coisas importantes a se considerar quando se escolhe onde morar em ou desenvolver ecovilas ou *cohousing* com suas populações em crescimento – que pressões esse aumento de população colocará nas rodovias, na pegada de carbono dos veículos, na economia de subsistência? Contudo, o aumento da população de uma comunidade pode apresentar oportunidades para pequenos empreendimentos e para a prestação de serviços. Há população suficiente para viabilizar uma padaria, um cabeleireiro, uma cooperativa de alimentos? Perceba que os esforços de empreendimento geralmente fracassam em comunidades intencionais e o desenvolvimento de ecovilas por causa de áreas de captação social insuficientes, que não são capazes de apoiar o negócio ou serviço.

Sobreposições de áreas de captação ESM

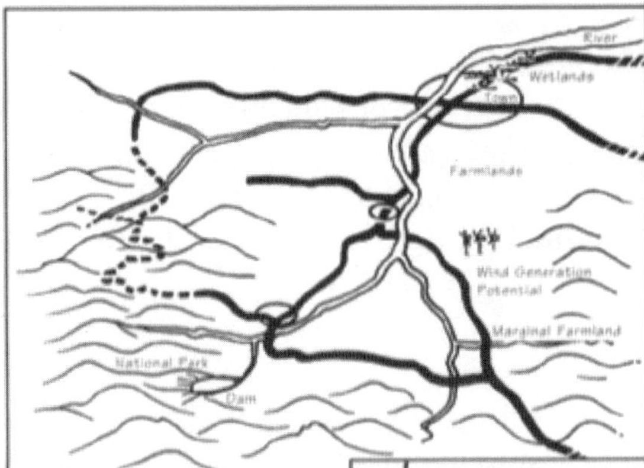

Área de captação natural e de uso da terra

Bioma, clima, geologia e relevo, ecossistemas, biodiversidade, bacias hidrográficas, padrões de uso da terra, silvicultura, pesca, agricultura, recursos extrativistas, parques e reservas naturais, perigos naturais (fogo, inundação, ciclones etc.).

Identifica recursos de informação, autoridades, profissionais e grupos comunitários relacionados aos itens acima.

Área de captação social

Identifica áreas e nódulos baseado em padrões sociais, onde e como as pessoas satisfazem suas necessidades – material, social, cultural e econômica, e padrões de assentamento, incluindo shoppings, indústria, educação, recreação, entretenimento, organizações e redes comunitárias, comunicações, dados demográficos, história, valores comunitários, potenciais, desafios, conflitos e oportunidades. Explora a relação entre as sobreposições das áreas de captação social e de serviços para o planejamento estratégico e desenvolvimento comunitário.

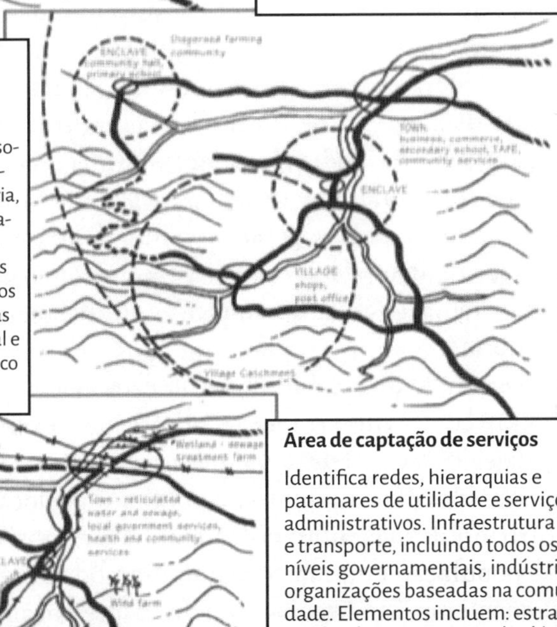

Área de captação de serviços

Identifica redes, hierarquias e patamares de utilidade e serviços administrativos. Infraestrutura e transporte, incluindo todos os níveis governamentais, indústria e organizações baseadas na comunidade. Elementos incluem: estradas e redes de transporte, rede elétrica, fontes de energia renováveis, lixo e reciclagem, comunicações, demarcações governamentais locais, eleitorado estadual e federal, escritórios, agências e serviços governamentais regionais. Identifica limitações e oportunidades.

Baseado no diagrama original de Robyn Francis, publicado em Permaculture Education PDC Handbook (Francis) e "Rural Settlement Guidelines" – NSW Departamento de Questões Urbanas e Planejamento

A análise de área de captação social e os processos de consulta comunitária também podem revelar que circunstâncias fazem com que as pessoas abandonem a comunidade. Em 1983, a lavanderia da vila em Nimbin pegou fogo. Isso teve um impacto na economia da vila como um todo, já que as pessoas passaram a ir até Lismore para lavar roupa e, consequentemente, faziam suas outras compras lá. Isso resultou em uma queda de em média 40% em volume de negócios para a maioria dos comércios na vila em Nimbin. Quando a nova lavanderia da vila abriu, dez anos mais tarde, o comércio local melhorou substancialmente.

Área de captação de serviços

Áreas de captação de serviços envolvem redes de utilidade, infraestrutura, transporte e serviços administrativos da comunidade em nível regional, junto com suas hierarquias e seus patamares. Exemplos de elementos em análises de áreas de captação de serviços incluem transporte e redes de mobilidade (pedestre, ciclovia, rodoviária, ferroviária, aérea, marítima /fluvial etc.); rede elétrica e distribuição, potencial para cogeração de energia, fontes de energia renovável e instalações; gerenciamento de lixo e reciclagem para dejetos sólidos, esgoto e água; demarcações governamentais locais e delegacias, serviços governamentais e áreas de captação administrativa; e outros corpos e serviços regulatórios.

Um exemplo de área de captação de serviços em minha ecovila é a energia elétrica. A maior parte da energia elétrica para essa região vem de geradores de carvões sujos a cerca de 500 quilômetros de distância. A subestação que atende a essa área de subcaptação oferece dados para monitorar o uso de energia no distrito do vale Nimbin. Há mais de 100 casas em sistemas solares independentes ou sistemas de micro-hidrelétricas. Nos últimos dois anos, mais de 55 casas instalaram alimentação de rede solar e agora a comunidade recebeu recursos para uma estação solar comunitária, que está instalando, no momento, matrizes solares nos telhados de dez construções comunitárias na ecovila. Quando o sistema comunitário estiver completo, os especialistas de nossa companhia local Raimbow Power calcularam que em um dia ensolarado mais de 75% da energia elétrica da subárea de captação virá do sol.

Conclusão

Há, claro, mais percepções, perspectivas e exemplos de formas em que a análise ESM pode ser aplicada ao design integrado para propriedades individuais, comunidades, ecovilas e biorregiões inteiras. Espero que esta pequena introdução encoraje designers a interagir com as sobreposições de áreas de captação ESM e que as use como ferramentas para o design integrado, de forma a terem em mente os detalhes, contextualizando-os com o panorama mais amplo.

Jarlanbah Permaculture Hamlet foi uma aldeia de permacultura projetada com o uso de uma variedade de metodologias, incluindo a ESM, o processo de exclusão de McHarg e percepções adquiridas ao longo de mais de vinte anos de envolvimento com o movimento de comunidades intencionais.

Referências

Francis, Robyn. *Ecovillage and Sustainable Settlement Design Course Handbook*. [*S.l.*: *s.n.*], 1995, 2002, 2006-2007.

_______. From Aquarius Dreaming to Nineties Reality: Nimbin's Coming of Age. *In*: *International Permaculture Conference & Convergence*, Perth, 1996.

Rural Residential Development: A New Approach. [*S.l.*]: New South Wales Department of Planning; Sustainable Futures Australia, 1993.

Rural Settlement: Guidelines on Rural Settlement for the North Coast. [*S.l.*]: New South Wales Department of Urban Affairs and Planning, 1995.

Robyn Francis é educadora, designer e pioneira apaixonada por permacultura há mais de três décadas. Fundadora do Permaculture International (permaculture.com.au), Permaculture College Australia, editora do *Permaculture International Journal*, designer da primeira ecovila em Nova Gales do Sul (Jarlanbah) e uma das iniciadoras do Accredited Permaculture Training Center, equilibra trabalho internacional com ações diretas em sua comunidade local e biorregião. Desde 1994, vive em Djanbung Gardens, projetado para ser um centro de treinamento de permacultura no subtópico exuberante da Nova Gales do Sul, Austrália. Robyn é também jardineira fervorosa, artesã de cabaça e compositora que cria peças de música ambiente encantadoras.

A agroecologia é outra forma integrada de olhar a dimensão ecológica do design de ecovila. Neste ensaio, o ecologista brasileiro Diogo Alvim, depois de apresentar os princípios básicos da agroecologia, a define como "a investigação da complexa rede de interações ecológicas em qualquer sistema de agricultura, incluindo as interações entre suas dimensões econômica, sociopolítica e cultural". Uma vez mais, testemunhamos que o design ecológico integrado é necessariamente transdisciplinar; a essência do design de ecovila é um distanciamento veemente do paradigma reducionista. Depois de ler este artigo, tenho certeza de que você concordará que o projeto Terra Una de Diogo é uma interface evolucionária entre a diversidade ecológica planejada e a regeneração cultural espontânea.

Agroecologia e ecovilas

Diogo Alvim

Terra Una, Minas Gerais, Brasil

Apresentação

Neste artigo, pretendemos refletir sobre o que pode ser chamado de "ecologia da agricultura" e sua relação com a abordagem de uma ecovila em relação à produção de alimentos. O objetivo de usar a ecologia como base da agricultura é demonstrar claramente que o processo de produção e consumo de alimentos é fundamentalmente uma interface entre espécies e o ambiente que os circunda; ou, no caso das ecovilas, uma interface entre cultura e natureza.

A questão aqui é relembrar que, de uma perspectiva evolucionária de longo prazo, o processo de produção e consumo de alimentos sempre levou em consideração o necessário equilíbrio entre energia armazenada e energia gasta; e não apenas isso, cada espécie desenvolveu sua própria estratégia de contato de interface com o propósito de manter a vida – e a agricultura é uma das estratégias de nossa espécie para fazer isso.

Dessa perspectiva, podemos dizer que cada estratégia de contato de interface é dependente das espécies, mas isso não é suficiente: nenhuma espécie individual pode sobreviver em isolamento – seu sucesso depende, em última instância, das interconexões benéficas que consigam estabelecer com outras espécies. Quando começamos a entender a absoluta necessidade dessas interconexões benéficas, começamos a ver a Teia.

Somos convidados a perceber que a Teia é um padrão que apoia os ciclos da vida, e o ciclo energético é o método que o processo evolucionário achou para se manter e manter sua população ao longo do tempo. Essa manutenção é um processo dinâmico; há flutuações, pulsações, altos e baixos, saltos descontínuos etc. No entanto, apenas pelo ato de viver, cada indivíduo de uma espécie participa da manutenção do sistema como um todo – eles não podem ser considerados em isolamento. Essa é a Teia em que nascemos, e essas são as condições em que mais experimentamos estar vivos. Esse precedente foi estabelecido em nosso planeta Terra há muito tempo.

Quanto mais entendemos seu "mistério", mais seremos capazes de nos render aos fluxos emergentes que estão sempre se movendo pelo sistema. Quanto mais abrirmos os olhos para esses fluxos, mais seremos capazes de ver as disfunções estruturais na produção mecânica da agricultura.

Nossa abordagem presta atenção especial aos aspectos evolucionários da ecologia nos agroecossistemas produtivos. Qualquer modo de agricultura terá sua ecologia, por definição, considerando que ecologia quer dizer, essencialmente, a relação e as estratégias de interação. Mas essas interações acontecem em escalas diferentes: há considerações de tempo, espaço e as que dependem das espécies. Como foi mencionado anteriormente, todas essas interações são dinâmicas e nenhuma espécie pode sobreviver sem ser em uma comunidade. "Comunidade" aqui é entendida como um grupo de populações que interagem, e essa é uma metáfora útil para "ecovila".

Em um sistema agroecológico, como seres humanos, somos sempre uma parte ativa da ecologia total, e nossa presença deve ser considerada sistemicamente. O que isso significa é que devemos estar muito conscientes das conexões que criamos, julgando de que forma cada decisão nossa aumenta ou diminui a saúde a longo prazo do sistema como um todo.

Podemos perguntar: "Mas, de uma perspectiva evolucionária, realmente temos todo esse poder? No fim das contas, há vida no planeta Terra há 3,5 bilhões de anos". Desejamos partilhar a ideia de que o processo evolucionário está acontecendo aqui e agora. Dessa perspectiva, cada decisão que tomamos se torna vitalmente importante; nossa persistência em estabelecer ou quebrar as conexões benéficas pode certamente influenciar a evolução do planeta.

Agora, para entendermos como esses princípios podem ser aplicados, gostaríamos de apresentar nossa experiência de promoção de resiliência em agroecossistemas na Terra Una, nosso projeto de ecovila baseado em Minas Gerais, Brasil.

Agroecologia

O que é a agroecologia? Aqui, compartilhamos duas definições: a agroecologia pode ser definida como o estudo das interações entre plantas, animais, humanos e o ambiente em sistemas agrícolas, ou como uma disciplina e, dessa forma, cobre estudos integrados com a agronomia, a ecologia, a sociologia e a economia.

Combinaremos essas duas definições em um conceito único, em que a agroecologia seria: a investigação de uma rede complexa de interações ecológicas em qualquer sistema agrícola, incluindo as interações entre as dimensões econômica, sociopolítica e cultural.

Ecossistemas e agroecossistemas

Antes ainda, podemos questionar: "Qual é a diferença entre um ecossistema e um agroecossistema?". A principal diferença é nossa presença! Um agroecossistema é um sistema biológico *gerenciado*, criado com a contribuição de energia humana – principalmente inteligência –, e com relações selecionadas para maximizar a produção de alimentos durante um período longo. A Produtividade Primária Líquida (PPL) da base ecológica original é então aprimorada pelo design cuidadoso de sistemas onde a conversão fotossintética de alta capacidade é possível, ciclicamente, pelas plantas selecionadas e cultivadas.

Devemos entender que essa "fotossíntese" é uma habilidade natural misteriosa, aparentemente mágica, em que a energia solar é transformada em matéria viva comestível. Há um provérbio chinês que diz: "A agricultura é a arte da colheita do sol". É por isso que em agrossistemas tendemos a enfatizar as policulturas diversas, misturando espécies nativas com variedades domesticadas em uma ecologia exuberante.

Os biotecnologistas sabem que, quando selecionamos uma única característica e começamos a nos concentrar em seu desenvolvimento, como no tamanho ou na cor de uma produção de milho, por exemplo, "tornamos" algumas características mais fracas. Em outras palavras, o processo evolucionário generaliza através de um amplo espectro; não há espaço para aperfeiçoar uma característica em detrimento de outra. Quando tentamos criar espécies perfeitas para nossas necessidades, com base na seleção de determinadas características, criamos vulnerabilidades em outro aspecto. Quanto mais doce for uma maçã, por exemplo, mais frágil ela será para os herbívoros; quanto maior for uma maçã, mais fraca ela se tornará em sua resposta imunológica.

Então, a diferença entre um ecossistema e um agrossistema é, principalmente, a energia humana introduzida para influenciar e focar a direção – *por design*. Cada ecossistema tem seu metabolismo, que inclui dois processos principais: 1) fluxo de energia e 2) ciclo de nutriente. Em operação, os dois processos estão inextricavelmente interconectados; então a divisão deles aqui é apenas por motivos didáticos. Ambos os processos ocorrem por meio da interação fundamental entre a comunidade biológica e seu ambiente. No primeiro caso, estamos falando da rede alimentar e, no segundo, dos ciclos biogeoquímicos.

Esses processos metabólicos básicos e suas consequências podem ser considerados "propriedades emergentes" no sistema. As propriedades emergentes podem ser entendidas como resultados da interação de propriedades existentes no sistema (nesse caso, agroecossistema) que produz algo não evidente ou possível somente nas propriedades iniciais. O fluxo de energia, o ciclo biogeoquímico, a resiliência, a diversidade, o processo de sucessão ecológica – todos são exemplos das propriedades emergentes.

Então, restaurar e melhorar a ecologia da agricultura, ao reestruturá-la como um processo de trabalho *com* a natureza, e não contra ela, resultará em um metabolismo aprimorado com e entre os elementos que queremos cultivar (plantas) e criar (animais), resultando assim em produções mais saudáveis e produtivas.

Aplicando ecologia na agricultura

Estamos tentando mostrar que, para restaurar a ecologia de nossos agroecossistemas, entender seus processos evolucionários de longo prazo deve ser uma prioridade de interconexão e reconexão. Ao selecionar e utilizar as já mencionadas "propriedades emergentes" de cada interação, a evolução pode se tonar conscientemente criativa. A ideia é que, enquanto estivermos plantando nossos alimentos e criando nossos animais, primeiro aprendemos com o fluxo da evolução e depois o direcionamos. O resultado da criatividade evolucionária é a diversidade; assim, conforme promovemos a diversidade, melhoramos a resiliência, o fluxo de energia e o ciclo de nutrientes.

Esse processo regenerativo pode usar uma abordagem de "escala" para facilitar seu entendimento. Há exemplos clássicos de níveis de escalas interativas em sistemas agrícola ou natural, de acordo com Howard T. Odum,[1] em que: os níveis mais baixos de organização ou complexidade estão à esquerda e os níveis mais altos à direita. Cada escala pode ser ainda mais expandida para cada espécie individual, e a partir dessa investigação podemos começar a entender a ecologia do metabolismo inerente do sistema.

As fronteiras entre níveis hierárquicos podem ser visíveis, como a pele de um organismo ou a borda de um lago, ou intangíveis, como o caso entre populações e espécies. Podemos dizer que a melhor semente, o melhor solo e a intenção mais conhecedora se juntam em um todo unificado, inseparável. Cada um evoluiu com o outro – o que quer dizer que o sistema inteiro teve muitas pontes de conexão, naturais ou projetadas. O menos que perturbamos e o mais que fortalecemos essas pontes, mais descobrimos a fonte de resiliência como nossa forma de vida.

Agroecologia e ecovila

Na ecovila Terra Una, estamos aprimorando as propriedades emergentes com base na projeção de nossos agrossistemas como teias alimentares resilientes. Somos uma parte ativa dessas teias alimentares: queremos melhorar seu metabolismo e sua produtividade para que nunca esqueçamos de priorizar as *relações* entre espécies.

Na prática atual de gerenciar um agroecossistema, as flores e o adubo verde são incluídos para alimentar formigas, abelhas, pássaros e microrganismos. Ao fazer isso, promovemos resiliência por causa de uma teia fortalecida que diminui a presença do herbívoro inevitável e a pressão predatória na colheita que nos interessa (nesse caso, milho, grãos, amaranto e mandioca).

1 Odum, Howard T. *Environment, Power, and Society.* Nova York: Wiley, 1971.

Aqui, a ecovila encontra a agroecologia. Já que planejamos o agroecossistema para aumentar a diversidade, também convidamos os aspectos multiculturais presentes na comunidade para contribuir com o florescimento. Flores, animais, alimentos, cores, cheiros e receitas são todos incluídos na estratégia de design. Os aspectos visuais são também considerados: na Terra Una, trabalhamos com imagens culturais, formatos e geometrias mais tradicionais.

Como uma ecovila, não queremos nunca perder a oportunidade de celebrar e nos divertir enquanto trabalhamos com nossos agroecossistemas. De alguma forma, a natureza responde a nosso convite, enviando "presentes" inesperados e inimagináveis. Estamos aprendendo que o poder da diversidade em uma comunidade cria uma ponte forte de identificação mútua entre as abordagens de "agroecologia" e de ecovila. A natureza trabalha com o poder da diversidade de forma tão profunda que ficamos fascinados, posicionando-nos como crianças de olhos bem abertos, explorando os mistérios do mundo como se fosse a primeira vez.

Diogo Alvim é biólogo, mestre em ecologia em agroecossistemas. É credenciado em permacultura pelo Instituto de Permacultura Austro-Brasileiro (IPAB), criador de abelhas e presidente-fundador do projeto de ecovila Terra Una. Membro da Ecovillage Network of the Americas Brasil (ENA), atuou por dois anos como coordenador e educador no Programa Nacional de Educação na Reforma Agrária (Pronera), em Santa Catarina, e coordenou um projeto educacional na Secretaria Municipal do Verde e Meio Ambiente de São Paulo. Atualmente, é parte da equipe que coordena o Gaia Education no Brasil, como membro e educador, comandando o Ecovillage Design Education (EDE), no Rio de Janeiro, com sua equipe da Terra Una.

Gunter Pauli, empreendedor e palestrante internacionalmente renomado, nos leva a uma viagem sobre como a vida seria se reconhecêssemos os fluxos em nossas experiências. Gunter mostra, de maneira clara, que reconhecer os fluxos é fundamental para concebermos sistemas humanos saudáveis. Construções modernas, em particular, inibem os fluxos naturais, e essa é a causa de muitos de nossos problemas. O autor menciona seis fluxos que precisam ser considerados: ar, luz, som, energia, matéria e pessoas. Tenho certeza de que, depois de ler este artigo, você não apenas prestará mais atenção aos fluxos em seus projetos como também entenderá que "projetar com o fluxo" é parte de uma ciência mais abrangente de "estabelecer conexões".

Projetar com o fluxo

Gunter Pauli

Zero Emissions Research and Initiatives (ZERI)

Espelhando as conexões macrocósmicas da Terra no Universo, concentramo-nos nas conexões imediatas no microcosmo de nossos corpos. Assim como precisamos estar conscientes do que comemos e bebemos, e saber como gerenciar nossa saúde, também é importante refletir sobre as estruturas em que vivemos. Elas atravessaram transformações decisivas; e, apesar de acreditarmos estar vivendo na era da "modernidade", parece que várias realidades sobre a forma que vivemos estão sem muitas conexões básicas.

Onde gastamos boa parte de nosso tempo? Em casa, no trabalho e na escola. Lembre-se de que cerca de oito horas por dia são gastas na cama. Talvez outras oito horas sejam gastas no escritório ou na sala de aula; então não parece lógico que reflitamos por um momento sobre todas as conexões que devem ser feitas quando projetamos esses locais onde vivemos? Qual deve ser a primeira pergunta que nos fazemos sobre esses lugares onde vamos passar tantas horas? De forma similar, qual é a pergunta mais importante que devemos fazer sobre nossos corpos?

De fato, qual é o pH do ar que respiramos? Já lhe ocorreu que, por precisar se alimentar de uma dieta o mais alcalina possível, você também deve *respirar* o ar mais alcalino possível? E assim como nossa comida se tornou ácida ao longo dos anos, o ar que respiramos se tornou muito ácido também. Não há escapatória possível. Por causa de nosso uso excessivo de combustíveis fósseis e a quantidade imensa de dióxido de carbono que é despejada na atmosfera todos os dias, o ar é ácido, certamente muito ácido. Se você mora na cidade, o pH é, com certeza, menor do que seis.

No entanto, cada um de nós tem a oportunidade de criar os próprios microcosmos em casa, na escola ou no trabalho. A próxima vez em que falar com um arquiteto, pergunte sobre o nível de pH projetado que sua obra-prima de design oferecerá às pessoas que usarem o edifício. Estou convencido de que mesmo o mais ecológico dos arquitetos jamais terá pensado sobre esse fato essencial da vida. Faz parte de nossa compartimentalização da vida: acidez é para os químicos, e não para os arquitetos.

Se você se der ao trabalho de checar o pH do ar em sua casa, vai perceber rapidamente que o ar que é proveniente de fora é ácido, o que é agravado pelo fato de que praticamente tudo em sua casa ou em seu escritório libera mais ácidos. Então qual é a utilidade em assegurar que você esteja bebendo e comendo de maneira alcalina se no final você também precisa respirar da mesma forma? É possível, e na verdade bem fácil, de atingir a alcalinidade em prédios desde que estruturas físicas não sejam pensadas como estáticas, mas como áreas que possuem múltiplos fluxos. Se entendermos os fluxos e como evitar o que gera acidez, e priorizarmos o que gera alcalinidade em nosso design, em um contexto de beleza e funcionalidade, então veremos a emergência de níveis de conforto e saúde completamente novos.

Há sete fluxos principais em um edifício: ar, água, luz, som, pessoas, energia e matéria. É interessante que designs vernaculares de habitações acomodem o fluxo intensivo de todos eles. Ao longo dos anos, arquitetos tentaram reduzir o fluxo de ar, em particular, de forma que recentemente, para economizar energia, muitos edifícios se tornaram tão termicamente isolados que praticamente nenhum ar entra ou sai deles. As paredes não mais respiram; os telhados não mais são infiltrados. Embora o objetivo de economizar energia deva ser aplaudido, fechar o fluxo de ar não é saudável. É possível haver fluxo de ar e ao mesmo tempo economizar energia? É claro que sim.

O fluxo de ar pelo edifício possui muitos benefícios. Poeira e uma quantidade crescente de substâncias tóxicas ínfimas deixam o edifício. No entanto, o mero fluxo não é suficiente; há uma necessidade de *purificar* o ar e de garantir mais oxigênio para a construção. Em sistemas naturais, há sempre o envolvimento de plantas e microalgas, e não é difícil recriar esse tipo de ambiente. Uma empresa pequena foi pioneira no conceito de "filtros vivos", uma coleção de 300 plantas diferentes localizadas estrategicamente pelos prédios, com um ambiente permanentemente iluminado que purifica o ar – e, se as escolhas são bem-feitas, enriquecem o ar, deixando-o agradável e... alcalino.

Quando o edifício está fechado e termicamente isolado, a umidade fica presa nele. Esse é o principal motivo pelo qual os fungos aparecem, principalmente em porões, onde também não há fluxo de luz. Como "combatemos" os fungos? Empresas especialistas tratam as paredes com óxidos metálicos que reagem por alguns anos, dispensando preocupação com fungos. No entanto, isso deixa o ar cheio de partículas que não deveriam ser inaladas de forma alguma. Na verdade, criamos condições para os fungos prosperarem; e, em nossa simples forma de pensar de "causa e efeito", sem nos darmos conta das barreiras para o fluxo de ar que criamos, decidimos que a melhor solução é chamar o especialista com os produtos químicos. Se, no entanto, planejássemos construções para ter fluxo de ar até o porão, eliminaríamos então as condições para os fungos, reduzindo assim os esporos no ar que causam doenças respiratórias.

O próximo fluxo que precisa ser considerado é a água. Qual é o uso da água em um prédio? Apesar de gostarmos de pensar que o propósito principal da água é nos servir de bebida, sem exceção o maior uso em casas – e, com certeza, em escolas e escritórios – é, na verdade, em vasos sanitários. Parece que, enquanto bloqueamos o fluxo de luz e de ar nas construções modernas, exageramos no fluxo de água. Por quê?

Imagine que nossos corpos humanos levaram milhões de anos para projetar um sistema digestório em que, ao final de um processo delicado e longo, expelimos sólidos por um canal e despejamos líquidos por outro. E pensar que, em prédios modernos, a primeira coisa que fazemos é misturá-los com... a água que bebemos! Se nosso método de adquirir nutrientes fosse juntar os resíduos sólidos e líquidos, então por que teríamos o complexo sistema de rins, fígado e intestinos? Se a água potável pode ser pensada como "um recurso comum", ao qual todos devem ter acesso amplo, como podemos nela despejar esses produtos residuais? Parece que não estamos vendo as conexões (novamente).

A água é a substância mais preciosa da Terra. Água potável é cara e não está facilmente disponível para toda a população; então por que estragamos a água ao misturar fezes e urina a ela? A urina é um líquido maravilhoso. É muito rico em potássio, um dos componentes fundamentais para fazer o coração bombear sangue. A urina não deve ser desperdiçada e deveria ser utilizada novamente no ciclo nutricional. Será que nos esquecemos de que o imperador romano tinha o privilégio real de coletar a urina de seus cidadãos? Hoje em dia, a urina e as fezes são simplesmente descartadas e imagina-se que elas "irão embora e desaparecerão". Na verdade, elas acabam em sistemas de tratamento de água caros em que a matéria orgânica é tratada quimicamente com um gasto imenso de energia.

As fezes são outro tipo de matéria. Afinal de contas, essa é a razão pela qual elas são separadas da urina, em primeiro lugar. Se você combinar fezes e urina, perceberá um cheiro típico, que realmente não queremos ao nosso redor. Se você mantiver fezes e urina separadas, como era pretendido, então não há cheiro, já que há um fluxo de ar que seca as fezes bem rapidamente. Essa é a função do vaso sanitário que separa os resíduos sólidos, que foi projetado e utilizado por muitos anos, embora tenha sido aperfeiçoado na história recente pelo doutor Matts Wolgast, cientista suíço da Uppsala University.

Se reduzirmos o fluxo de água ao eliminarmos a necessidade de seu uso no transporte de fezes e urina para estações de tratamento de água, onde *Escherichia coli* e *Salmonella* prosperam, então evitamos muitos riscos ligados à necessidade de lidar com vetores de doença em potencial. Estamos, é claro, conscientes dos perigos; então despejamos químicos nocivos no sistema, de forma que possamos controlar as possíveis infecções bacterianas. Enquanto os bactericidas eliminam o risco de doenças, eles também tornam a água totalmente inutilizável. Não há razão para lidar com as consequências para a saúde de misturar fezes e urina e de adicionar químicos na água – simplesmente não misture os dois como foi originalmente pretendido!

Pensamos a água como um líquido que circula por tubulações de algum lugar onde ela é abundante para onde ela é necessária. As cidades estabelecem uma rede vasta de redistribuição de água. Imagine os milhares de quilômetros de tubulações que levam água do rio Colorado e a distribuem por Los Angeles. Imagine os grandes investimentos que o norte do estado de Nova York está fazendo para instalar tanques sépticos a fim de manter sua área de captação. E agora imagine o que acontece com toda a água da chuva? Ela é simplesmente desperdiçada! Como isso é possível? O estado do Colorado até proíbe que se recolha água da chuva; no entanto, em uma época em que a água está cada vez mais cara, como pode ser permitido que simplesmente se despeje água no sistema de esgoto quando ela poderia estar gerando energia elétrica ou oferecendo irrigação a fazendeiros?

É chegada a hora de pensar na água como o recurso mais precioso na Terra. Nosso corpo é composto de mais de 80% de água. Se você não beber pelo menos um litro de água por dia, você simplesmente não sobreviverá. Então como é possível que se trate a água da forma que fazemos? Simplesmente não vemos os fluxos. A água da chuva é a forma mais natural de capturar água. Todos os prédios e ruas possuem grandes áreas de captação que poderiam ser usadas para obter e direcionar a água em direção a seus usuários imediatos – sem a necessidade de bombas ou tratamentos.

A chuva cai nos telhados e nos estacionamentos, e não há razão para deixá-la escorrer pelo dreno. Mas muita umidade no ar simplesmente não é reconhecida. Precisamos aprender com os besouros do deserto da Namíbia ou as *Welwitschia mirabilis,* plantas do deserto que compartilham com os besouros seu *know-how* de como condensar a água do ar. Você já observou seu ar-condicionado? Ele goteja água o tempo todo. Já se perguntou quanta água flui do "ar"? Já viu as torres de resfriamento no topo dos prédios de escritórios? Essas torres suam. Se o ar expelido do topo do prédio fosse deslizar por uma superfície combinada hidrofóbica e hidrofílica, seria o equivalente a um rio canalizando centenas de metros cúbicos de água por dia do telhado... até o subsolo. Curiosamente, quando estudamos o fluxo do ar das torres de resfriamento, estamos descobrindo fluxos de água do topo do prédio para baixo. Isso está reduzindo o consumo de energia e diminuindo as necessidades de água ao mesmo tempo, já que a água no topo não precisa ser bombeada. Isso é realidade ou simplesmente um sonho?

Nosso entendimento de como os fluxos de ar, luz, pessoas, som, energia, água e matéria moldam as estruturas que habitamos gera novas percepções sobre como a natureza cria estruturas que acomodam esses fluxos. No entanto, propicia algumas percepções bem práticas sobre como construir nossas casas, nossos escritórios e nossas escolas, além das questões de custo e funcionalidade. Vamos olhar o fluxo do som. O trabalho revolucionário de Alexander Lauterwasser oferece um relance de algo com que cientistas vão se debater pelas próximas décadas. Lauterwasser pegou uma gota de água, colocou-a em uma superfície metálica e ligou um aparelho de som. O som é uma onda, e essas ondas possuem níveis ou frequências diferentes. A água começa a se mover quando as ondas do som atingem a superfície metálica, e ondas diferentes geram padrões de movimento diferentes. Os movimentos são previsíveis, de forma que em frequências específicas há tipos de movimentos associados. Uma mudança mínima na onda causa uma mudança correspondente no movimento, o que pode ser bem complexo.

Então o fluxo do som está causando o formato da estrutura que emerge ao redor desse corpo de água. Como isso se aplica a nossos corpos? Lembra-se de como alguns pediatras sugerem que mulheres grávidas ouçam música e cantem como monges gregorianos e tibetanos? Novos *insights* surgem; e, claro, isso é apenas uma hipótese, mas podemos ver como ideias novas e criativas aparecem quando começamos a fazer conexões. A hipótese é que o som faz com que a água flua e então o coração é moldado interativamente, de acordo com os fluxos de tipos específicos de água (sangue). O efeito do som nos fluidos em nosso corpo é um pensamento interessante.

Outra observação é relacionada aos mais vulneráveis em nossa sociedade: crianças pequenas. As crianças estão expostas a muitos fluxos que as moldam e as formam. Não podemos fazer nada com relação a alguns desses fluxos; com relação a outros, podemos. A partir do momento em que começamos a perceber as conexões, temos a responsabilidade de canalizar esses fluxos para o melhor na saúde e na mente das próximas gerações. Duas áreas me vêm à cabeça: o quarto e a escola. Bebês pequenos gastam mais da metade do início de suas vidas em um berço, dormindo, desenvolvendo seus sistemas únicos que os darão personalidade e corpo. É absolutamente necessário que comecemos a pensar em termos de fluxos por esses quartos onde os bebês estão crescendo, de forma que possamos oferecer a eles o melhor início de vida possível. Se o quarto estiver cheio de formaldeído (cola em aglomerado de madeira, carpete, papel de parede), metais pesados (cores brilhantes, bactericidas e fungicidas), retardadores de chamas bromados (colchão, roupa de cama) e água muito clorada, então saberemos que os fluxos no quarto não permitirão a evolução mais saudável para a criança. Katherine Tiddens, pioneira fundadora da loja Terra Verde, no Soho, em Nova York, desistiu de sua loja de produtos ecológicos saudáveis para dedicar todo o seu tempo e sua energia para o design de berços e interiores que sejam livres de químicos, onde o ar é fresco e as crianças podem fortalecer seus sistemas imunológicos sem o risco de alergias e doenças respiratórias que afetam hoje em dia cerca de 30% das crianças nas cidades.

Imagine uma escola em que mais de 100 conceitos essenciais de física, biologia e química são visivelmente incluídos no *layout* e na estrutura do lugar. Isso não é um experimento no laboratório; isso é, na verdade, usar as leis da física em um bom design. Uma lei diz que o ar quente sobe e o ar frio desce; esse conhecimento pode ser usado para manter a temperatura confortável em uma sala, particularmente se isso for combinado com o fluxo de vento, no caso em que zonas de pressão altas e baixas estejam equiparadas. Basicamente, o prédio combina meteorologia com princípios básicos de fluxos de ar para manter temperatura e umidade constante no meio de mudanças de pressão. Imagine uma escola em que lâmpadas altamente eficientes iluminam dia e noite 100 variedades de plantas (que lição em biodiversidade de plantas!) que são automaticamente borrifadas a cada quinze minutos com a água da chuva evaporada que foi recolhida do telhado. O nível de partículas de poeira e poluentes do ar circulando para dentro, vindos de fora, ou produzido internamente é mantido muito baixo. As paredes internas, que geralmente são preenchidas com ar e material isolante, agora são preenchidas com conchas trituradas e algas marinhas secas. Isso serve não apenas como uma barreira de som maravilhosa; algas secas absorvem até dez vezes mais seu próprio peso em umidade e ainda são muito alcalinas. Não há riscos de o prédio ser atacado por fungos e não há necessidade de ter químicos fumigados para combater ácaros nos carpetes. Por quê? Porque o ar circula pelo prédio, combinado com os materiais que mantêm a umidade estável e o pH alcalino.

Imagine sistemas de estrutura de habitações humanas que acomodem e encorajem fluxos de ar, luz, som, energia, matéria e pessoas! Isso é projetar com o fluxo.

Gunter Pauli é um empreendedor cujas iniciativas abrangem negócios, ciência, cultura e educação. É fundador da Zero Emissions Research and Initiatives (ZERI) e autor de vários livros, entre eles: *The Blue Economy: 10 Years, 100 Inovations, 100 Million* (Paradigm Pubns, 2010). Para conhecer mais sobre o autor, acesse: gunterpauli.com.

"Imagine: você juntou um grupo de pessoas que vão formar o núcleo de sua nova ecovila. Você comprou a terra. Ali está você; um papel em branco em sua frente. O que você faz?" Assim dá início a este ensaio-resumo sobre a dimensão ecológica o experiente professor de permacultura e autor Patrick Whitefield. Patrick responde às suas perguntas no modo característico da permacultura: concentrando-se no design! De acordo com o autor, o conceito mais importante é o da escuta, que inclui "ouvir a terra". Uma visão geral das quatro estratégias básicas de design – zona, setor, rede e elevação – é então oferecida. Isso não é uma permacultura insensata, e sim a base da dimensão ecológica da concepção de ecovilas.

Uma estrutura de design

Patrick Whitefield

Patrick Whitefield Associates, Glastonbury, Inglaterra

Não há melhor ilustração do que as quatro dimensões da vasta gama de habilidades e técnicas que podem contribuir para um futuro sustentável. A pergunta permanece: como elas podem ser unificadas em um todo coerente? Imagine: você juntou um grupo de pessoas que vão formar o núcleo de sua nova ecovila. Você comprou a terra. Ali está você; um papel em branco em sua frente. O que você faz?

É aí que a permacultura aparece. Muitas pessoas têm uma imagem da permacultura como algo selvagem e vago, e de alguma forma ela é. Sua ideia essencial é que se usem ecossistemas naturais como modelo para nossas próprias fazendas, hortas, prédios e assentamentos. Os ecossistemas naturais não são apenas mais sustentáveis do que qualquer coisa que atualmente façamos, eles também possuem um rendimento de biomassa geral mais elevado e, é claro, uma necessidade muito menor de contribuições externas. O problema é que muito pouco dessa biomassa é comestível para os humanos. O objetivo da permacultura é criar sistemas que tenham todas as vantagens de um ecossistema natural, combinado a um alto nível de rendimento que seja útil aos humanos; em uma frase, "ecossistemas comestíveis".

Em sua origem, a permacultura se concentrava em imitar ecossistemas naturais de uma maneira bem direta. Suas características básicas incluíam, entre outras, um alto nível de diversidade de plantas, a plantação de culturas de alimentos perenes, em vez de anuais, e a não perturbação do solo através de escavações e aragem. Essas são características típicas de ecossistemas naturais que podem ser observadas e reproduzidas empiricamente em sistemas de plantação de alimentos. Um exemplo dessa abordagem é uma horta florestal, que imita a estrutura de uma floresta natural, mas substitui plantas nativas por equivalentes comestíveis: árvores frutíferas e de frutos de casca rija, arbustos frutíferos e verduras e legumes perenes. Esse tipo de permacultura pode, na verdade, parecer um pouco selvagem e vaga. Chamo-a de permacultura "original".

Mas não foi necessário muito tempo para a permacultura começar a olhar para além das características dos ecossistemas e a perguntar qual era o princípio básico deles para serem tão produtivos e autossuficientes. A resposta está na diversidade, mas não tanto na diversidade das espécies componentes em si mesmas, e sim na diversidade das relações benéficas entre elas. Um exemplo desse tipo de relação é o estabelecido entre plantas com flores e insetos polinizadores, em que um satisfaz suas necessidades alimentares e o outro, suas necessidades reprodutivas. Um ecossistema consiste em uma rede de relações totalmente desse tipo, entre organismos vivos e entre componentes vivos e não vivos do ecossistema, como o solo, a água e o clima.

Um exemplo de como relações benéficas podem ser criadas em um sistema humano pode ser visto em reservatórios – uma estufa anexada à parede de uma casa. Ele coleta a energia solar e passa parte dela para a casa, aquecendo o espaço. A energia é também armazenada nas paredes da casa e irradiada novamente à noite, mantendo o reservatório livre de acúmulo de gelo, e mais quente que uma estufa autônoma. Dessa forma, um ajuda o outro a se manter aquecido. A estufa é relativamente estreita da frente para trás, mas larga, percorrendo toda a extensão da parede da casa mais virada para o sul (no hemisfério norte). Isso garante o ganho máximo e a perda mínima de calor. Esse sistema também é usado para plantar verduras e legumes na primavera, e a facilidade de precisar ir ao que é, de fato, outro aposento em sua casa, comparada com ir até uma estufa externa em mau tempo, indica que as mudas recebem mais atenção. Isso quer dizer que elas ganham um início de vida melhor, o que é um fator muito importante no resultado da plantação.

Uma casa com um reservatório anexado a ela não se parece com um ecossistema, mas compartilha suas características mais importantes: uma rede de relações benéficas. Entre elas, as relações das pessoas com as plantas; as pessoas são uma parte essencial do sistema, e não algo que permanece fora dele. Esse tipo de permacultura não é dependente de imitações diretas da natureza; ela depende da colocação das coisas em relação umas com as outras de forma que trocas benéficas possam acontecer entre elas. Em resumo, é uma questão de design funcional. Chamo essa abordagem de permacultura de "design". Ela pode ser praticada com ou sem as características da permacultura original, apesar de que, na prática, a maior parte das permaculturas possuem elementos de ambas.

Então como a permacultura de design pode beneficiar o grupo de pioneiros de ecovilas com suas recém-adquiridas terras? O conceito mais importante é o da escuta. A principal função do designer de permacultura é escutar as pessoas e observar a terra. Na verdade, em meus ensinamentos, uso a metáfora "escutando a terra", que sugere um grau de intimidade e humildade na abordagem dela. Vem de uma compreensão profunda das necessidades de um grupo de pessoas únicas que vão habitar esse pedaço de terra, e das características únicas da terra em si mesma que um design bem-sucedido pode fazer circular. Quanto menos o ego do designer se envolver, melhor. Na verdade, o melhor designer é o próprio grupo trabalhando junto – apesar de que um consultor de design seja inestimável para guiá-los pelo processo.

De fato, o processo de design realmente precisa começar antes de adquirir a terra. Há casos em que pessoas compram a terra e só depois descobrem que ela é inadequada para seus propósitos. Estou pensando particularmente em um grupo que comprou uma fazenda com a ideia de plantar muitas árvores, mas descobriram que o local era um raro repositório de flores silvestres do campo, amantes do sol, que estavam muito próximas de se tornarem extintas na Grã-Bretanha. Plantar árvores sobre elas seria o mesmo que as matar. Foi um dilema que nunca foi resolvido, até onde eu saiba.

A parte da escuta do processo precisa vir antes e é primordial. Em seguida, estão os estágios de avaliação e análise da informação recebida e, depois, a formulação do design propriamente dito. Muitos métodos podem ser usados nesses estágios, mas o principal deles é o que chamamos de ferramentas fundamentais de planejamento. Elas compreendem os conceitos de zona, setor, rede e elevação.

Por zona, entendemos a quantidade de atenção humana que um pedaço de terra recebe. Plantações e atividades que precisam de mais atenção são colocadas onde a receberão com o menor esforço. Em nosso exemplo de ecovila, ao deparar entre a opção de uma pequena horta nos fundos da casa ou um lote um pouco mais distante, o permaculturista sábio abdicará do lote e plantará frutas, verduras e legumes na horta. A presença constante do jardineiro significa que a produção possa ser muitas vezes mais intensa, e a horta pode ser mais produtiva do que um lote muitas vezes maior. Além disso, colheitas mais frequentes significam que uma maior proporção do que é plantado realmente é comida. Apesar de simples, isso é uma ferramenta de design incrivelmente poderosa para ser usada em qualquer escala, seja em uma única casa, seja em uma fazenda, seja em um assentamento inteiro.

Enquanto o conceito de zona lida com a energia humana centrada no local, o setor diz respeito a fatores externos que afetam o local. Eles incluem vento, luz e sombra, água, paisagens, vizinhos e poluição. Muitos deles são fatores climáticos, e o conceito de microclima – o clima característico de uma pequena área – é importante em design de permacultura. Embora criar um microclima totalmente novo, como um reservatório, possa valer a pena, isso não é a prioridade. O primeiro passo é observar o local cuidadosamente durante todas as estações e então adequar a plantação aos vários microclimas que o local tiver. Por exemplo, uma árvore frutífera resistente, como a ameixeira, produzirá bem em um local com vento ou na sombra, assim como em um lugar ensolarado virado para o sul. Esse não é o caso do pessegueiro. Adequar as plantas aos microclimas disponíveis significa que uma gama mais vasta de plantas pode ser plantada, incluindo as mais exigentes, e a produção geral do sistema será mais alta do que se elas fossem alocadas aleatoriamente.

A rede é similar à zona, mas ela se torna importante quando há mais do que um centro de atividade humana; então ela não é relevante no design de uma casa individual, mas muito importante na escala de uma ecovila. Ela se preocupa com acesso e ligações entre diferentes centros de atividade. Todos os elementos, como casas, prédios comunais, hortas, orquidários, campos e lagos, precisam ser posicionados de forma que o movimento entre os elementos flua facilmente e sem esforço. A análise de cada ligação precisa incluir: a frequência do movimento, o tipo de movimento – de pais com carrinhos de bebê, passando por animais de fazendas a veículos – e a distância aceitável; no caso de habitação, por exemplo, evitar os extremos de aglomeração e isolamento. Uma forma de executar a análise de rede é fazer um mapa básico do terreno e cartões recortados de todos os elementos que precisam constar no terreno. Parece com um enorme jogo de xadrez, mas com uma visão prática no final.

A elevação está preocupada com a altitude, tanto relativa como absoluta, e com o grau de inclinação. É particularmente relevante quando se está lidando com água, tanto em situações domésticas como em maior escala. Por exemplo, a abordagem convencional para escolher o local para um lago para a irrigação na fazenda é colocá-lo em uma área plana, na parte de baixo de uma encosta, e usar combustível para bombear a água para onde for necessária. A abordagem de permacultura é achar um local que combine três características: estar suficientemente baixo no terreno, para ser capaz de coletar água; estar suficientemente alto, de forma que fique acima da área a ser irrigada; e em um pedaço de terra relativamente plano, para a economia da construção – você precisa de uma represa mais alta para construir um lago de certo tamanho em uma encosta íngreme do que em uma mais gradual. Um lago em tal posição talvez precise ser um pouco menor ou talvez seja um pouco mais difícil de ser construído do que um situado em um terreno plano na parte de baixo. Mas, por todo o período sedento por combustível que se estenderá diante de nós, ele irrigará a terra integralmente por causa da gravidade.

Quando usadas em conjunto, o efeito sinérgico dessas ferramentas de planejamento é poderoso. Eles estão longe de ser o único método de design adotado por permaculturistas, mas são talvez os mais eficazes. Um tema frequente que os atravessa é a redução dos gastos com energia, tanto humana como de combustível fóssil. Nos exemplos que escolhi aqui, mais alimento é produzido por unidade de energia investida; frutas macias podem ser cultivadas sem a necessidade de estufas ou importação; deslocamentos podem ser feitos a pé em vez de uso de transporte alimentado por combustíveis; e a água está disponível onde é necessária sem nenhum bombeamento. No passado, as necessidades humanas eram, em grande medida, atendidas pelo poder muscular, o que significava trabalho árduo constante para a maioria da população. No presente, nossas necessidades são atendidas ao se lançarem quantidades ilimitadas de combustível fóssil barato em qualquer situação. As pessoas geralmente consideram que essas são as duas únicas opções, mas a permacultura busca oferecer uma terceira, uma baseada em design.

A maior parte dos elementos do design de permacultura, de reservatórios a lagos de irrigação, não é exclusiva dela. Mesmo os elementos menos familiares que estão associados à permacultura original, como o horto florestal, possuem equivalentes em outras partes do mundo ou em outras épocas. A contribuição que a permacultura oferece à prática de sustentabilidade tem menos a ver com os elementos que ela contém do que com as conexões entre eles. A rede de relações benéficas que caracteriza o sistema de permacultura é uma alternativa ao uso excessivo de energia que é característico de sistemas atuais. Apesar de estar me concentrando aqui em uso de energia, a permacultura diz respeito a muito mais do que energia, assim como os desafios que enfrentamos no século XXI não estão restritos à mudança climática e ao pico do petróleo. Mas esses são certamente os maiores e mais urgentes desafios e a permacultura tem um papel importante em seu confronto.

Quaisquer que sejam os métodos de design utilizados, uma grande ênfase é colocada nos estágios iniciais de observação e escuta. A tentação de se apressar para tomar decisões de design ainda cedo sempre está presente, mas é pouco provável que se atinja um design bom e exequível se a parte receptiva do processo for apressada. Escutar em vez de falar, valorizar o passivo acima do ativo, é a antítese de nossa cultura contemporânea. Achamos muito difícil de fazê-lo. No entanto, é uma mudança cultural necessária se formos aprender a viver com a natureza, e não apesar dela.

Patrick Whitefield se especializou em agricultura e trabalhou em fazendas em várias partes do mundo antes de voltar para seu país de origem, a Inglaterra, e se estabelecer em Somerset. Lá, ele tem cultivado verduras e legumes, produzido artesanato do campo, plantado árvores, vivido perto da natureza e foi, por um tempo, um membro proeminente do Partido Verde britânico. Considera que a permacultura utiliza todas as suas habilidades e experiências e as posiciona em um todo coerente. Ganhou destaque como professor de permacultura, tendo escrito diversos livros sobre o assunto, que incluem uma obra de referência para países de clima temperados, *The Earth Care Manual: A Permaculture Handbook for Britain and Other Temperate Climates* (2004). Patrick Whitefield mantém o *site* Whitefield Permaculture (patrickwhitefield.co.uk).

Durante um estudo intitulado *Consciousness and Human Development* (Consciência e desenvolvimento humano), fui apresentado a muitos termos, conceitos e teorias interessantes. Reconheci uma noção como um fio contínuo que desenrola seu caminho através de muitos de meus escritos favoritos anteriores. Essa noção é simples o suficiente para ser enunciada, mas é muito profunda em suas implicações: o ambiente em que vivemos afeta nossa consciência. Se esse for o caso, então deve ser possível projetar ambientes que realmente ampliem nossa consciência. Não seria esse o objetivo máximo de um designer de ecovila? Este artigo é uma de minhas primeiras tentativas de elucidar esse novo potencial.

A ecologia da consciência

E. Christopher Mare

Village Design Institute, Cascadia, Estados Unidos

O que é a "ecologia da consciência?" Vamos começar como Sócrates, definindo nossos termos: "A palavra ecologia é derivada do grego *oikos*, que significa 'casa' ou 'lugar para morar'. Literalmente, ecologia é o estudo dos organismos 'em casa'. A ecologia é geralmente definida como o estudo das relações dos organismos ou grupos de organismos com seu ambiente, ou a ciência das inter-relações entre organismos vivos e seu ambiente".[1] A palavra-chave aqui é *relações*; porque a ecologia pode ser considerada muito mais do que uma "ciência". Em um sentido mais amplo, a ecologia pode ser vista como uma forma de perceber o mundo, um mundo literalmente repleto de relações. Essa perspectiva tem implicações substanciais para a ordem socioeconômica fundada na santidade do individual, tanto é que Paul Shepard, durante a "revolução de consciência"

1 Odum, Eugene; Odum, Howard T. *Fundamentals of Ecology*. Filadélfia; Londres: W.B. Saunders, 1959, p. 3.

dos anos 1960, descreveu a ecologia como "a ciência subversiva".[2] A ecologia pode ser "subversiva" porque, com o entendimento ecológico, há menos significado a ser obtido em observar os indivíduos em isolamento do que entender como esses indivíduos existem e interagem *em relações*.

Consciência é um termo mais incerto: um estudo[3] descobriu que a palavra "consciência" pode assumir 29 definições diferentes! Como designers de ecovilas, com qual definição devemos nos alinhar? Bem, para o propósito deste artigo, por que não nos alinhamos com a definição formada por um ecologista? De acordo com Cotterill,[4] a consciência está "intimamente conectada com a investigação autogerida do ambiente [...] presente mesmo nos mais simples organismos mononucleares."[5] "A consciência reside na interface operacional entre o movimento do corpo e seus arredores."[6] Gosto bastante dessa imagem, pois ela significa que a consciência não é uma "coisa" que alguém "possui", como um indivíduo isolado, e sim é uma "interface operacional", uma relação. A consciência não está contida simplesmente "na cabeça", mas é um produto de relações – a relação inerente e mutuamente determinante entre o corpo e seu ambiente. Isso significa que a qualidade do ambiente pode influenciar a qualidade da consciência?

Acho que os ilustres biólogos chilenos Humberto Maturana e Francisco Varela responderiam com um "sim" retumbante. Eles desenvolveram um conceito chamado "acoplamento estrutural", uma iteração do tema da "interface" como foi definido por Cotterill. De acordo com esse conceito, "o organismo inicia e é moldado pelo ambiente [...] devemos ver os organismos e o ambiente como unidos em uma especificação e seleção recíprocas".[7] Isso significa que a qualidade da consciência não é predeterminada – ou seja, já formada e deter-

2 Shepard, Paul; McKinley, Daniel (orgs.). *The Subversive Science: Essays Toward an Ecology of Man*. Boston: Houghton Mifflin, 1969.

3 Barušs, Imants. Metanalysis of Definitions of Consciousness. *Imagination, Cognition and Personality*, v. 6, pp. 321-29, jun. 1987.

4 Cotterill, Rodney M. J. Did Consciousness Evolve from Self-Paced Probing of the Environment and Not from Reflexes? *Brain and Mind*, v. 1, pp. 283-98, ago. 2000.

5 *Ibidem*, p. 283.

6 *Ibidem*, p. 285.

7 Varela, Francisco J.; Thompson, Evan; Rosch, Eleanor. *The Embodied Mind: Cognitive Science and Human Experience*. Cambridge (MA): MIT Press, 1991, p. 174.

minada no nascimento –, mas é sim o resultado de uma história contínua de "acoplamento estrutural", ou "interface operacional", entre um organismo e seu ambiente. "Assim como humanos moldam os sistemas em que vivem, são, por sua vez, moldados por seus sistemas humanos."[8] Ou, nas palavras imponentes de Winston Churchill: "Moldamos nossos edifícios e depois eles nos moldam".[9] Aparentemente, depois da Segunda Guerra Mundial, houve uma proposta para construir uma Câmara dos Comuns inteiramente nova para substituir a que tinha sido danificada durante a guerra. Churchill rejeitou a proposta firmemente com base no fato de que conduzir o governo em um novo prédio poderia alterar irremediavelmente a natureza do diálogo que havia antecedido por séculos. Em vez disso, a Câmara dos Comuns foi restaurada.

Agora que definimos nossos termos, é possível avançar com uma síntese: "a ecologia da consciência" é a compreensão de que estados de conscientização (consciência) são facilitados – até mesmo definidos – pela natureza da ecologia pela qual o corpo deve se mover. Mas o que exatamente isso significa na realidade?

Pense na raiz grega para "ecologia" – *oikos*, que significa "casa" ou "lugar para morar". Agora imagine duas pessoas morando em dois tipos de lugares diferentes: a primeira pessoa vive no centro de uma grande cidade movimentada e a segunda vive em um subúrbio disperso no entorno de uma área metropolitana. Como será a consciência para essas duas pessoas?

Para a primeira pessoa – vamos chamá-la de Maria –, há uma sobrecarga de vibrações discordantes: sons de trânsito intrusivos, britadeiras, sirenes, clarões, helicópteros, odores estranhos, olhares indesejados e todo tipo de radiação eletromagnética. Há tanta sobrecarga que Maria gradualmente se torna dessensibilizada: seu sistema nervoso começa a se fechar para protegê-la. Talvez Maria esteja vivendo em um quarto quadrado no 12º andar, de onde ela nunca é capaz de sair para caminhar na grama e cheirar as flores. Assim que ela chega ao nível da rua e sai pela porta, é cercada por estranhos, de forma que ela precisa colocar uma barreira de defesa psicológica. Há um grande perigo em se mover por essa ecologia urbana, então Maria precisa se manter

8 Jantsch, Erich. *Design for Evolution: Self-Organization and Planning in the Life of Human Systems*. Nova York: George Braziller, 1975, p. 61.

9 Churchill, Winston *apud* Dubos, René. *So Human an Animal*. Nova York: Charles Scribner's Sons, 1968, p. 190.

extremamente vigilante, sempre analisando seus arredores para estar alerta para uma possível ameaça. Como resultado de viver nessas condições dia após dia, o corpo de Maria começa a se tornar rígido, sua postura levemente curvada para proteger a área do coração, seu *chi* ou força da vida não mais circulando livremente.

Para a segunda pessoa – digamos João –, há um espaço aberto adequado com muitas árvores, mas uma falta notável de pessoas. As únicas pessoas que João vê estão encapsuladas nas conchas de seus pequenos automóveis. João tem vizinhos, mas raramente tem a chance de interagir com eles porque, assim que retornam para casa, eles entram em suas garagens e desaparecem dentro de casa. Se João necessita de comida, ou de remédios, ou de um emprego, ele também precisa entrar em seu pequeno automóvel e dirigir por toda a área metropolitana. Isso significa que sua experiência da ecologia suburbana é sempre atenuada ou silenciada pelo invólucro de aço no qual ele precisa se mover; assim o sistema nervoso de João também se torna dessensibilizado, sua postura corporal acostumada a uma posição sentada não natural, com as pernas para a frente e as mãos ao volante. Sem estímulos significativos com outras pessoas ou com o ambiente, João, assim como muitos de seus vizinhos, começa a se sentir isolado. Ele, como os outros, procura cada vez mais estímulos artificiais – mídia eletrônica, drogas e álcool, consumismo, dinâmicas familiares disfuncionais – em uma tentativa de preencher o espaço vazio.

Embora esses dois exemplos possam estar situados em extremos e apesar de que eu talvez tenha apresentado estereótipos (por favor, desculpe-me se esses retratos representam pessoas que você conhece), o propósito foi destacar claramente a relação que existe entre estados de percepção (consciência) e a natureza da ecologia através da qual o corpo deve se movimentar. Nos dois casos mencionados, a natureza da ecologia – a relação que existe no ambiente – leva o sistema nervoso a se dessensibilizar. No primeiro caso, uma ecologia urbana moderna, há estímulo em excesso, particularmente do tipo agravante, de forma que o sistema nervoso começa a se fechar. No segundo caso, uma ecologia suburbana típica, não há estímulo suficiente; as relações que existem no ambiente não propiciam interações satisfatórias e então o sistema nervoso começa a procurar estímulos artificiais. Dessa perspectiva, podemos determinar que a interface entre ecologia e um corpo que se move é mediada e traduzida através do sistema nervoso, e é a ativação ou a estimulação do sistema nervoso que produz estados de percepção que chamamos de consciência. Obviamente, então, se quisermos expandir ou aumentar a consciência, devemos aprender como criar ecologias que ativam ou estimulam o sistema nervoso da melhor e mais benéfica forma.

Para testar essa hipótese, vamos imaginar uma terceira pessoa vivendo em uma "ecovila". A ecovila, por definição,[10] é simbioticamente integrada à ecologia local, e assim há uma interface interessante entre a natureza fractal e o ambiente ordenadamente construído onde os humanos vivem. A ecovila é compacta, dividida em agrupamentos de unidades residenciais que estimulam "variações em um tema" e um sentido de interidentidade que complementa a identidade geral da vila. A ecovila é organizada de forma a ter uma delimitação bem definida com uma entrada bem estabelecida, de maneira que haja uma sensação confortável de compartimento quando se está "dentro" da ecovila e um sentido de transição psicológica quando se vai para "fora" no grande desconhecido. A ecovila também tem um centro bem definido que apoia a possibilidade de sentimentos de uma unidade comum. À medida que alguém se afasta do centro em direção a um dos agrupamentos, o sentimento de unidade se transforma em um senso de identidade de subcultura, que então evolui ainda mais para um sentimento de identidade individual completa quando se entra em um espaço pessoal de habitação. Então, nesse caso, podemos ver como a morfologia geral da ecologia dos assentamentos facilita a variedade de estados de percepção: a consciência possui múltiplas perspectivas de "partes dentro de um todo", a partir do qual se pode perceber sua experiência: o sistema nervoso está continuamente empenhado em se orientar no espaço e no tempo com níveis de diferenciação hierárquicos, todos contidos em um todo complexo, mas coerente.

Agora como seria levar essa ideia a níveis mais finos de detalhe e, como designers, começar a imaginar os padrões de circulação interna de uma ecovila? É axiomático, obviamente, que automóveis são deixados nas margens, sendo assim um interessante "ambiente de pedestres" que estamos criando para pessoas andarem a pé ou de bicicleta, talvez até mesmo a cavalo e em carroças e em transporte elétrico. Primeiro de tudo, evite linhas retas! As estradas e os caminhos devem adaptar-se às características existentes do terreno ou mesmo amplificá-las. Preste atenção especial aos "corredores de vistas" e marcos existentes, como árvores especiais ou afloramentos rochosos. A experiência de

10 Gilman, Robert; Gilman, Diane (orgs.). *Ecovillages and Sustainable Communities: A Report for Gaia Trust*. Bainbridge Island: Context Institute, 1991.

se mover pelo espaço deve ser como uma massagem gentil para o sistema nervoso: vistas ou elementos excepcionais devem ser abordados com um sentido de antecipação, revelando gradualmente seu esplendor à medida que o corpo se movimenta por uma curva, parcialmente obscurecendo sua aproximação atrás de algumas plantas, cercado, ou prédios. Dessa forma, o sistema nervoso sempre está ativamente envolvido com expectativas, entusiasmo e possivelmente excitação; a percepção é continuamente atraída para o próximo nível de experiência, realização ou compreensão. Esse é um exemplo de organização da ecologia de forma a ampliar a consciência.

Podemos então levar o design a níveis mais profundos de refinamento. O que é preciso para estimular, de forma ótima, o sistema nervoso? Podemos conscientemente escolher e trabalhar com a paleta completa de melhorias de design, ativando a consciência em níveis ainda mais sutis: cores, tonalidades, texturas, aromas, sons, formatos, harmonias e ritmos e reiterações de um tema, a percepção de profundidade, as características de várias plantas e a rotação de florescimentos durante uma estação, a colocação habilidosa de elementos hídricos e trabalhos de arte etc. Podemos nos familiarizar com o que chamamos de "geometrias sagradas", incorporando proporções de acordo com a média de ouro e a espiral de Fibonacci. Podemos explorar disciplinas como o *feng shui* e a geomancia, aprendendo como perceber e trabalhar com as energias despercebidas de um local, planejando com base em vórtices e as linhas de Ley e histórias passadas acumuladas. Podemos assumir uma perspectiva de quatro dimensões e perceber que tudo está em fluxo, em evolução, e cada ato do presente se torna um canteiro para potencialidades futuras. Em suma, há possibilidades de design infinitas para administrar um local e atingir seu potencial ótimo.

A "ecologia da consciência" é uma perspectiva verdadeiramente multifacetada, multidimensional e multidisciplinar que assume que nossos potenciais como seres humanos estão intimamente conectados à qualidade do ambiente em que vivemos. Uma vez que integramos esse entendimento, torna-se claro que a coisa mais importante que podemos fazer, como espécie, é projetar ambientes holísticos que realmente *ampliem nossa consciência* – lugares em que as pessoas se movimentando por eles experimentam um lampejo repentino de suas possibilidades latentes, uma intuição palpável de que eles são parte de um todo maior e mais perfeito. As ecovilas do mundo deram o primeiro passo para transformar esse ideal em realidade. Como estudantes de design de ecovilas no século XXI, temos a oportunidade de avançar esse precedente para o próximo nível ao nos educarmos para sermos designers proficientes de sistemas de habitação humana, sistemas que podem trazer à tona o melhor do potencial humano. Esse tipo de ioga seria a expressão da "ecologia da consciência" que foi introduzida como assunto neste ensaio. Que tipo de trabalho poderia ser mais, digamos, regenerativo?

Investigações adicionais desse assunto podem incluir uma revisão de *Steps to an Ecology of Mind* (1972), de Bateson,[11] na busca de entendimento da "diferença que faz a diferença" entre a "ecologia da consciência" e a "ecologia da mente", e o mais recente "Knowledge as an Ecology" (2006), de Goonatilake.[12] Também vitalmente importante seria a compreensão dos efeitos da "natureza selvagem" – uma ecologia em teoria intocada – na consciência.

Para ler a biografia completa do autor, veja a página 9.

11 Bateson, Gregory. *Steps to an Ecology of Mind*. Nova York: Ballantine Books, 1972.

12 Goonatilake, Susantha. Knowledge as an Ecology. *Theory, Culture and Society*, v. 23, n. 2-3, pp. 170-72, maio 2006.

Este livro foi composto nas famílias Alegreya e
Flamenco e impresso em papel Pólen Soft 80 g/m²
pela Gráfica Vozes em dezembro de 2021.